Craftsman Construction Equipment Maintenance

건설기계 정비기능사 실기

GoldenBell
www.gbbook.co.kr

★ **불법복사는 지적재산을 훔치는 범죄행위입니다.**
  저작권법 제97조의 5(권리의 침해죄)에 따라 위반자는 5년 이하의 징역 또는 5천만원 이하의 벌금에 처하거나 이를 병과할 수 있습니다.

책머리에

　건설기계 정비는 기종별 종합 정비업으로 분류되고 건설기계 정비에 대한 관심이 높아지고 있으며, 또한 정비업에 대한 법적 규제가 심화됨에 따라 이를 충족하기 위해서는 건설기계 정비 자격증의 취득은 필수적이라고 할 수 있다.
　따라서 다양한 건설기계 분야에 근무하는 많은 기술인들이 건설기계 정비 자격증을 취득하기 위해 많은 시간과 노력을 투자하고 있지만, 자격시험의 내용이 광범위하기 때문에 자격증의 취득이 쉽지 않은 것이 현실이다.

　현재 시행하고 있는 건설기계 정비 분야의 국가기술자격 실기시험은 전국의 지역별 시험장에서 실시하고 있으며, 같은 실기시험 문제지만 각 시험장에 보유하고 있는 건설기계와 측정기기에 따라서 수험방법이 조금씩 다르다고 할 수 있다.

　이 교재는 최근 3년간 출제된 실기시험 문제와 Q-net에 공개된 문제를 기초로 하여, **각 장치별**로 출제기준에 맞는 **측정 및 검사 방법**과, **답안지 작성 방법**을 수록하였다.

　아무쪼록 이 교재가 건설기계 정비 기능사의 자격증을 취득하는데, 수험생들에게 많은 도움이 되기를 바라며, 곳곳에 미흡한 점이 많이 있으리라 생각되나 차후에 계속 보완하여 나갈 것이며, 이 책이 만들어지기까지 물심양면으로 도와주신 김길현 사장님과 직원 여러분에게 진심으로 감사드린다.

김 인 호　드림

차 례

PART. 1 엔 진

1. 측정기기 ──────────────── 14
2. 엔진 분해 · 조립 ──────────── 21
3. 크랭크축 점검 ─────────────── 43
4. 캠축 ──────────────────── 56
5. 피스톤 및 실린더 ─────────── 61
6. 라디에이터 및 연료장치 ──────── 77
7. 매연 측정 ─────────────── 97
8. 연료장치 정비 ──────────── 112

PART. 2 전기장치

1. 기동전동기 ──────────── 120
2. 발전기 ──────────────── 129
3. 축전지 ──────────────── 134
4. 전기회로 ─────────────── 142

PART. 3 차체 및 유압장치

1. 제동장치 —————————————————— 176
2. 조향장치 —————————————————— 185
3. 동력전달장치 ————————————————— 188
4. 언더캐리지 ————————————————— 197
5. 지게차 검사 ————————————————— 206
6. 굴삭기 검사 ————————————————— 221
7. 로더 유압장치 ———————————————— 227
8. 도저 검사 ————————————————— 235
9. 유압 구성품 점검 ——————————————— 240

PART. 4 실기시험문제

1. 건설기계정비기능사 실기 ——————————— 289

출제기준

- 건설기계정비기능사
- 적용기간 : 2023. 1. 1 ~ 2026. 12. 31
- 실기검정방법 : 작업형
- 시험시간 : 4시간 정도

○ 직무내용 : 건설기계의 정상가동을 위해 엔진, 전기, 동력전달, 유압 및 작업장치 등을 점검 및 정비하는 직무이다.

○ 수행준거
1. 성능저하에 따른 정상출력을 유지하기 위해 실린더헤드와 엔진블록, 연료장치, 윤활장치, 냉각장치 및 흡·배기장치를 점검 및 정비할 수 있다.
2. 운전자가 원하는 방향으로 건설기계를 주행하기 위하여 사용하는 조향장치(기계식, 유압식, 전기식)를 점검 및 정비할 수 있다.
3. 건설기계 주행 중 감속, 정지를 위한 주 제동장치(기계식, 유압식, 공기식) 및 보조 감속장치를 점검 및 정비할 수 있다.
4. 건설기계의 시동, 충전, 계기 및 기타장치 등 전기장치를 점검 및 정비할 수 있다.
5. 엔진에서 발생한 동력을 전달하는 클러치, 변속기, 추진축 및 차동장치를 점검 및 정비할 수 있다.
6. 유압펌프, 유압밸브, 작동기 등을 점검 및 정비할 수 있다.
7. 건설기계의 타이어식 및 무한궤도식 장치를 점검 및 정비할 수 있다.

주요항목	세부항목	세세항목
1. 엔진본체정비	1. 실린더헤드 정비하기	1. 작업장 바닥의 오염을 방지하며 엔진오일을 빼낼 수 있다. 2. 전기배선 및 커넥터부위가 손상되지 않도록 주의하여 탈거할 수 있다. 3. 과급기가 손상되지 않도록 주의하여 흡·배기장치를 탈거할 수 있다. 4. 실린더헤드 볼트를 분해순서에 따라 풀고 실린더헤드를 탈거할 수 있다.
	2. 엔진블록 정비하기	1. 오일팬 고정볼트와 오일팬이 손상되지 않도록 주의하여 오일팬 및 오일펌프를 탈거할 수 있다. 2. 지정된 공구 및 지그를 사용하여 피스톤 및 실린더를 탈거할 수 있다. 3. 크랭크축 메인베어링의 순서가 바뀌지 않도록 주의하여 크랭크축을 탈거한 후 수직으로 세워 보관할 수 있다. 4. 탈거 및 분해의 역순으로 조립할 수 있다.
2. 엔진주변장치 정비	1. 연료장치 정비하기	1. 연료분사펌프 파이프의 정상위치를 고려하여 순서가 바뀌지 않게 탈거할 수 있다. 2. 분사노즐(인젝터)을 탈거 후 점검하여 이상유무를 확인하고 노즐시험기를 사용하여 분사압력, 분사상태를 점검할 수 있다. 3. 1, 2차 연료여과기의 교환시기 등을 고려하여 오염여부, 누유여부를 점검하고 교환할 수 있다.
	2. 윤활장치 정비하기	1. 건설기계를 수평으로 유지한 상태에서 오일 점검게이지를 사용하여 오일량 적정여부 및 오염여부를 점검할 수 있다. 2. 엔진 시동을 걸고 규정rpm을 유지한 상태에서 오일 압력게이지를 사용하여 압력을 측정할 수 있다. 3. 오일 여과기의 교환시기 등을 고려하여 오염여부, 누유여부를 점검하고 교환할 수 있다. 4. 엔진오일 압력이 규정값 이하일 경우 오일펌프를 점검 및 교환할 수 있다. 5. 로커암 커버(덮개), 유압호스, 오일팬의 누유여부를 점검할 수 있다.

주요항목	세부항목	세세항목
2. 엔진주변장치 정비	3. 냉각장치 정비하기	1. 냉각수의 오염여부를 점검하고 비중계를 사용하여 빙점을 확인할 수 있다. 2. 냉각수의 누수여부 및 냉각핀의 손상여부를 점검하고 압력 캡시험기를 사용하여 라디에이터 압력캡을 시험할 수 있다. 3. 냉각수 연결호스의 누수 및 경화여부를 점검할 수 있다. 4. 냉각수 펌프의 누수, 소음 및 진동을 고려하여 고장여부를 점검하고 교환할 수 있다. 5. 냉각수 펌프 구동벨트의 장력 및 균열여부를 점검하고 교환할 수 있다. 6. 냉각수 온도가 규정 값 이상의 경우 냉각수량, 냉각팬, 수온조절기 등을 점검할 수 있다.
	4. 흡배기 장치 정비하기	1. 여과기의 교환주기를 고려하여 공기여과기를 점검할 수 있다. 2. 과급기의 소음, 진동 및 누유를 고려하여 정상 작동 여부를 점검할 수 있다. 3. 흡・배기밸브 등의 작동 상태와 분해순서에 따라 탈거하여 점검할 수 있다. 4. 흡・배기밸브를 탈거 및 분해의 역순으로 조립하여, 간극을 조정할 수 있다. 5. 소음기 및 배기관의 연결 상태를 확인하고 손상여부를 점검할 수 있다. 6. 매연측정기를 사용하여 배출가스를 측정하고 적합여부를 판정할 수 있다.
3. 동력전달장치 정비	1. 클러치 정비하기	1. 보호구를 착용하고 추진축의 낙하방지를 위하여 받침대를 사용하여 추진축을 탈거할 수 있다. 2. 변속기의 낙하방지 및 안전작업을 위하여 변속기전용 잭을 받치고 탈거할 수 있다. 3. 압력판의 낙하방지를 위하여 인양 및 걸이기구를 사용하여 탈거할 수 있다. 4. 클러치디스크의 마모 및 휨 상태를 확인하기 위하여 게이지로 측정 및 점검할 수 있다. 5. 베어링을 세척하여 소음 및 마모상태 등을 점검할 수 있다. 6. 틈새게이지를 사용하여 압력판 변형을 점검할 수 있다. 7. 스프링장력 시험기를 사용하여 스프링의 장력 및 변형을 측정할 수 있다. 8. 탈거 및 분해의 역순으로 조립할 수 있다.
	2. 변속기 정비하기	1. 보호구를 착용하고 추진축의 낙하방지를 위하여 받침대를 고이고 추진축을 탈거할 수 있다. 2. 변속기를 탈거하여 오일을 빼낸 후 분해순서에 따라 분해할 수 있다. 3. 베어링의 마모상태를 점검할 수 있다. 4. 기어 마모상태를 점검하며, 다이얼게이지를 사용하여 기어유격을 측정할 수 있다. 5. 다이얼게이지를 사용하여 변속링케이지 유격을 측정 및 점검할 수 있다.
	3. 추진축 정비하기	1. 보호구를 착용하고 추진축의 낙하방지를 위하여 받침대를 고이고 추진축을 탈거할 수 있다. 2. 다이얼게이지와 V블록을 사용하여 추진축 휨 측정과 점검을 할 수 있다. 3. 추진축을 위아래로 흔들어서 십자축 베어링의 유격상태를 점검할 수 있다. 4. 추진축을 좌우로 돌려서 스플라인이음의 유격상태를 점검할 수 있다. 5 앞뒤 추진축 위치를 맞춰서 탈거 및 분해의 역순으로 조립할 수 있다.
	4. 차동장치 정비하기	1. 보호구를 착용하고 추진축의 낙하방지를 위하여 받침대를 고이고 추진축을 탈거할 수 있다. 2. 작업장 바닥의 오염을 방지하며 차동기어오일을 빼낼 수 있다. 3. 액슬축 고정 볼트가 손상되지 않도록 주의하여 액슬축을 탈거 할 수 있다.

주요항목	세부항목	세세항목
3. 동력전달장치 정비	4. 차동장치 정비하기	4. 차동장치 전용 잭을 사용하여 차동장치를 탈거할 수 있다. 5. 베어링을 세척하여 소음 및 마모상태 등을 점검할 수 있다. 6. 다이얼게이지를 사용하여 링기어와 피니언기어의 유격 측정 및 접촉상태를 점검할 수 있다.
4. 주행장치 정비	1. 무한궤도식 정비하기	1. 무한궤도 탈거를 위하여 고임목을 받칠 수 있다. 2. 트랙장력 조정실린더의 그리스 배출 밸브를 풀어서 그리스를 배출하여 트랙장력을 이완할 수 있다. 3. 유압프레스를 사용하여 링크의 마스터핀을 빼내어 트랙을 분리할 수 있다. 4. 트랙슈, 링크, 유동륜(아이들러), 구동륜(스프로킷), 상·하부롤러의 마모량 등을 측정하고 리코일스프링 손상 및 텐션실린더와 링크의 누유여부를 점검할 수 있다. 5. 탈거 및 분해의 역순으로 무한궤도를 조립할 수 있다.
	2. 타이어식 정비하기	1. 건설기계가 움직이지 않도록 고임목을 받칠 수 있다. 2. 타이어를 탈거하기 위하여 유압 잭을 사용하여 탈거할 타이어를 지면에서 100mm 정도를 띄울 수 있다. 3. 탈거 할 타이어의 고정 너트를 풀어서 타이어를 탈거할 수 있다. 4. 탈거한 타이어의 트레드 마모여부를 확인할 수 있다. 5. 탈거한 타이어의 적정 압력을 확인할 수 있다. 6. 탈거 및 분해의 역순으로 타이어를 조립할 수 있다.
5. 조향장치 정비	1. 기계식 조향장치 정비하기	1. 철자를 사용하여 핸들유격 측정 및 점검하고 조향축 고정 상태를 점검할 수 있다. 2. 핸들조작이 원활하지 않을 경우 조향기어 박스 및 조향실린더의 누유 상태를 점검할 수 있다. 3. 핸들조작시 유격이 크고 흔들림, 반응속도 늦음 등을 고려하여 피트먼암, 드래그링크, 타이로드엔드볼, 너클 및 부싱, 킹핀베어링의 유격상태를 점검 및 조정할 수 있다. 4. 핸들조작이 원활하지 않을 경우 유압게이지를 사용하여 조향펌프 압력을 측정 및 점검할 수 있다. 5. 지게차 주행시 뒷바퀴(조향륜) 흔들림을 고려하여 벨크랭크(링크, 링크베어링, 링크핀, 링크부싱) 등을 점검할 수 있다. 6. 유압오일 교체주기를 고려하여 교환 및 보충할 수 있다. 7. 기계 유압식 조향장치를 탈거와 분해 및 조립할 수 있다.
	2. 유압식 조향장치 정비하기	1. 철자를 사용하여 핸들유격을 측정 및 점검하고 조향축 고정상태를 점검할 수 있다. 2. 핸들조작이 원활하지 않을 경우 파워스티어링 유닛 및 조향실린더의 누유 상태를 점검할 수 있다. 3. 핸들조작이 원활하지 않을 경우 유압게이지를 사용하여 조향펌프 압력을 측정 및 점검할 수 있다. 4. 조향실린더까지 유압이 정상적으로 전달되는지 여부를 고려하여 유량분배 밸브를 점검할 수 있다. 5. 유압오일 교체주기를 고려하여 교환 및 보충할 수 있다. 6. 유압식 조향장치를 탈거와 분해 및 조립할 수 있다.
	3. 전기식 조향장치 정비하기	1. 조향성능을 최적화 하기 위하여 모니터에 입력된 조향입력 수치를 확인하여 조정할 수 있다. 2. 핸들의 정상 작동상태를 확인하여 토크센서를 점검할 수 있다. 3. 핸들 작동 속도를 확인하여 모터 및 감속기를 점검할 수 있다. 4. ECU를 사용하여 건설기계 속도와 부하에 따라 입력수치를 확인하고 조정할 수 있다.

주요항목	세부항목	세세항목
5. 조향장치 정비	4. 조향륜 정렬 정비하기	1. 건설기계의 조향/주행 성능 유지를 위하여 바퀴의 토인, 토아웃, 캠버, 캐스터 및 킹핀의 경사각을 점검할 수 있다. 2. 건설기계 최소 회전반경 유지를 위하여 조향각 조정볼트를 점검할 수 있다. 3. 건설기계의 직진성 유지를 위하여 축간거리를 측정할 수 있다. 4. 사이드슬립측정기로 조향륜 토인 또는 토아웃 상태를 측정하여 조정할 수 있다.
6. 제동장치 정비	1. 기계식 제동장치 정비하기	1. 케이블 이완 또는 절손 등을 고려하여 케이블 작동상태를 점검할 수 있다. 2. 브레이크 작동레버 동작여부에 따라 브레이크 라이닝의 정상 작동 여부를 확인할 수 있다. 3. 라이닝 및 드럼점검을 위하여 드럼을 탈거할 수 있다. 4. 드럼과 라이닝의 간격이나 마모상태 등을 고려하여 라이닝 및 드럼을 점검할 수 있다. 5. 건설기계의 주기확보를 위하여 작동레버의 고정장치를 점검할 수 있다. 6. 운전석 계기판의 경고등을 확인하여 작동레버 경고램프스위치 정상여부를 점검할 수 있다.
	2. 유압식 제동장치 정비하기	1. 브레이크 페달 조작력, 간극을 조정할 수 있다. 2. 제동력 확보를 위한 마스터 실린더의 제동상태, 유량 및 누유를 확인하고 제동장치(배력장치 등) 공기빼기를 할 수 있다. 3. 누유방지를 위하여 제동라인 부식과 연결부위 파손유무를 점검할 수 있다. 4. 휠실린더 누유점검을 확인하고 브레이크 라이닝과 슈, 리턴스프링 작동상태 점검할 수 있다. 5. 육안 및 측정기를 사용하여 드럼과 라이닝 간극, 마모 및 균열 유무를 점검할 수 있다. 6 제동력 확보를 위한 하부 리테이너 실의 마모와 손상을 확인하여 점검할 수 있다. 7. 큰 제동력을 확보하기 위한 배력장치를 점검할 수 있다. 8. 습식디스크 브레이크 작동 및 마모상태를 점검할 수 있다.
	3. 공기식 제동장치 정비하기	1. 브레이크페달을 작동시켜 소음상태를 확인하고 브레이크 밸브 공기누출 유무를 점검할 수 있다. 2. 공기탱크, 브레이크 파이프라인, 밸브의 손상 및 부식 유무를 확인하여 점검할 수 있다. 3. 에어챔버를 작동시켜 공기누출 유무를 확인할 수 있다. 4. 브레이크페달을 작동시켜 브레이크 라이닝과 리턴스프링 작동상태를 점검할 수 있다. 5. 육안 및 측정기를 사용하여 드럼 마모 및 균열 유무를 점검할 수 있다. 6. 제동력 확보를 위한 하부 리테이너 실의 마모 및 손상점검할 수 있다. 7. 공기 누출여부를 확인하고 자동제어장치를 점검할 수 있다. 8. 규정 공기압력을 확인하고 경보장치 및 공기압축기를 점검할 수 있다.
	4. 감속 제동장치 정비하기	1. 엔진배기 가스를 부분 차단하여 건설기계의 주행속도를 감소시키는 배기브레이크를 점검할 수 있다. 2. 주행시험 및 측정기를 사용하여 ABS, ARS를 점검할 수 있다. 3. 엔진브레이크의 원리를 확인하고 엔진브레이크 작동상태를 확인할 수 있다. 4. 변속기의 감속장치를 점검할 수 있다.

주요항목	세부항목	세세항목
7. 유압펌프 정비	1. 기어펌프 정비하기	1. 측정기를 사용하여 기어펌프의 압력을 확인할 수 있다. 2. 기어펌프의 외관상 균열 및 누유 여부를 확인하고 탈거 할 수 있다. 3. 기어펌프를 분해순서에 따라 분해할 수 있다. 4. 측정기 등을 사용하여 분해된 부품의 이상 유무를 확인하고 손상된 부품을 교환할 수 있다. 5. 기어펌프를 분해의 역순으로 조립하여 정상 작동 여부를 점검할 수 있다.
	2. 베인펌프 정비하기	1. 측정기를 사용하여 베인펌프의 압력을 확인할 수 있다. 2. 베인펌프의 외관상 균열 및 누유 여부를 확인하고 탈거 할 수 있다. 3. 베인펌프를 분해순서에 따라 분해할 수 있다. 4. 측정기 등을 사용하여 분해된 부품의 이상 유무를 확인하고 손상된 부품을 교환할 수 있다. 5. 베인펌프를 분해의 역순으로 조립하여 정상 작동 여부를 점검할 수 있다.
	3. 플런저펌프 정비하기	1. 측정기를 사용하여 플런저펌프의 압력을 확인할 수 있다. 2. 플런저펌프의 외관상 균열 및 누유 여부를 확인하고 탈거 할 수 있다. 3. 플런저펌프를 분해순서에 따라 분해할 수 있다. 4. 측정기 등을 사용하여 분해된 부품의 이상 유무를 확인하고 손상된 부품을 교환할 수 있다. 5. 플런저펌프를 분해의 역순으로 조립하여 정상 작동 여부를 점검할 수 있다..
8. 유압밸브 정비	1. 압력제어밸브 정비하기	1. 정비지침서에 따라 압력제어밸브의 정상 작동 여부를 점검할 수 있다. 2. 압력제어밸브의 외관상 균열 및 누유 흔적이 있는지 확인하고 탈거할 수 있다. 3. 압력제어밸브를 분해순서에 따라 분해할 수 있다. 4. 분해된 부품의 이상 유무를 확인하고 손상된 부품을 교환할 수 있다. 5. 압력제어밸브 분해의 역순으로 조립하여 정상 작동 여부를 점검할 수 있다.
	2. 유량제어밸브 정비하기	1. 정비지침서에 따라 유량제어밸브의 정상 작동 여부를 점검할 수 있다. 2. 유량제어밸브의 외관상 균열 및 누유 흔적이 있는지 확인하고 탈거할 수 있다. 3. 유량제어밸브를 분해순서에 따라 분해할 수 있다. 4. 분해된 부품의 이상 유무를 확인하고 손상된 부품을 교환할 수 있다. 5. 유량제어밸브 분해의 역순으로 조립하여 정상 작동 여부를 점검할 수 있다..
	3. 방향제어밸브 정비하기	1. 정비지침서에 따라 방향제어밸브의 정상 작동 여부를 점검할 수 있다. 2. 방향제어밸브의 외관상 균열 및 누유 흔적이 있는지 확인하고 탈거할 수 있다. 3. 방향제어밸브를 분해순서에 따라 분해할 수 있다. 4. 분해된 부품의 이상 유무를 확인하고 손상된 부품을 교환할 수 있다. 5. 방향제어밸브 분해의 역순으로 조립하여 정상 작동 여부를 점검할 수 있다..
9. 유압작동기 정비	1. 유압실린더 정비하기	1. 정비지침서에 따라 유압실린더의 정상 작동 여부를 점검할 수 있다. 2. 유압실린더의 외관상 균열 및 누유 흔적이 있는지 확인하고 탈거할 수 있다. 3. 유압실린더를 분해순서에 따라 분해할 수 있다. 4. 분해된 부품을 측정기를 활용하여 유압실린더, 피스톤, 피스톤링, 피스톤로드 등을 점검할 수 있다. 5. 분해된 부품의 이상 유무를 확인하고 손상된 부품을 교환할 수 있다. 6. 분해된 유압실린더를 분해의 역순으로 조립하여 정상 작동 여부를 점검할 수 있다.

주요항목	세부항목	세세항목
9. 유압작동기 정비	2. 유압모터 정비하기	1. 유압모터의 외관상 균열 및 누유 흔적이 있는지 확인하고 탈거할 수 있다. 2. 유압모터의 회전속도 등을 점검하여 모터의 정상 작동 유무를 확인할 수 있다. 3. 유압모터를 분해순서에 따라 분해할 수 있다. 4. 분해된 부품의 이상 유무를 확인하고 손상된 부품을 교환할 수 있다. 5. 유압모터를 분해의 역순으로 조립하여 정상 작동 여부를 점검할 수 있다.
10. 전기장치 정비	1. 시동장치 정비하기	1. 엔진시동을 위한 시동전동기 B단자, M단자, S단자의 손상, 체결 및 작동상태를 점검할 수 있다. 2. 정비지침서에 따라 시동전동기를 탈거할 수 있다. 3. 정비지침서에 따라 시동전동기를 분해조립할 수 있다. 4. 회로시험기를 사용하여 마그네틱 스위치(전자석 스위치)의 풀인(Pull-In), 홀드인(Hold-In) 회로를 점검할 수 있다. 5. 그로울러시험기를 사용하여 전기자의 단선, 단락, 접지 시험을 할 수 있다. 6. 회로시험기를 사용하여 계자코일의 단선, 접지 시험을 할 수 있다. 7. 브러시(Brush)의 교환주기에 따라 마모와 접촉 상태를 점검할 수 있다. 8. 시동전동기의 성능을 확인하기 위하여 크랭킹 시 소모 전류 및 전압 강하 시험을 할 수 있다.
	2. 충전장치 정비하기	1. 발전기의 구성단자 B단자, L단자, R단자의 손상 및 체결상태를 점검할 수 있다. 2. 정비지침서에 따라 충전장치인 발전기를 탈·부착할 수 있다. 3. 회로시험기를 사용하여 발전기의 정격충전전압, 충전전류를 측정할 수 있다. 4. 축전지 충전상태 확인을 위하여 축전지와 발전기를 연결하는 배선의 전압강하를 측정할 수 있다. 5. 정비지침서에 따라 발전기를 분해조립할 수 있다. 6. 회로시험기를 사용하여 발전기 로터 및 스테이터코일의 단선, 단락, 접지시험을 할 수 있다. 7. 다이오드의 손상여부 및 브러시(Brush)의 마모 상태를 점검하고 교환을 할 수 있다.
	3. 계기 및 기타전기장치 정비하기	1. 장비 시동 후 계기판에 표시되는 각종경고등 및 계기의 정상 작동 여부를 점검할 수 있다. 2. 정비지침서에 따라 각종 등화장치의 작동상태를 점검할 수 있다. 3. 정비지침서에 따라 와이퍼장치 및 안전장치의 작동상태를 점검할 수 있다. 4. 회로시험기를 사용하여 축전지와 연결된 전기장치의 정상 작동 여부를 점검할 수 있다. 5. 저온시 디젤엔진의 시동을 위한 예열장치의 정상 작동 여부를 확인할 수 있다. 6. 냉방장치의 작동상태 유지를 위하여 에어컨 냉매의 누설 점검과 회수 및 충진 등을 할 수 있다. 7. 난방장치의 작동상태를 유지를 위하여 히터 구성품 및 누수 점검을 할 수 있다. 8. 작업장 주변의 안전작업 및 주행을 위하여 경음기, 경광등을 점검할 수 있다.

01

엔 진

1. 측정기기
2. 엔진 분해 · 조립
3. 크랭크축 점검
4. 캠축
5. 피스톤 및 실린더
6. 라디에이터 및 연료장치
7. 매연 측정
8. 연료장치 정비

1. 측정기기

건설기계를 검사 및 정비를 할 때 사용되는 측정기는 여러 가지가 있지만 가장 많이 사용되는 공구는 버니어 캘리퍼스, 마이크로미터, 다이얼 게이지, 실린더 게이지 등이 있다. 또 특정 분야를 측정할 수 있는 디젤 타이밍 라이트, 매연 측정기, 압축압력 시험기, 유압 게이지 등 다양한 측정기가 있지만 이 장에서는 일반적으로 많이 사용되는 측정기의 읽는 방법에 대해서만 설명하고, 과제별로 사용되는 측정기는 각 과제를 공부할 때 설명하도록 하겠다.

① 버니어 캘리퍼스 (Vernier Callipers)

(1) 버니어 캘리퍼스의 구조

버니어 캘리퍼스는 자와 캘리퍼스를 일체로 한 형식이며, 내경, 외경, 깊이, 길이 등을 측정할 수 있는 기구이다.

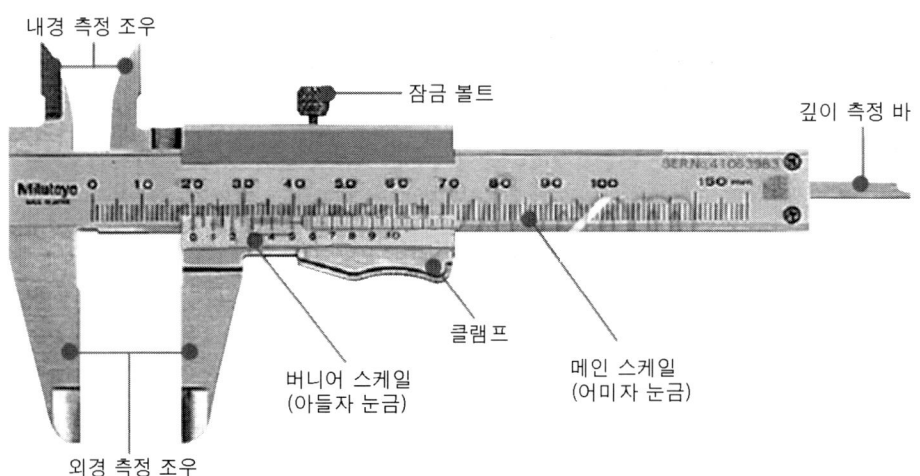

▶ 버니어 캘리퍼스의 구조 및 명칭

(2) 버니어 캘리퍼스 읽는 방법

① 부척의 '0'이 지난 눈금을 주척에서 읽는다.
② 부척과 주척의 눈금이 만나는 곳을 읽는다.
③ 주척의 눈금은 1mm, 부척의 눈금은 0.95mm이다.

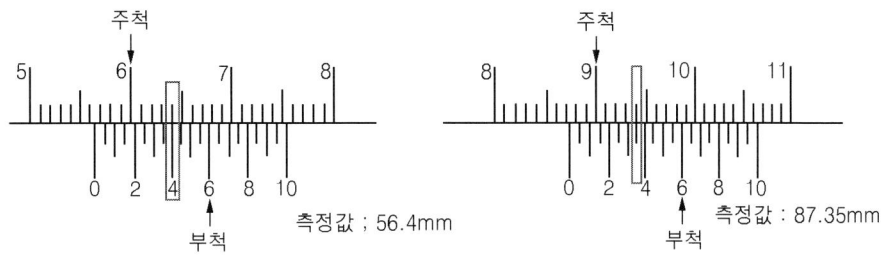

▶ 버니어 캘리퍼스 눈금 읽는 방법

(3) 측정할 때 주의사항

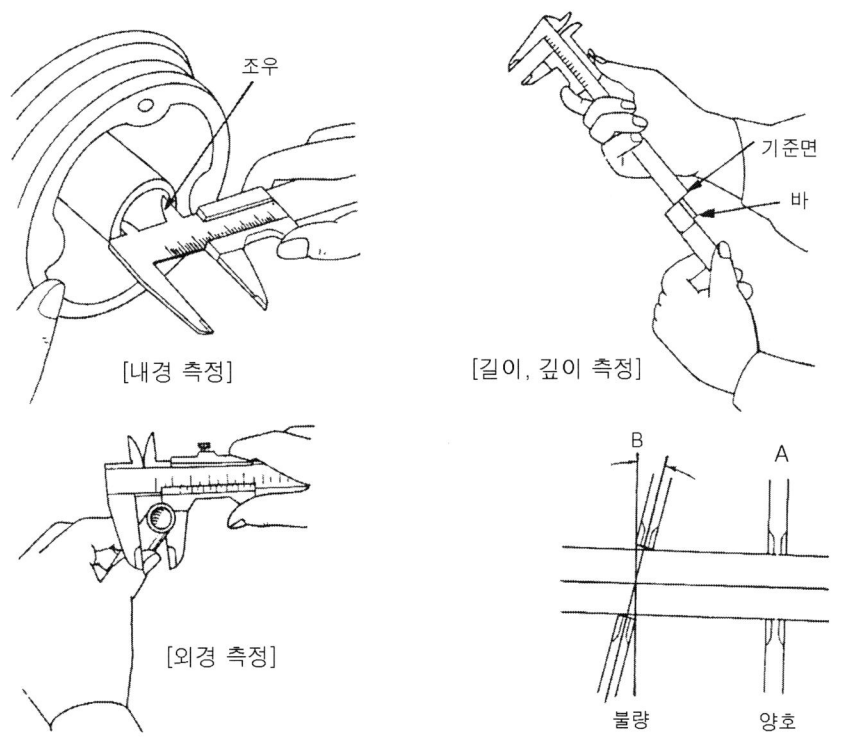

▶ 버니어 캘리퍼스 측정 방법

① 가능한 조우의 안쪽으로 측정한다(주척에서 가까운 쪽).
② 측정할 때 무리한 힘을 주지 않는다.
③ 피측정물은 내부의 측정 면에 끼워서 오차를 줄인다.
④ 눈금을 읽을 때는 눈금으로부터 직각의 위치에서 읽는다.
⑤ 깨끗한 헝겊으로 잘 닦아서 부척이 잘 움직이도록 한다.
⑥ 측정할 때에는 측정 면을 검사하고 주척과 부척의 0점을 확인한다.

2 마이크로미터 (Micro Meter)

(1) 마이크로미터의 구조

마이크로미터는 정확한 피치를 가진 나사를 이용하여 물체의 외경과 내경, 두께, 깊이, 홈 등을 정밀하게 측정하는 기구이며, 25mm 단위로 분류되어 있다. 마이크로미터의 종류는 측정하고자 하는 부위에 따라 외경 마이크로미터, 내경 마이크로미터, 깊이 마이크로미터, 나사 마이크로미터, 다이얼 게이지 마이크로미터 등 여러 종류가 있다.

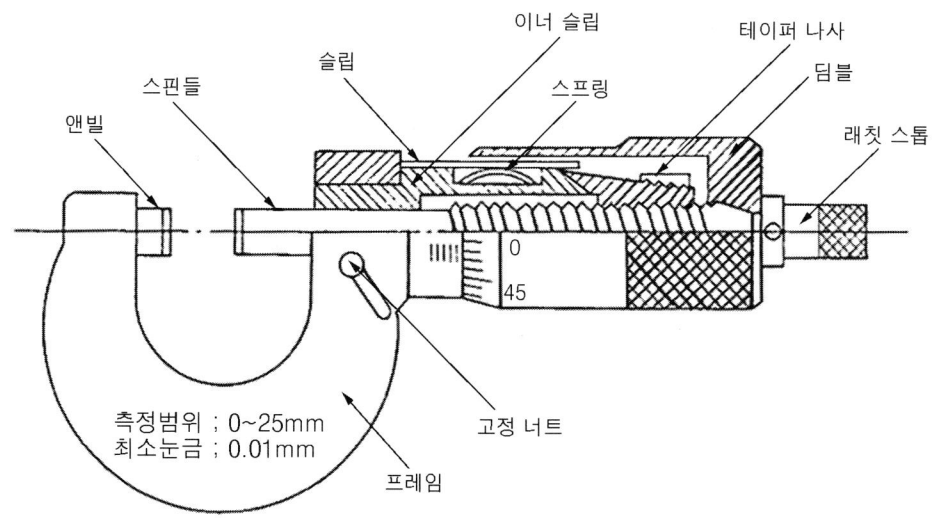

▶ 외측 마이크로미터의 구조

(2) 마이크로미터의 종류

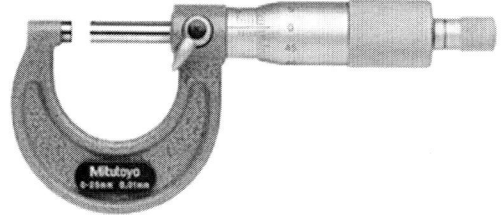
① 외경 마이크로미터

② 외경 마이크로미터

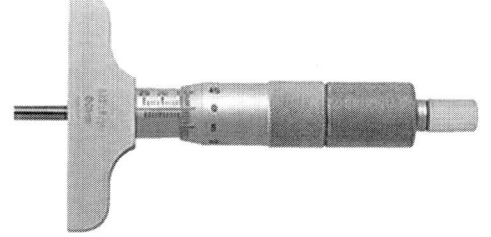
③ 깊이 마이크로미터

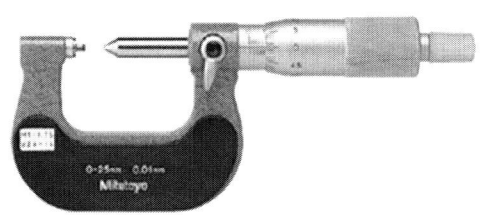
④ 나사 마이크로미터

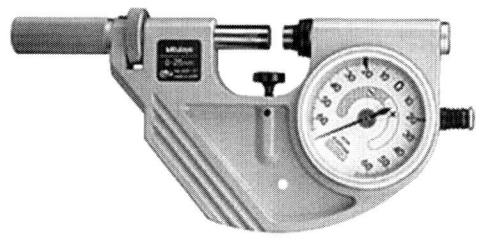
⑤ 다이얼 마이크로미터

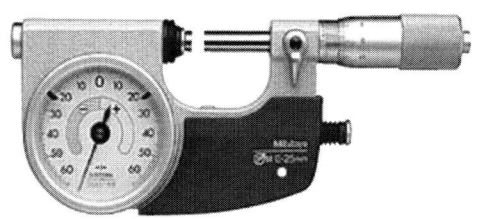
⑥ 다이얼 마이크로미터

(3) 마이크로미터 읽는 방법

① 배럴의 눈금에서 딤블에 가려지지 않은 눈금을 읽는다.
② 배럴의 가로로 그어져 있는 선이 딤블의 가리키는 눈금을 읽는다.
③ ①과 ②의 눈금을 합한 것이 측정값이 된다.
④ 배럴의 중앙선을 기준으로 윗부분 1눈금은 1mm, 아래눈금은 0.5mm, 딤블의 1눈금은 0.01mm이다.

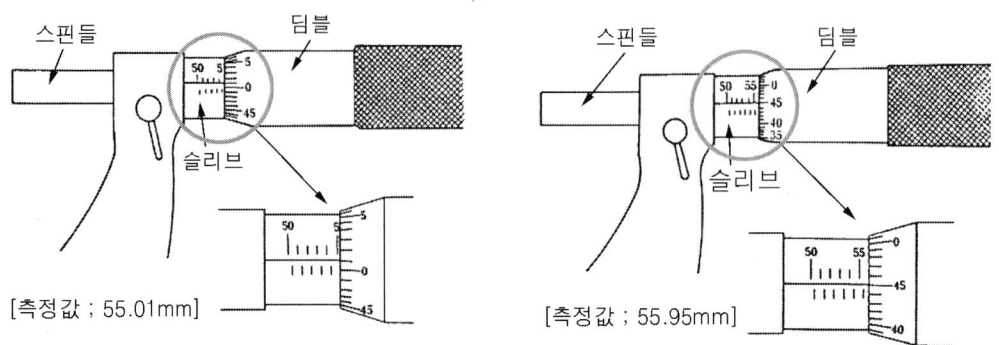

▶ 마이크로미터의 눈금 읽는 방법

(4) 마이크로미터 사용할 때 주의사항

① 체온에 의한 오차가 생기므로 신속하게 측정한다.
② 측정할 때 스핀들의 축선에 직각 또는 평행하게 일치시킨다.
③ 동일한 장소에서 3회 이상 측정하여 평균치를 내어 측정값을 읽는다.
④ 스핀들은 언제나 균일한 속도로 돌리면서 측정한다.
⑤ 측정할 때는 표준봉을 이용하여 0점이 맞는지 확인하고 측정한다.

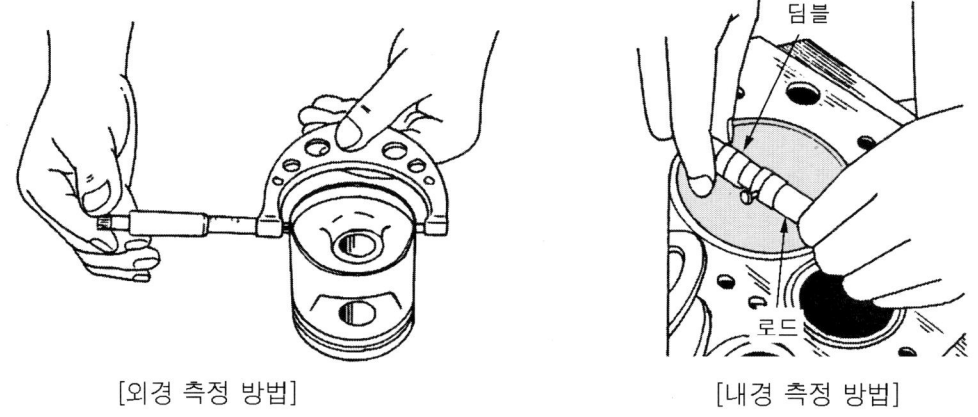

▶ 마이크로미터 측정 방법

3 다이얼 게이지(Dial Gauge)

(1) 다이얼 게이지의 구조

다이얼 게이지는 축의 휨, 기어의 백래시, 각종 원판의 런 아웃, 축의 엔드 플레이 등을 측정할 수 있는 게이지이다. 랙(rack)과 피니언(pinion) 및 평균 차에 의하여 측정봉 위치의 변화가 지침의 확대된 회전운동으로 변하여 원형의 눈금판 위에 나타난다.

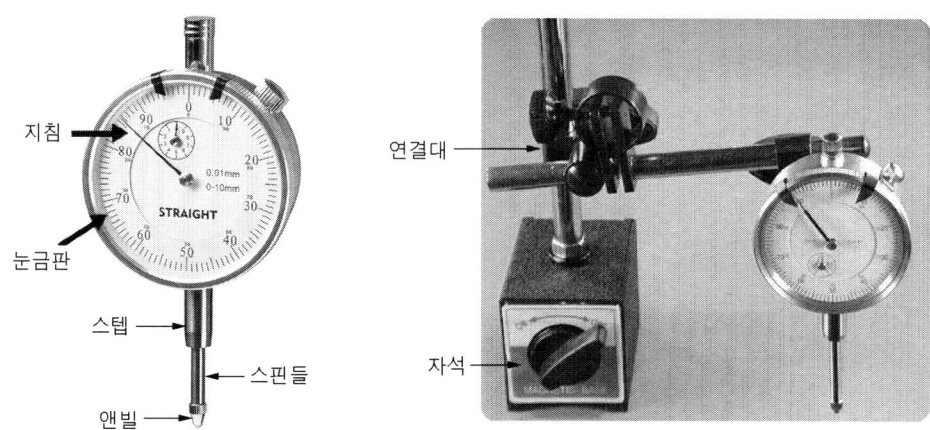

▶ 다이얼 게이지

(2) 다이얼 게이지를 사용할 때 주의사항

① 측정 면에 직각으로 설치하고 0점으로 조정하여 사용한다.
② 측정 바를 측정 면에 접촉시킬 때는 손으로 가볍게 누른다.
③ 다이얼 게이지의 지지대는 굽힘이 생기지 않는 것을 사용한다.
④ 충격은 절대 발생되지 않도록 한다.
⑤ 스핀들에 급유를 하지 않는다.
⑥ 사용 후에는 깨끗한 헝겊으로 닦아서 보관한다.

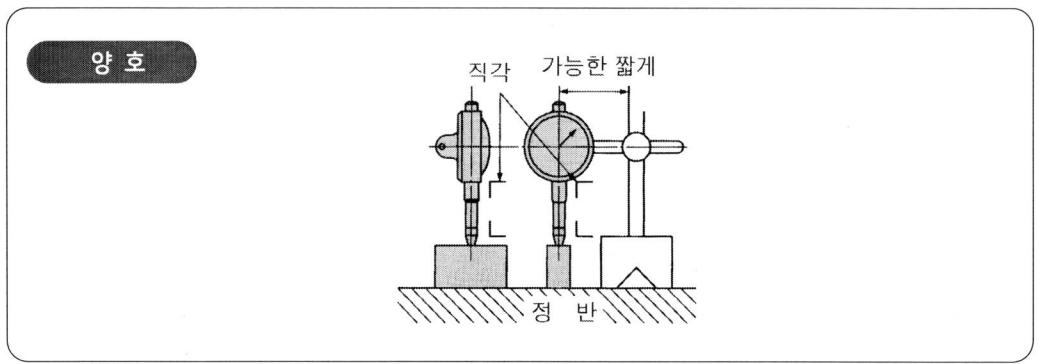

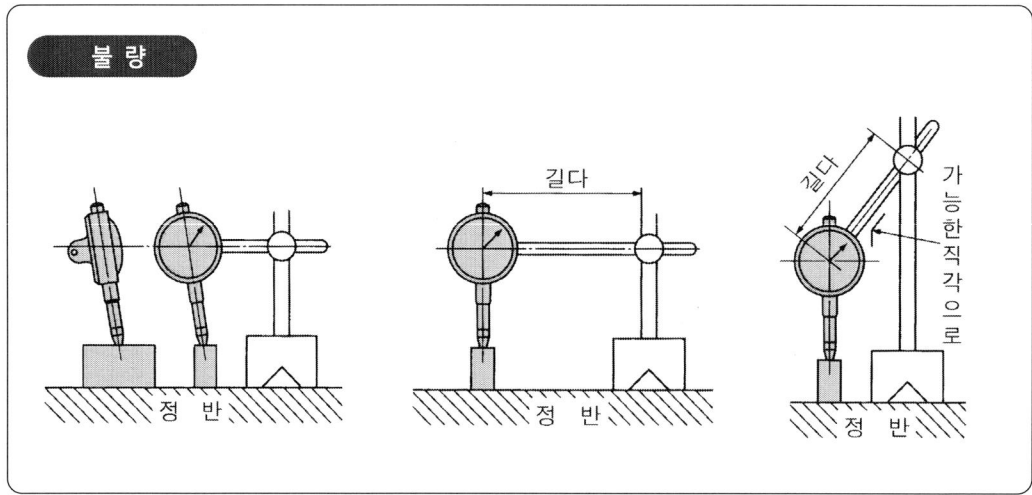

▶ 다이얼 게이지 설치방법

2. 엔진 분해 · 조립

1 엔진 분해 · 조립할 때 주의사항

① 분해된 부품은 순서대로 정리 정돈한다.
② 부품의 접촉면이 바닥으로 향하지 않도록 한다.
③ 알맞은 공구를 선택하고 무리한 힘을 가하지 않는다.
④ 부품의 작동상태, 오염 상태, 손상 여부 등을 점검한다.
⑤ 크랭크축 메인 저널 베어링 캡의 방향은 화살표가 앞쪽이다.
⑥ 부품이 서로 바뀌지 않도록 주의한다.
⑦ 볼트 및 너트는 반드시 토크 렌치로 조인다.

> ※ 분해 절차가 복잡하고 많은 부품을 분해할 때는 분해 부품들을 차례대로 손상이 가지 않도록 식별표시를 해 놓으면 조립할 때 작업을 용이하게 할 수 있다.

2 엔진 부수장치 분해

(1) 엔진 분해 준비

엔진 구성품을 수용할 만큼 충분히 큰 작업대에 깨끗하고 평평한 작업 면을 준비한다. 모든 가스켓, O-링 및 실을 빼내고 엔진을 조립할 때에는 새 가스켓, O-링 및 실을 사용한다. 조립과정에서 모든 부품을 같은 위치로 복귀시키는 것이 중요하므로 적절한 방법을 사용하여 모든 부품과 위치를 식별하여야 한다.

(2) 엔진 분해 전 준비 절차

① 배터리에서 배터리 케이블을 분리한다. 항상 음극(-) 케이블을 먼저 분리해야 한다.

② 엔진에서 스로틀 케이블, 전기 연결, 흡입 및 배기 시스템 연결 및 연료 공급호스를 분리한다.

③ 라디에이터(방열기)와 실린더 블록에서 엔진 냉각수를 배수한다. 엔진에서 냉각 시스템의 구성품을 분리한다.

④ 장비에서 엔진을 탈거한다. 엔진에 적당한 하중을 가진 적합한 엔진 수리 스탠드에 장착한다. 엔진에서 작업하는 동안 엔진 고장으로 인해 부상이나 부품 손상을 방지하기 위해 엔진을 단단히 고정해야 한다.

⑤ 용제, 공기 또는 증기 청소로 세척하여 엔진을 청소한다. 이물질이나 유체가 엔진 또는 연료 시스템이나 엔진의 나머지 전기 구성품에 유입되지 않도록 조심스럽게 조작해야 한다.

⑥ 엔진 오일을 적절한 용기에 배출하고 오일 필터를 분리한다.

⑦ 기어 케이스/전면 판에서 연료 분사 펌프는 수리를 해야 할 경우에만 분리한다. 연료 분사 펌프를 수리할 필요가 없는 경우는 타이밍 기어 케이스나 전면 판에 장착된 상태로 두면 조립할 때 시간을 절약할 수 있다.

(3) 엔진 부수장치 분해

① 공기 청정기를 분해하고 브래킷을 탈거한다.

② 소음기를 분해한다. 소음기는 무거우므로 분리할 때 취급에 주의하여야 한다.

③ 배기 매니폴드 고정 볼트를 풀고 터보차저가 부착된 상태에서 배기 매니폴드를 분해한다. 배기 매니폴드 가스켓을 탈거한다.

④ 흡기 매니폴드 고정 볼트를 풀고 흡입 매니폴드를 분해한다. 흡입 매니폴드 가스켓을 탈거한다.

▶ 공기 청정기 분해

▶ 흡기 매니폴드 분해

⑤ 연료 필터에서 연료 호스를 분리한 후 연료 필터를 분해한다.
⑥ 연료 분사 펌프와 분사 노즐을 연결하는 고압 파이프를 분리한다. 가능하면 고압 연료 분사 파이프를 조립품 상태로 분리하거나 설치해야 한다. 파이프 고정기에서 고압 연료 분사 파이프를 분해하거나 굽히면 분사 파이프를 다시 설치하기 어려워진다.

▶ 고압 연료 파이프 분해

⑦ 팬벨트를 분리하고 발전기와 수온 조절기, 물 펌프를 분해한다.
⑧ 기동 전동기를 분해한다.
⑨ 플라이휠을 분해한다.

▶ 플라이휠 분해

③ 실린더 헤드 분해

(1) 실린더 헤드 구성품

번호	명칭	번호	명칭
1	크랭크케이스 보급장치 덮개	19	실린더 헤드
2	격막 스프링	20	흡기 밸브
3	격막 컵	21	배기 밸브
4	크랭크케이스 보급장치 격막	22	실린더 헤드 가스켓
5	오일 충만 덮개	23	연료 분사기 노즐 보호기
6	밸브 덮개 너트	24	연료 분사기 노즐 시트
7	밸브 덮개 너트 O-링	25	밸브 스프링
8	밸브 덮개 가스켓	26	밸브 브리지 가이드
9	지지 볼트	27	스프링 고정구
10	로커암 축 지지대	28	밸브 키퍼
11	웨이브 와셔	29	밸브 브리지
12	연료 분사기 고정구 너트	30	밸브 브리지 시트
13	밸브 조정 나사(기본)	31	밸브 조정 나사 로크 너트
14	밸브 조정 나사 로크 너트	32	밸브 조정 나사(보조)
15	로커암 축 정렬 스터드	33	푸시 로드
16	연교 분사기 고정구	34	로커암 축
17	밸브 스템 실	35	크랭크케이스 보급장치
18	밸브 가이드	36	밸브 덮개

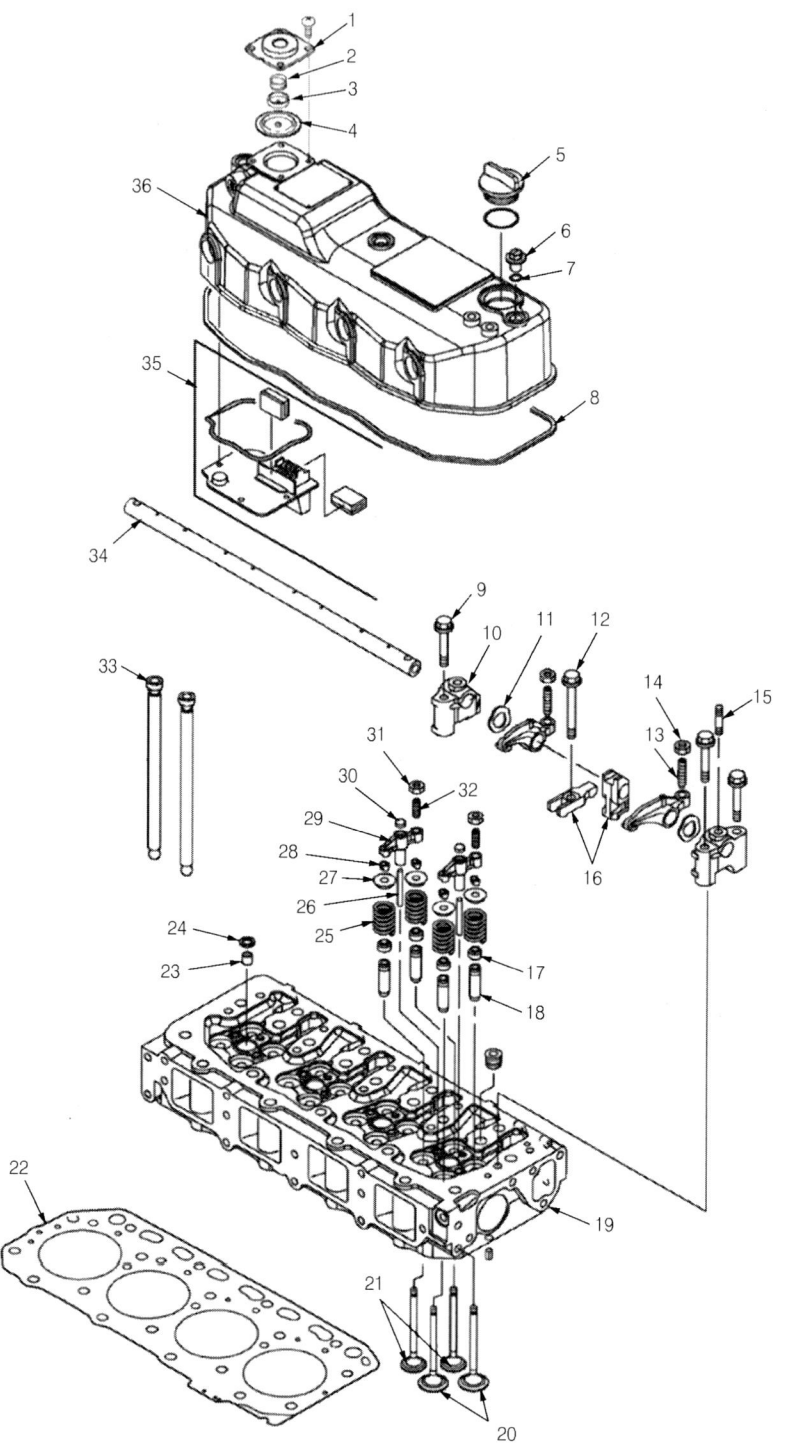

▶ 실린더 헤드 구성품

(2) 밸브 덮개(로커암 커버) 분해

① 밸브 덮개 너트를 분리한다.
② 각 밸브 덮개 너트의 O-링을 분리한다.
③ 밸브 덮개를 분해한다. 밸브 덮개 가스켓을 분리한다.
④ 크랭크케이스 공급 장치 조립품을 검사하고 청소한다.

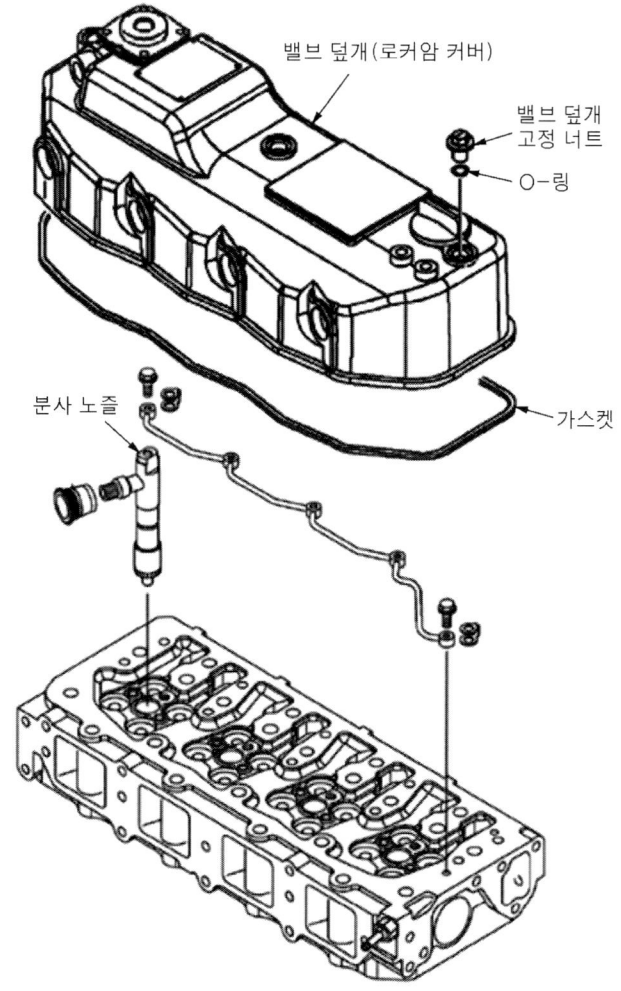

▶ 밸브 덮개(로커암 커버) 분해

(3) 로커 암 어셈블리 분해

① 실린더 헤드에서 연료 분사 노즐을 탈착한다.
② 실린더 헤드에서 로커 암 축 지지대를 고정하는 볼트를 풀어 분리한다.
③ 실린더 헤드에서 로커 암과 축 어셈블리를 분리한다. 푸시로드와 밸브 브리지를 원래 위치에 설치할 수 있도록 표시해 둔다.
④ 푸시로드를 탈착한다.
⑤ 밸브 브리지 어셈블리를 탈착한다. 각 밸브 브리지에서 시트를 제거한다.
⑥ 모든 부품을 원래 위치에 다시 설치할 수 있도록 표시해 둔다.

▶ 로커암 축 어셈블리 분해

(4) 실린더 헤드 분리

① [그림]과 같은 순서에 따라 실린더 헤드 볼트를 푼다.

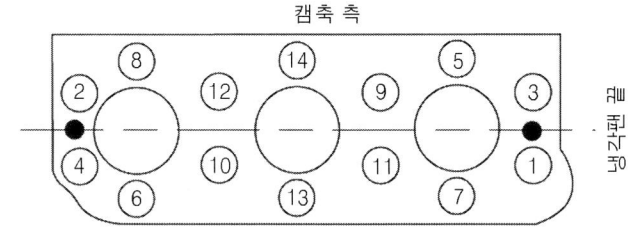

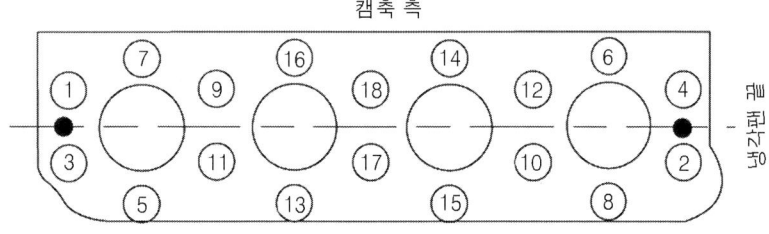

▶ 실린더 헤드 볼트 푸는 순서

② 실린더 헤드 볼트를 분리한다.
③ 실린더 블록에서 실린더 헤드를 들어 올려 꺼내고 헤드 가스켓을 분해한다. 헤드의 표면이 손상되지 않도록 실린더 헤드를 작업대에 올려놓는다.

▶ 실린더 헤드 분해

(5) 흡입 및 배기 밸브 분리

① 실린더 헤드를 연소실 측면이 아래로 향하도록 작업대에 올려놓는다.

② 밸브 스프링 압축기 공구를 사용하여 밸브 스프링을 압축한다.

▶ 밸브 스프링 및 밸브 분해

③ 밸브 스프링 키(리테이너 록)를 분리한다.

④ 밸브 스프링의 장력을 천천히 늦춘다(밸브 스프링 압축기를 서서히 해제).

⑤ 밸브 스프링 리테이너와 밸브 스프링을 분리한다.

⑥ 모든 나머지 밸브에 대해 이 절차를 반복한다. 밸브를 재사용하려면 원래의 위치에 설치할 수 있도록 표시를 해둔다.

⑦ 분사기 노즐 보호기와 시트를 탈착한다.

⑧ 실린더 헤드를 배기 포트 측면이 아래로 향하도록 돌린다. 실린더 헤드에서 흡입 및 배기 밸브를 분리한다.

⑨ 밸브 스템 시트를 분리한다.

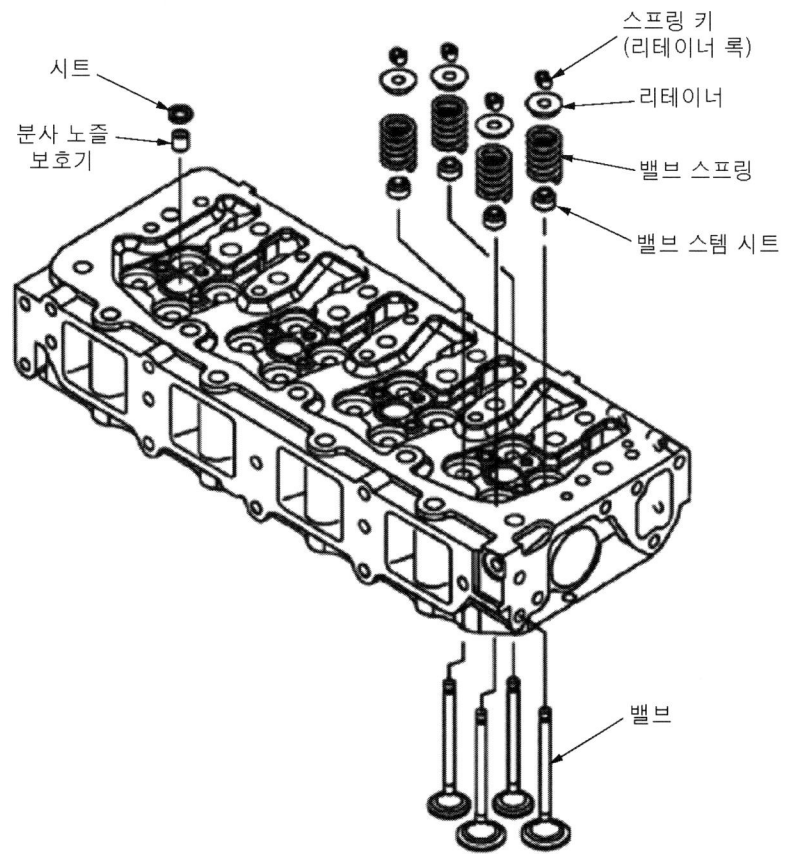

▶ 밸브 스프링 및 밸브 분해도

▶ 밸브 스프링 분해

4 크랭크축 및 캠축 분해

(1) 크랭크축 및 캠축 구성품

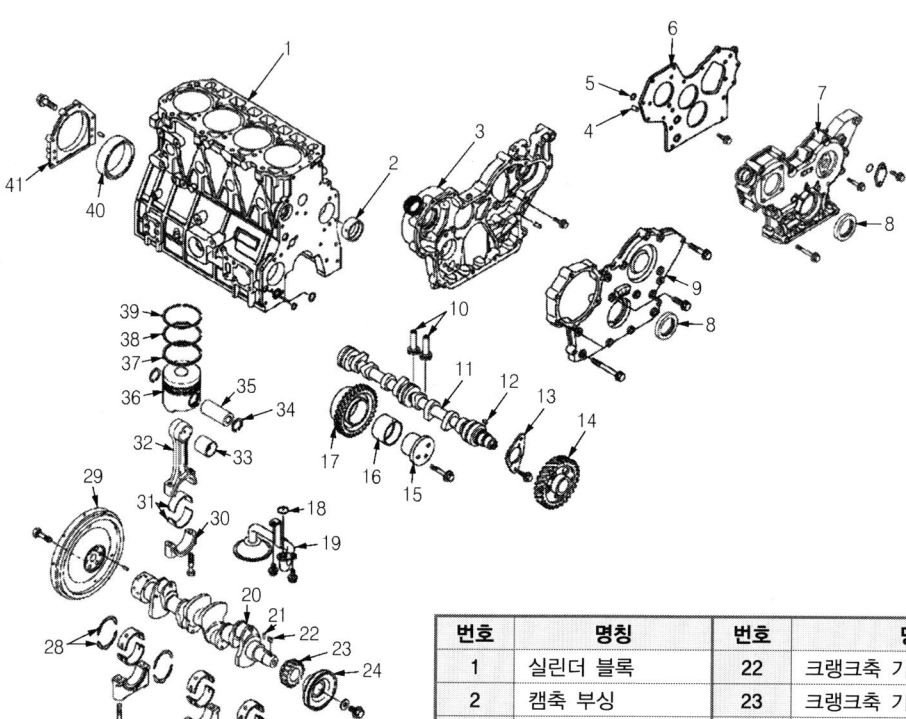

번호	명칭	번호	명칭
1	실린더 블록	22	크랭크축 기어 키
2	캠축 부싱	23	크랭크축 기어
3	기어 케이스	24	크랭크축 풀리
4	다월 핀(2개 사용)	25	저널 베어링
5	O-링	26	저널 베어링 덮개
6	전면 판	27	오일 팬
7	기어 케이스 덮개	28	스러스트 베어링
8	전면 크랭크축 실	29	플라이휠
9	기어 케이스 덮개	30	커넥팅 로드 덮개
10	태 핏	31	커넥팅 로드 저널 베어링
11	캠 축	32	커넥팅 로드
12	캠축 기어 키	33	리스트 핀 부싱
13	캠축 끝판	34	서클 립
14	캠축 기어	35	리스트 핀
15	아이들러 기어 축	36	피스톤
16	아이들러 기어 부싱	37	오일 링
17	아이들러 기어	38	2번 압축링
18	오일 수거 O-링	39	1번 압축링
19	오일 수거	40	크랭크축 후면 실
20	크랭크축	41	크랭크축 후면 실 하우징
21	병렬 핀		

▶ 크랭크축 및 캠축 구성품

5 캠축 및 타이밍 구성품 분해

모든 가스켓, O-링 및 실을 제거한다. 캠축 및 타이밍 구성품을 조립할 때에는 새 가스켓, O-링 및 실을 사용한다.

(1) 오일 팬 분해

① 엔진 스탠드를 회전시켜 엔진을 뒤집어 놓는다.(오일 팬이 위로 향함)
② 오일 팬을 탈착한다.

▶ 오일 팬 분해

③ 오일 스트레이너 튜브와 O-링을 분리한다.

▶ 오일 스트레이너 분해

(2) 타이밍 기어 덮개(전면 판 덮개) 분해

① 크랭크축 풀리를 고정하는 볼트 및 와셔를 분리한다. 크랭크축 풀리를 분해할 때에는 크랭크축의 끝에 있는 나사산을 손상시키지 않도록 주의하여야 한다.
② 기어 풀러를 사용하여 크랭크축 풀리를 탈착한다.
③ 타이밍 기어 덮개를 실린더 블록과 오일 팬에 고정하는 볼트를 분리한다.
④ 타이밍 기어 덮개를 탈착한다.

▶ 타이밍기어 덮개 분해

(3) 오일 펌프 및 공전 기어 분해

① 오일 펌프를 탈착한다.

▶ 오일 펌프 분해

② 공전 기어 축에서 볼트를 풀어 분리한다. 공전 기어 축, 공전 기어 및 부싱을 분리한다.
③ 크랭크축 기어는 손상되어 교체해야 하는 경우를 제외하고는 분리하지 않는다. 기어를 분리해야 할 경우에는 기어 풀리를 사용하여 분리한다.
④ 캠축 기어를 분리하려면 캠축을 분리하여 프레스에 끼워야 한다. 캠축 기어는 캠축 기어나 캠축이 손상되어 교체해야 하는 경우를 제외하고는 분리하지 않는다.

▶ 공전 기어 분해

※ 연료 분사 펌프 구동기어를 연료 분사 펌프 허브에 고정하는 4개의 볼트를 풀거나 제거하지 않는다. 연료 분사 펌프 구동 기어를 허브에서 분해하면 안된다. 그럴 경우 정확한 연료 분사 타이밍을 맞추기가 매우 어렵거나 불가능해진다.

⑤ 연료 분사 펌프 구동기어는 기어나 펌프의 손상을 방지하기 위해 꼭 필요한 경우가 아니면 분리하지 않는다. 펌프 구동 기어를 허브에 고정하는 볼트 4개를 풀거나 빼내지 않도록 한다. 허브가 기어에 부착된 상태에서 너트와 와셔만 분리한다. 기어 풀러를 사용하여 펌프 구동 기어와 허브를 어셈블리 상태로 분리한다.

▶ 연료 분사 펌프 구동기어 분해

(4) 캠축 분해

① 캠축 스러스트 판을 고정하는 볼트 2개를 풀어 분리한다.
② 중력에 의해 태핏이 캠축 로브에서 떨어져 나가도록 스탠드에 고정된 엔진의 크랭크축을 회전시킨다.

> ※ 캠축이 최소 2회전을 하여야 끈끈하게 달라붙은 태핏이 캠축에서 부풀어 올라 분해가 된다.

▶ 캠축 분해

③ 전면 캠축 부싱을 손상시키지 않도록 주의하면서 캠축 어셈블리를 엔진에서 천천히 잡아당긴다.
④ 태핏을 꺼낸다. 태핏을 같은 위치에 다시 설치할 수 있도록 표시한다. 태핏은 엔진 크랭크케이스 내부에서 분리해야 한다.
⑤ 캠축 구동기어는 기어나 캠축을 교체해야 할 경우에만 분리한다.

(5) 전면판(기어 케이스) 분해

※ 캠축을 분리해야만 전면판(기어 케이스)을 분해할 수 있다.
※ 전면판(기어 케이스)을 분해하기 위해 연료 분사 펌프를 전면판(기어 케이스)에서 분리할 필요는 없다. 연료 분사 펌프를 수리할 필요가 없는 경우에는 타이밍 기어 케이스나 전면판에 장착된 상태로 두면 조립할 때 시간을 절약할 수 있다.

① 전면판 고정 볼트를 풀고 분리한다.
② 전면판(기어 케이스)을 실린더 블록에서 분리한다. 분해된 표면에서 부착된 낡은 실런트(접착제)를 말끔히 청소한다.
③ 캠축 부싱을 검사 및 측정한다. 수정 한계값 이상으로 손상되거나 마모된 경우 캠축 부싱을 제거한다.
④ O-링 2개를 제거한다.

▶ 전면판 분해

6 크랭크축 · 피스톤 및 커넥팅 로드 어셈블리 분해

(1) 피스톤 및 커넥팅 로드 어셈블리 탈착

> ※ 피스톤 핀 부품, 피스톤 및 커넥팅 로드 어셈블리를 조립과정에서 같은 위치로 복귀시켜야 한다. 적절한 방법을 사용하여 부품에 라벨을 부착한다.
> ※ 사용 시간이 많은 엔진은 실린더 상사점 부근의 리지(Ridge)에 피스톤 링이 걸려서 피스톤이 빠지지 않는 경우가 있다. 이 경우 피스톤을 분리하려면 먼저 적합한 리머를 사용하여 리지 부분과 카본을 제거해야 한다.

① 커넥팅 로드 베어링 캡을 분리하기 전에 커넥팅 로드가 수평이 되도록 엔진을 회전시킨다. 분해 시 실린더 블록에서 피스톤이 떨어질 수 있으니 주의한다.
② 크랭크축 핀 저널에서 커넥팅 로드를 고정하는 베어링 캡 고정 나사를 풀고 베어링 캡을 분리한다.
③ 해머의 나무 손잡이로 커넥팅 로드를 가볍게 충격하여 피스톤 및 커넥팅 어셈블리를 분해한다. 이때 피스톤 어셈블리가 떨어지지 않도록 주의한다.

▶ 피스톤 및 커넥팅 로드 어셈블리

④ 각 실린더의 피스톤 및 커넥팅 로드 어셈블리를 순서대로 분해한다.
⑤ 피스톤 및 커넥팅 로드에 실린더 번호를 표시해 둔다.
⑥ 저널 베어링을 분해한다.

⑦ 피스톤 링 확장기를 사용하여 피스톤에서 압축링과 오일링을 분해한다. 이때 피스톤링의 파손에 주의한다.
⑧ 피스톤 보스에서 피스톤 핀을 고정하는 스냅 링을 탈착한다.
⑨ 피스톤에서 피스톤 핀과 커넥팅 로드를 분리한다.
⑩ 모든 피스톤이 분리되고 해체될 때까지 이 단계를 반복한다.
⑪ 분해된 피스톤 링은 재사용하지 않고 신품으로 교환한다.

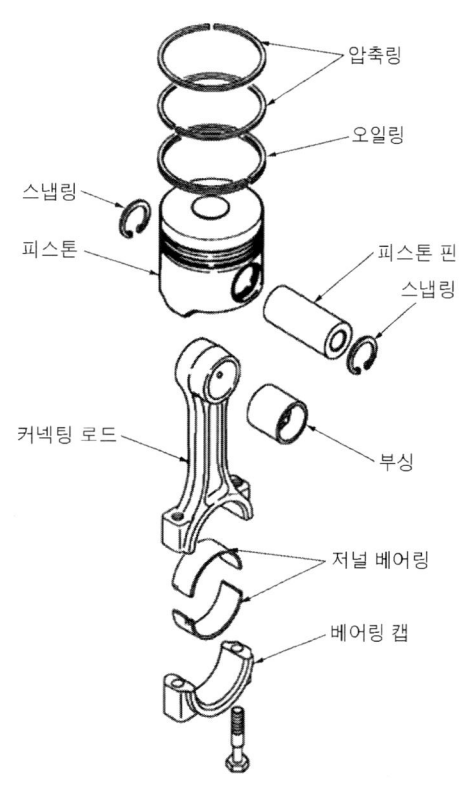

▶ 피스톤 및 커넥팅 로드 어셈블리 분해

(2) 크랭크축 분리

① 엔진에서 플라이휠을 분해한다.

② 플라이휠 하우징을 분해한다.

③ 리테이너 고정 볼트를 풀고 리테이너와 오일 실을 엔진에서 분해한다.

④ 메인 베어링 캡을 분리하기 전에 크랭크축 끝 유동(End Play)을 측정한다.

⑤ 메인 저널 베어링 캡을 분해한다. 메인 저널 베어링 캡에 인쇄되어 있는 내용을 메모하거나 자신만이 알 수 있도록 표시하여 분리할 때와 같은 순서로 조립할 수 있도록 한다. 이때 저널 베어링은 분리하지 말아야 한다.

▶ 플라이휠 하우징 분해

▶ 리테이너 분해

※ 이 엔진의 메인 저널 베어링 캡의 "**화살표**"는 엔진의 플라이휠 쪽을 가리킨다.

⑥ 크랭크축을 분리하기 전에 베어링 오일 간극을 측정하여 마모 정도를 확인한다. 측정 결과를 기록한다.

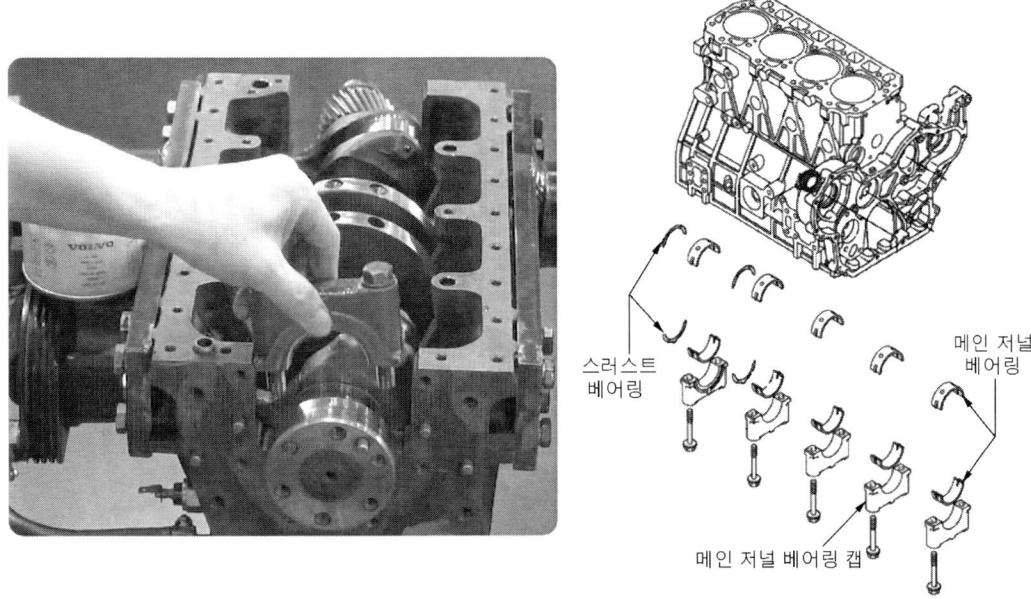

▶ 메인 저널 베어링 캡 분해

⑦ 엔진에서 크랭크축을 분해한다.

▶ 크랭크축 분해

⑧ 메인 저널 베어링과 스러스트 베어링을 분리한다.

※ 기어 또는 크랭크축이 손상되어 교체해야 하는 경우를 제외하고는 크랭크축 기어를 분해하지 말아야 한다.

⑨ 필요하면 크랭크축 기어, 평행 핀 및 키를 분리한다. 기어 풀러를 사용하는 경우 크랭크축의 끝에 있는 나사산을 손상시키면 안 된다.

▶ 메인 저널 베어링 분해

3. 크랭크축 점검

1 크랭크축 마모량 점검

(1) 크랭크축의 구성

크랭크축은 피스톤의 왕복운동을 회전운동으로 바꾸기 위한 축으로 굽힘 응력과 비틀림 응력이 반복된다. 크랭크축은 크랭크 핀, 크랭크 암, 크랭크 메인 저널, 평형추, 플랜지 등으로 구성되어 있으며, 크랭크축의 설치는 크랭크 케이스 내에 메인 저널 베어링으로 지지하고 있다.

메인 저널이나 크랭크 핀의 편 마모 및 테이퍼 마모가 심해지면 베어링의 접촉이 불량하게 되어 엔진의 진동 및 소음의 원인이 된다. 따라서 진원도, 테이퍼 마모, 편 마모 등을 점검하고, 수정 한계 값 이상인 경우에는 수정을 하거나 크랭크축을 교환하여야 한다.

(2) 크랭크축 메인 저널 마모량 측정 방법

① 정반 위에 V-블록을 설치하고, V-블록을 깨끗한 헝겊으로 닦는다.
② 크랭크축을 분해하여 V-블록 위에 올려놓고 크랭크축 메인 저널을 깨끗한 헝겊으로 닦는다.
③ 버니어 캘리퍼스로 크랭크축 메인 저널의 직경을 확인하고 직경에 맞는 측정 가능한 마이크로미터를 선택한다. 마이크로미터는 25mm 단위로 되어 있으므로 알맞은 크기를 선택한다.
④ 외경 마이크로미터의 0점을 확인하고 맞지 않으면 0점 조정을 실시한다.

⑤ 크랭크축 메인 저널의 오일 구멍을 피해서 마이크로미터로 측정한다. 평형추의 위치 때문에 측정이 불편할 수 있으므로 크랭크축을 회전시키면서 측정한다.
⑥ 각 메인 저널의 상하부와 좌우측 부분 2개소씩 모두 4개소를 측정하며, 최소 측정값을 찾아낸다. 이때 각 메인 저널의 측정값 중 가장 적은 최소 측정값을 기준으로 수정한다.
⑦ 크랭크축 메인 저널과 크랭크 핀의 규격은 서로 다르므로 측정값의 판정에 주의한다.

▶ 크랭크축 메인 저널 마모량 측정

(3) 크랭크축의 마모

1) 편 마모
① 저널의 수직과 수평 방향으로 측정한 값에 차이가 있으면 편 마모가 있는 것이다.
② **편마모량**이 **0.04mm**를 초과할 때는 저널부의 연마와 함께 저널 베어링을 언더 사이즈(u/s)로 교환한다.

2) 테이퍼 마모
① 저널의 중심과 양단부의 외경 차이가 테이퍼 마모이다.

② 테이퍼 마모량이 0.03mm를 초과할 때는 저널부를 연마하고 저널 베어링을 언더 사이즈(u/s)로 교환한다.

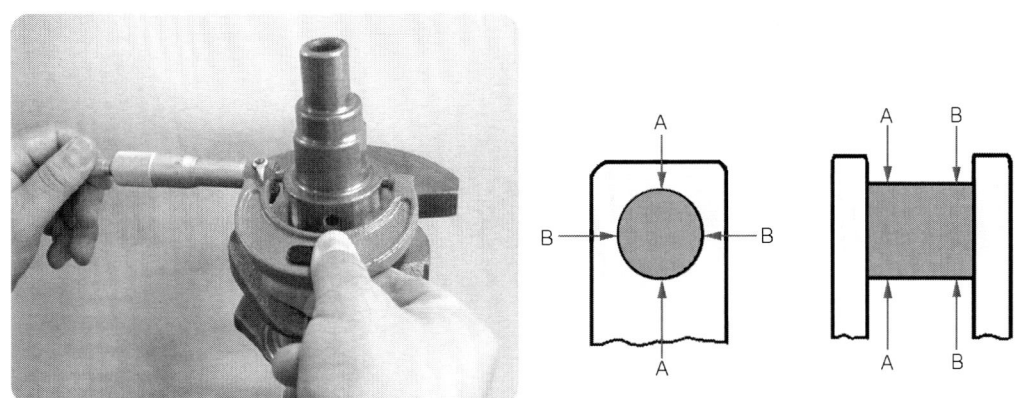

▶ 크랭크축 마모량 측정 위치

(4) 크랭크축 마모량 수정 방법

크랭크축 저널의 최대 마멸량이 수정한계 값 이상인 경우에는 연마하여 수정을 하여야 한다. 크랭크축 저널을 연마 수정하면 저널의 지름이 작아지므로 최소 측정값으로부터 진원 절삭값(0.20mm)을 더 빼낸다. 따라서 저널의 치수가 작아지게 되므로 **언더 사이즈**(Under Size)라고 부르며, 저널 베어링의 두께는 두꺼워지게 된다.

1) 크랭크축 저널 마모량 한계 값

항 목	저널 지름	수정 한계 값
진원 마모 값	50mm 이상	0.20mm
	50mm 이하	0.15mm
테이퍼 마모 값		0.03mm
편 마모 값		0.04mm

2) 언더사이즈 한계 값

저널 지름	언더사이즈 한계 값
50mm 이상	1.50mm
50mm 이하	1.00mm

3) 크랭크축 저널 수정 방법

수정 값은 각 저널의 측정값 중 최소 측정값에서 진원 절삭값(수정값) 0.20mm를 뺀 값을 계산한다. 이 값이 언더사이즈 크기와 맞지 않으므로 언더사이즈 크기에 알맞은 값은 찾아서 그 값으로 수정한다.

언더사이즈의 크기는 다음과 같다.

◎ **언더사이즈 규정값**
0.25mm, 0.50mm, 0.75mm, 1.00mm, 1.25mm, 1.50mm

예제

디젤 엔진의 크랭크축 메인 저널의 지름이 50mm이다. 이 엔진을 분해하여 크랭크축 메인 저널의 지름을 측정하였더니 제1번이 49.73mm, 제2번이 49.82mm, 제3번이 49.90 mm, 제4번이 49.95mm 이다. 이 크랭크축 메인 저널의 수정 값과 언더 사이즈 값은 각각 얼마인가?

풀이
- 마모량이 가장 큰 것은 49.73mm이므로
- 0.27mm(마멸량) + 0.20mm(절삭값) = 0.47mm
- 그러나 언더사이즈 규격에는 0.47mm가 없으므로 이 값보다 작으면서 가장 가까운 값인 0.50mm를 선택한다.
- 따라서 메인저널 **수정값은 49.50mm**이며, **언더사이즈는 0.50mm**가 된다.
- 따라서 이 크랭크축 메인 저널의 지름은 0.50mm가 가늘어지고, 메인 저널 베어링은 0.50mm가 두꺼워진다.

실기시험 답안지 작성방법

A. 요구사항

※ 주어진 디젤 엔진에서 크랭크축을 탈거하여 기록표의 내용을 측정·판정한 후 조립하시오.

[기관1 시험결과 기록표]

기관번호 :			비 번호		감독위원 확 인	
측정 항목	① 측정(또는 점검)		② 판정 및 정비(또는 조치) 사항			득점
	측정값	규정(정비한계)값	판정(□에 "✔" 표시)	정비 및 조치할 사항		
크랭크축 마모량	0.27mm	STD 50.00mm (한계값 0.20mm)	□ 양호 ☑ 불량	49.50mm (0.50mm) 언더사이즈 가공 후 재점검		

※ 시험위원이 지정하는 부위를 측정하고, 단위가 누락되거나 틀린 경우 오답으로 채점함.

B. 답안지 작성 방법

① **측정값** : 수검자가 측정한 측정값을 기록한다. 이때 반드시 단위를 기록해야 한다.
  (예 ; 0.27mm)
- 크랭크축 저널의 측정값이 49.73mm로 측정되었을 경우

② **규정값** : 제시된 엔진의 기준에 맞는 규정 값을 기록한다.
  (예 ; STD 50.00mm, 한계 값 0.20mm)

③ **판 정** : 규정값과 측정값을 비교하여 수검자가 판정하여 표시한다.
  (예 ; □ 양호, □ 불량에 "✔" 표시)
- 양호 : 측정값이 한계 값(0.20mm)의 범위에 있는 경우
- 불량 : 측정값이 한계 값(0.20mm)의 범위를 벗어난 경우

④ **정비 및 조치할 사항**
- 양호한 경우 : 정비 및 조치사항 없음
- 불량한 경우 : 결함 원인에 대한 조치사항을 기록한다.
  (예 ; 크랭크축 49.50mm(0.50mm) 언더사이즈 가공 후 재점검)

※ 정비 및 조치사항에 결함 내용을 해결(기록)한 다음에는, 반드시 이상 유무를 확인해야 하므로 재점검(재측정)을 기록하여야 한다.

2 크랭크축 유격(End Play) 점검

(1) 크랭크축 축 방향 유격

크랭크축에는 적당한 축방향의 유격이 있어야 한다.

축방향의 유격이 너무 크면 크랭크축이 앞·뒤로 움직이면서 소음을 발생하고, 실린더, 피스톤, 커넥팅 로드, 스러스트 베어링 등에 편마모를 일으킨다. 반대로 축 방향 유격이 너무 작으면 크랭크 암과 스러스트 베어링의 측면이 마찰을 일으켜 회전상태가 무거워진다.

축 방향 유격을 점검할 때는 시크니스(필러) 게이지나 다이얼 게이지, 그리고 플라이 바 또는 (-) 드라이버가 필요하다.

(2) 크랭크축 축 방향 유격 측정 방법

1) 시크니스(필러) 게이지 사용법

▶ 시크니스 게이지 측정 방법

① 크랭크축 저널과 베어링에 약간의 엔진 오일(O·E)을 주유하고 베어링 캡을 규정 토크로 조인다.

② 플라이 바 또는 (-) 드라이버로 축의 길이방향 중 크랭크축 풀리 쪽으로 밀어 붙였다가 놓는다.

③ 시크니스(필러) 게이지로 틈새를 측정할 때는 스러스트 베어링과 크랭크축 옆면 사이에 게이지를 삽입한다.

④ 이때 시크니스 게이지가 약간 뻑뻑하게 움직이면 삽입된 시크니스 게이지의 두께가 측정값이다.

2) 다이얼 게이지 사용법

① 크랭크축 저널과 베어링에 약간의 엔진 오일(O·E)을 주유하고 베어링 캡을 규정 토크로 조인다.

② 다이얼 게이지를 엔진 블록에 설치한다. 이때 다이얼 게이지 스핀들은 크랭크축의 앞 끝이나 뒤 끝에 직각으로 설치한 다음 마그네트(전자석)로 고정한다.

③ 플라이 바 또는 (-) 드라이버로 크랭크축을 앞쪽이나 뒤쪽으로 밀었다가 놓은 다음 다이얼 게이지의 0점을 조정한다.

④ 플라이 바로 크랭크축을 반대방향으로 밀었다가 놓았을 때, 다이얼 게이지의 바늘이 지시하는 값이 축방향 유격 측정값이다.

▶ 다이얼 게이지 측정 방법

(3) 크랭크축 축 방향 유격 수정 방법

1) 축 방향 유격이 규정 값 이상인 경우
① 스러스트 베어링인 경우에는 베어링을 교환한다.
② 스러스트 심(Shim)인 경우에는 심을 교환한다.

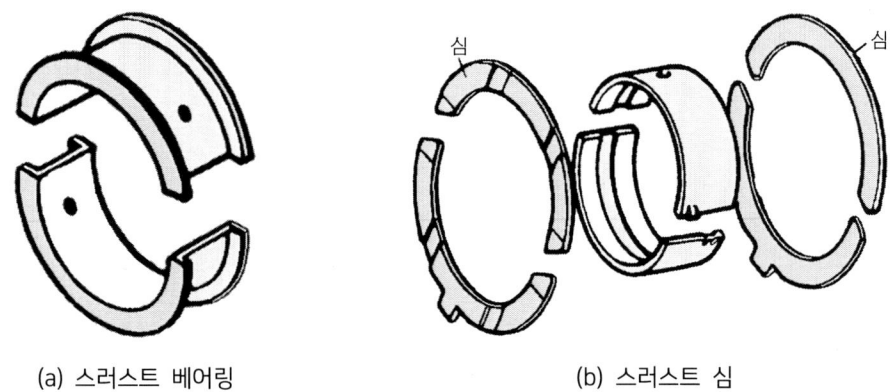

(a) 스러스트 베어링   (b) 스러스트 심

▶ 크랭크축 유격 조정 방법

2) 축 방향 유격이 규정 값 이하인 경우
① 스러스트 베어링 또는 심을 정반 위에 연마지를 놓고 스러스트 면을 연마하여 조정한다.

실기시험 답안지 작성방법

A. 요구사항

※ 주어진 디젤 엔진에서 크랭크축을 탈거하여 기록표의 내용을 측정·판정한 후 조립하시오.

[기관1 시험결과 기록표]

측정 항목	① 측정(또는 점검)		② 판정 및 정비(또는 조치) 사항		득점
	측정값	규정(정비한계)값	판정(□에 "✔" 표시)	정비 및 조치할 사항	
크랭크축 유격	0.24mm	0.10~0.12mm	□ 양호 ☑ 불량	스러스트 심 교환 후 재점검	

기관번호 : 　　　비 번호 : 　　　감독위원 확인 :

※ 시험위원이 지정하는 부위를 측정하고, 단위가 누락되거나 틀린 경우 오답으로 채점함.

B. 답안지 작성 방법

① **측정값** : 수검자가 측정한 측정값을 기록한다. 이때 반드시 단위를 기록해야 한다.
　　　　(예 ; 0.24mm)

② **규정값** : 제시된 엔진의 기준에 맞는 규정값을 기록한다.
　　　　(예 ; 0.10 ~ 0.12mm)

③ **판　정** : 규정값과 측정값을 비교하여 수검자가 판정하여 표시한다.
　　　　(예 ; □ 양호, □ 불량에 "✔" 표시)

- 양호 : 측정값이 규정값의 범위에 있는 경우
- 불량 : 측정값이 규정값의 범위를 벗어난 경우

④ **정비 및 조치할 사항**

- 양호한 경우 : 정비 및 조치사항 없음
- 불량한 경우 : 결함 원인에 대한 조치사항을 기록한다.
　　　　{예 ; 스러스트 심 교환(후 재점검)}

※ 정비 및 조치사항에 결함 내용을 해결(기록)한 다음에는, 반드시 이상 유무를 확인해야 하므로 재점검(재측정)을 기록하여야 한다.

③ 크랭크축 메인 저널 오일 간극 점검

(1) 엔진 베어링의 윤활

엔진 각부의 베어링은 윤활장치에서 공급되는 오일에 의해 윤활이 된다. 베어링이 그 기능을 발휘하려면 베어링 주위에 오일이 흘러야 하며, 이를 위해 축 저널의 지름을 베어링 지름보다 조금 작게 하는데 그 차이를 **오일 간극**(Oil Clearance)이라 한다. 보통 오일 간극은 0.038~0.100mm이며, 오일 간극이 마멸 등으로 커지면 오일 유출량이 증가되어 윤활장치 내의 유압저하와 윤활유 소비를 증가시킨다.

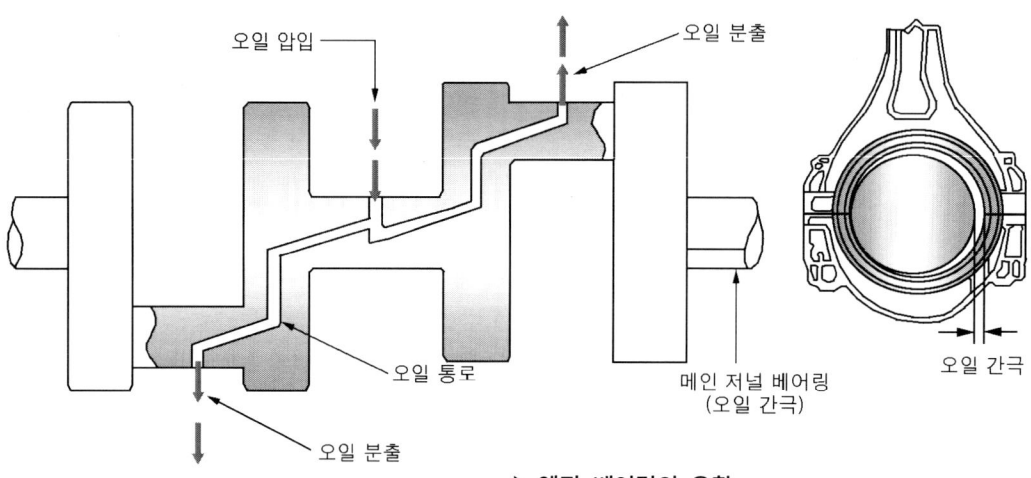

▶ 엔진 베어링의 윤활

(2) 측정기기

크랭크축 메인 저널의 오일 간극을 점검하는 방법에는 플라스틱 게이지를 사용하는 방법, 내·외경 마이크로미터를 사용하는 방법, 텔레스코핑 게이지와 외측 마이크로미터를 사용하는 방법 등이 있으나 측정 방법이 간단한 플라스틱 게이지를 사용하는 방법과 텔레스코핑 게이지와 외측 마이크로미터를 사용하는 방법이 주로 사용되고 있다.

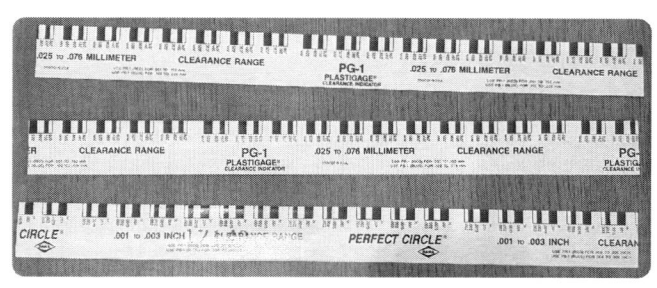

▶ 플라스틱 게이지

(3) 측정 방법

1) 플라스틱 게이지를 사용하는 방법

① 크랭크축 저널과 베어링에서 오일이나 기타 이물질 등을 깨끗이 닦아낸다.

② 플라스틱 게이지를 베어링의 폭과 같은 길이로 잘라낸 다음 저널과 평행하게 위치시킨다. 이때 플라스틱 게이지는 아주 작고 가볍기 때문에 분실되지 않도록 주의한다.(플라스틱 게이지가 저널에 붙지 않을 때는 약간의 오일을 바른 다음 설치한다.)

③ 크랭크축 저널에 베어링 캡을 설치하고 토크 렌치를 사용하여 규정된 토크로 조인다. 이때 크랭크축이 회전하거나 움직이면 절대 안된다.

④ 베어링 캡을 분리한 다음 플라스틱 게이지에 표시된 눈금자를 사용하여, 폭이 가장 넓게 펴진 부분에서 플라스틱 게이지 폭을 측정한다.(눈금자는 플라스틱 게이지가 들어 있는 봉투에 mm와 inch 단위로 표기되어 있음)

⑤ 플라스틱 게이지는 저널이나 베어링 캡 중 어느 한 곳에 부착될 수 있으므로 플라스틱 게이지가 부착되어 있는 곳을 측정하면 된다.

⑥ 측정값이 정비 한계값을 초과하면 저널 베어링을 교환하거나 크랭크축을 수정하여야 한다.

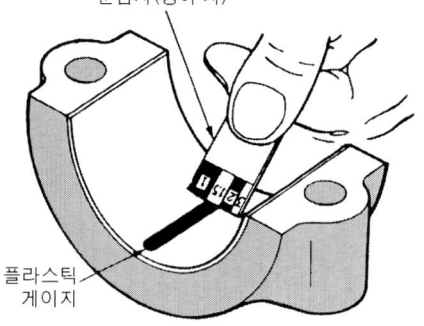

▶ 플라스틱 게이지 사용 방법

2) 외경 마이크로미터와 실린더 게이지를 사용하는 방법

① 크랭크축 저널과 베어링에서 오일이나 기타 이물질 등을 닦아낸다.
② 외경 마이크로미터로 크랭크축 메인 저널의 지름(외경)을 측정한다.
③ 메인 베어링을 캡을 실린더 블록에 조립한 다음 실린더 게이지로 안지름(내경)을 측정한다.
④ 오일 간극은 베어링 안지름(최소 측정값)에서 메인저널의 지름(최대 측정값)을 뺀 값이 측정값이다.

 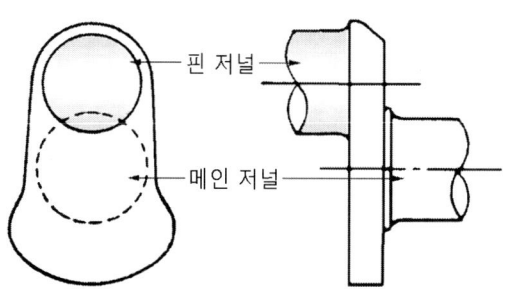

(a) 메인 저널 지름 측정

 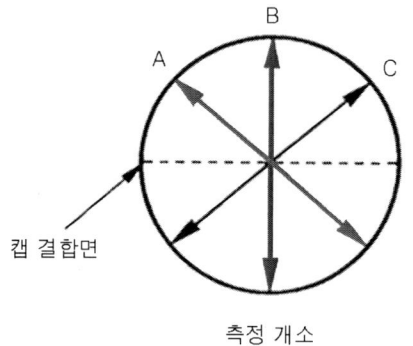

(b) 베어링 안지름 측정

▶ 외경 마이크로미터와 실린더 게이지 사용 방법

실기시험 답안지 작성방법

A. 요구사항

※ 주어진 디젤 엔진에서 크랭크축을 탈거하여 기록표의 내용을 측정·판정한 후 조립하시오.

[기관1 시험결과 기록표]

기관번호 :			비 번 호		감독위원 확 인	
측정 항목	① 측정(또는 점검)		② 판정 및 정비(또는 조치) 사항			득점
	측정값	규정(정비한계)값	판정 (□에 "✔" 표시)	정비 및 조치할 사항		
메인저널 오일간극	0.078mm	0.02~0.05mm	□ 양호 ☑ 불량	메인 저널 베어링 교환 후 재점검		

※ 시험위원이 지정하는 부위를 측정하고, 단위가 누락되거나 틀린 경우 오답으로 채점함.

B. 답안지 작성 방법

① **측정값** : 수검자가 플라스틱 게이지로 측정한 최대값을 기록한다. 이때 반드시 단위를 기록해야 한다. (예 ; 0.078mm)

② **규정값** : 제시된 엔진의 기준에 맞는 규정값을 기록한다.
  (예 ; 0.02 ~ 0.05mm)

③ **판 정** : 규정값과 측정값을 비교하여 수검자가 판정하여 표시한다.
  (예 ; □ 양호, □ 불량에 "✔" 표시)
  • 양호 : 측정값이 제시된 규정값의 범위에 있는 경우
  • 불량 : 측정값이 제시된 규정값의 범위를 벗어난 경우

④ **정비 및 조치할 사항**
  • 양호한 경우 : 정비 및 조치사항 없음
  • 불량한 경우 : 결함 원인에 대한 조치사항을 기록한다.
    (예 ; 메인 저널 베어링 교환 후 재점검)

※ 정비 및 조치사항에 결함 내용을 해결(기록)한 다음에는, 반드시 이상 유무를 확인해야 하므로 재점검(재측정)을 기록하여야 한다.

4. 캠축

1 캠 양정 점검

캠축이 변형되거나 캠의 양정이 규정값 이하로 마모가 되면 밸브 개폐의 행정이 줄어들게 된다. 따라서 흡기 밸브를 통한 새로운 공기의 흡입이 부족해지고 또 배기 밸브를 통해 배기가스의 배출이 불량해지므로 엔진의 출력에 큰 영향을 미치게 된다.

(1) 측정기기

캠의 양정을 측정하는 방법에는 V-블록과 다이얼 게이지를 사용하는 방법과 외경 마이크로미터를 사용하는 방법이 있다.

(2) 측정 방법

1) 외경 마이크로미터를 사용하는 방법

① 정반 위에 V-블록을 설치한 다음 V-블록 위에 캠축을 올려놓는다.
② 외경 마이크로미터의 **0점을 확인**한다.
③ 외경 마이크로미터로 캠의 높이와 기초원의 지름을 측정한다.
④ 캠의 높이에서 기초원의 지름을 뺀 값이 캠 양정 측정값이다.

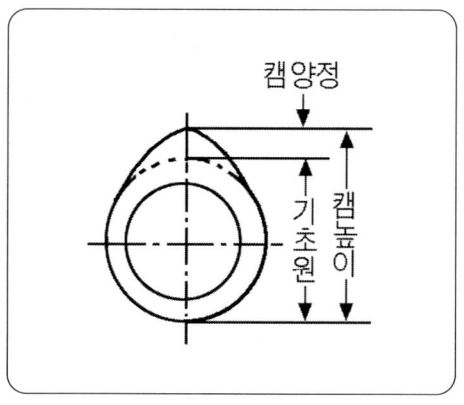

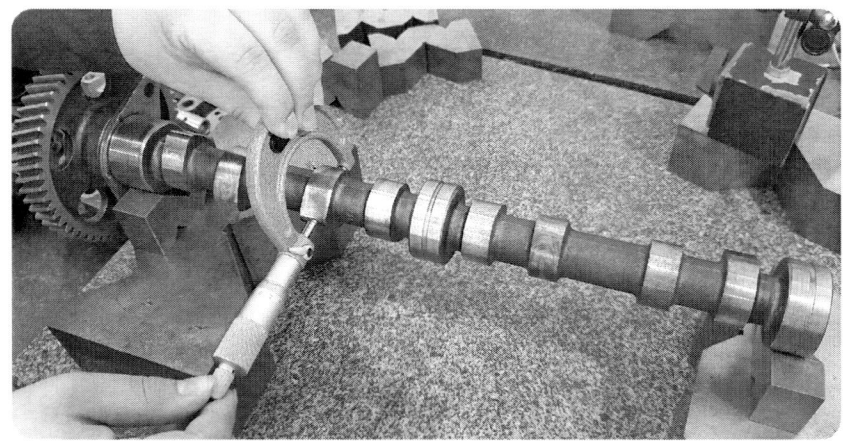

▶ 외경 마이크로미터 사용 방법

2) V-블록과 다이얼 게이지를 사용하는 방법

① 정반 위에 V-블록을 설치한 다음 V-블록 위에 캠축을 올려놓는다.
② 다이얼 게이지의 스핀들이 지정된 캠 위에 수직으로 오도록 설치한다.
③ 다이얼 게이지의 눈금을 기초원에 수직으로 설치한 다음 0점을 조정한다.
④ V-블록 위의 캠축을 천천히 돌리면서 다이얼 게이지의 지침을 확인한다.
⑤ 다이얼 게이지의 눈금이 최대값이 되었을 때 눈금을 읽는다. 이 값이 캠 양정의 측정값이다.
⑥ 캠의 양정 측정값이 규정값을 벗어나면 캠축을 교환한다.

▶ V-블록과 다이얼 게이지 사용 방법

실기시험 답안지 작성방법

A. 요구사항

※ 주어진 디젤 엔진에서 캠축을 탈거하여 기록표의 내용을 측정·판정한 후 조립하시오.

[기관1 시험결과 기록표]

기관번호 :　　　　비 번호 □□□　　감독위원 확인 □□□

측정 항목	① 측정(또는 점검)		② 판정 및 정비(또는 조치) 사항		득점
	측정값	규정(정비한계)값	판정 (□에 "✔" 표시)	정비 및 조치할 사항	
캠 양정	5.42mm	5.50~5.60mm	□ 양호 ☑ 불량	캠축 교환 후 재점검	

※ 시험위원이 지정하는 부위를 측정하고, 단위가 누락되거나 틀린 경우 오답으로 채점함.

B. 답안지 작성 방법

① **측정값** : 수검자가 측정한 측정값을 기록한다. 이때 반드시 단위를 기록해야 한다.
　　　　　(예 ; 5.42mm)

② **규정값** : 제시된 엔진의 기준에 맞는 규정값을 기록한다.
　　　　　(예 ; 5.50~5.60mm)

③ **판　정** : 규정값과 측정값을 비교하여 수검자가 판정하여 표시한다.
　　　　　(예 ; □ 양호,　□ 불량에 "✔" 표시)
- 양호 : 측정값이 제시된 규정값의 범위에 있는 경우
- 불량 : 측정값이 제시된 규정값의 범위를 벗어난 경우

④ **정비 및 조치할 사항**
- 양호한 경우 : 정비 및 조치사항 없음
- 불량한 경우 : 결함 원인에 대한 조치사항을 기록한다.
　　　　　(예 ; 캠축 교환 후 재점검)

※ 정비 및 조치사항에 결함 내용을 해결(기록)한 다음에는, 반드시 이상 유무를 확인해야 하므로 재점검(재측정)을 기록하여야 한다.

2 캠축 휨 점검

(1) 캠축 점검

캠축은 크랭크축의 타이밍 기어에 의해서 회전되며, 밸브를 개폐시키는 기능을 한다. 이 밸브의 개폐량은 캠축의 캠 양정에 따라서 결정된다. 또 이 양정은 캠축의 휨과 캠의 마멸 정도에 따라 달라지므로 캠축에 대한 점검을 하여야 한다.

(2) 측정 방법

① 정반과 V-블록면 또는 저널부 면을 깨끗하게 닦는다.
② 정반 위에 V-블록을 올려놓고, 그 위에 캠축을 분해하여 캠축 양단의 저널부를 V-홈에 올려놓는다.
③ 캠축의 중심 저널부에 다이얼 게이지의 스핀들을 수직으로 올려놓고, 스핀들이 움직이는지 확인한다.
④ 다이얼 게이지의 눈금판을 돌려 '0점'을 맞춘다.
⑤ 캠축을 천천히 회전시키면서 다이얼 게이지의 움직인 값을 읽는다.
⑥ 지침이 움직인 값의 1/2이 휨 측정값이다.
⑦ 캠축의 길이가 500mm 이상은 **0.05mm**, 500mm 이하는 **0.03mm**가 한계 값이다. 측정값이 한계값 이상일 때는 프레스로 수정하거나 교환하여야 한다.

▶ 캠축 휨 점검

실기시험 답안지 작성방법

A. 요구사항

※ 주어진 디젤 엔진에서 캠축을 탈거하여 기록표의 내용을 측정·판정한 후 조립하시오.

[기관1 시험결과 기록표]

기관번호 :			비 번호		감독위원 확 인	
측정 항목	① 측정(또는 점검)		② 판정 및 정비(또는 조치) 사항			득점
	측정값	규정(정비한계)값	판정 (□에 "✔" 표시)	정비 및 조치할 사항		
캠축 휨	0.015mm	0.03mm 이하	☑ 양호 □ 불량	정비 및 조치사항 없음		

※ 시험위원이 지정하는 부위를 측정하고, 단위가 누락되거나 틀린 경우 오답으로 채점함.

B. 답안지 작성 방법

① **측정값** : 수검자가 측정한 측정값을 기록한다. 이때 반드시 단위를 기록해야 한다.

      (예 ; 0.015mm)

② **규정값** : 제시된 엔진의 기준에 맞는 규정값을 기록한다.

      (예 ; 0.03mm)

③ **판 정** : 규정값과 측정값을 비교하여 수검자가 판정하여 표시한다.

      (예 ; □ 양호, □ 불량에 "✔" 표시)

- 양호 : 측정값이 제시된 규정값의 범위에 있는 경우
- 불량 : 측정값이 제시된 규정값의 범위를 벗어난 경우

④ **정비 및 조치할 사항**

- 양호한 경우 : 정비 및 조치사항 없음
- 불량한 경우 : 결함 원인에 대한 조치사항을 기록한다.

      (예 ; 캠축 교환 후 재점검)

※ 정비 및 조치사항에 결함 내용을 해결(기록)한 다음에는, 반드시 이상 유무를 확인해야 하므로 재점검(재측정)을 기록하여야 한다.

5. 피스톤 및 실린더

1 피스톤 링 끝 간극(end-gap) 점검

1) 피스톤 링 끝 간극

피스톤링 **이음 간극**이라고도 하며, 엔진의 작동 온도에서 피스톤 링의 열팽창을 고려하여 두는 간극이다.

간극이 너무 적으면 소결 현상이 발생되며, 반대로 간극이 너무 크면 압축 불량 및 블로바이 현상이 발생된다.

2) 피스톤 링 끝 간극 측정 방법

① 실린더 내벽을 깨끗하게 닦는다.
② 피스톤에서 피스톤 링을 분해하여 1번 압축링을 실린더 내에 삽입한다.
③ 피스톤 링을 삽입할 때 무리한 힘을 가하게 되면 링이 부러지는 경우가 있으므로 주의한다.
④ 피스톤을 실린더 헤드 쪽에서 거꾸로 삽입하여 피스톤 링이 일정한 위치에 수평이 되도록 한다.
⑤ 실린더의 최소 마멸 부분(실린더 윗부분이나 하사점 아랫부분)에서 시크니스(필러) 게이지를 이용하여 간극을 측정한다.
⑥ 간극이 시크니스 게이지 철편 하나로 측정이 안 되면 2개를 겹쳐서 사용한다.
⑦ 최대 측정값을 확인한다.
⑧ 측정값이 규정 값을 초과할 때는 피스톤 링을 교환하고, 규정 값보다 적을 때는 줄을 이용하여 절개구를 연마 수정하여야 한다.

(a) 피스톤 링 간극 측정

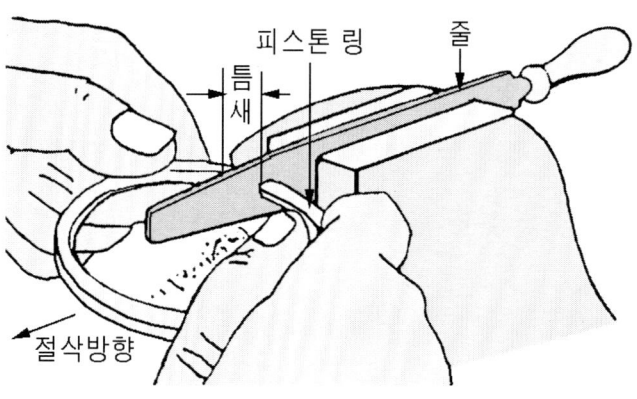

(b) 간극 수정

▶ 피스톤 링 이음부 간극 측정 및 수정

실기시험 답안지 작성방법

A. 요구사항

※ 주어진 디젤 엔진에서 피스톤을 탈거하여 기록표의 내용을 측정·판정한 후 조립하시오.

[기관1 시험결과 기록표]

기관번호 :

측정 항목	① 측정(또는 점검)		② 판정 및 정비(또는 조치) 사항		득점
	측정값	규정(정비한계)값	판정 (□에 "✔" 표시)	정비 및 조치할 사항	
링 끝 간극	1.05mm	0.70~0.80mm	□ 양호 ☑ 불량	피스톤 링 셋 교환 후 재점검	

비 번호		감독위원 확 인	

※ 시험위원이 지정하는 부위를 측정하고, 단위가 누락되거나 틀린 경우 오답으로 채점함.

B. 답안지 작성 방법

① **측정값** : 수검자가 시크니스 게이지로 측정한 최대 측정값을 기록한다. 이때 반드시 단위를 기록해야 한다.

(예 ; 1.05mm)

② **규정값** : 제시된 엔진의 기준에 맞는 규정값을 기록한다.

(예 ; 0.70 ~ 0.80mm)

③ **판 정** : 규정값과 측정값을 비교하여 수검자가 판정하여 표시한다.

(예 ; □ 양호, □ 불량에 "✔" 표시)

- 양호 : 측정값이 제시된 규정값의 범위에 있는 경우
- 불량 : 측정값이 제시된 규정값의 범위를 벗어난 경우

④ **정비 및 조치할 사항**

- 양호한 경우 : 정비 및 조치사항 없음
- 불량한 경우 : 결함 원인에 대한 조치사항을 기록한다.(예 ; 피스톤링 셋 교환 후 재점검)

※ 피스톤 링 끝 간극은 1번 압축 링 1개만 측정하지만 불량할 경우에는 피스톤 링 셋을 교환한다.

2 피스톤과 실린더 간극 점검

(1) 피스톤 간극

피스톤 간극이란 실린더의 안지름과 피스톤의 최대 바깥지름(스커트 부분의 지름)과의 차이(틈새)이며, 엔진이 작동할 때 발생되는 열팽창을 고려하여 둔다. 피스톤 간극이 너무 크거나 작으면 다음과 같은 영향이 미친다.

1) 피스톤 간극이 크면

피스톤 간극이 규정 값보다 너무 크면, 엔진의 출력저하, 연료 소비량 증가, 엔진의 오일 소비량 증가, 압축압력의 저하, 블로바이 가스의 대량 발생, 피스톤 슬랩 발생, 엔진의 시동 성능 저하 등의 현상이 발생한다.

2) 피스톤 간극이 작으면

피스톤 간극이 규정 값보다 너무 적으면, 엔진이 작동 중 열팽창으로 인하여 실린더와 피스톤 사이에서 소결(고착) 현상이 발생한다.

(2) 피스톤 간극 측정 방법

1) 외경 마이크로미터와 실린더 게이지를 사용하는 방법

① 실린더 내벽과 피스톤의 외부를 깨끗이 닦는다.

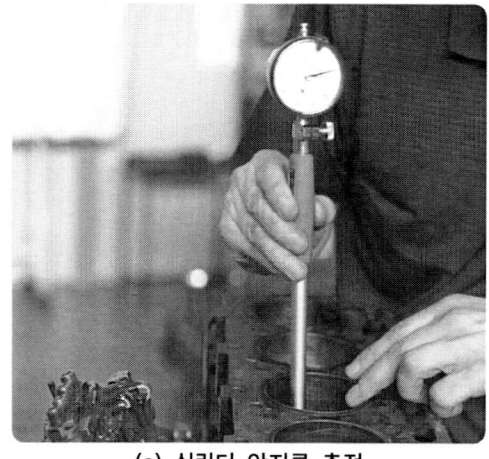
(a) 실린더 안지름 측정

(b) 피스톤 바깥지름 측정

▶ 피스톤 간극 측정 방법

② 외경 마이크로미터로 피스톤 바깥지름(스커트 부분)을 측정한다.
③ 실린더 게이지로 크랭크축의 직각 방향으로 실린더의 안지름을 3개소 측정한다.
④ 크랭크축 방향으로 실린더의 안지름을 3개소 측정하고 최대값을 기록한다.
⑤ 외경 마이크로미터로 실린더 게이지의 움직인 지침까지 맞추고 외경 마이크로미터에서 눈금을 읽는다. 이 값이 실린더의 안지름 값이다.

피스톤 간극 = 실린더 안지름 - 피스톤 바깥지름

2) 시크니스(필러) 게이지와 스프링 저울을 사용하는 방법

① 실린더 내벽과 피스톤의 외부를 깨끗이 닦는다.
② 피스톤을 거꾸로 하여 피스톤 핀이 크랭크축 방향으로 실린더 내에 들어가는지 확인한다.
③ 적당한 시크니스 게이지를 피스톤 핀에 직각 방향으로 대고 피스톤을 거꾸로 하여 실린더 내에 스커트 부분까지 삽입한다.
④ 시크니스 게이지에 스프링 저울을 연결하여 1.0~3.0kgf 정도의 힘으로 당겼을 때 시크니스 게이지가 뽑히는지 확인한다.
⑤ 시크니스 게이지의 두께가 측정값이다.

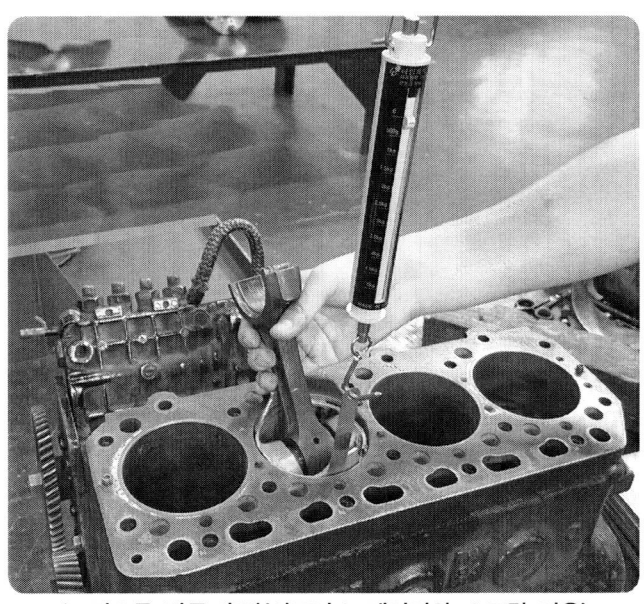

▶ 피스톤 간극 측정(시크니스 게이지와 스프링 저울)

(3) 피스톤 간극 수정 방법

피스톤 간극이 한계값을 초과하면 실린더를 보링하거나 피스톤을 교환하여야 한다.

실기시험 답안지 작성방법

A. 요구사항

※ 주어진 디젤 엔진에서 피스톤을 탈거하여 기록표의 내용을 측정·판정한 후 조립하시오.

[기관1 시험결과 기록표]

기관번호 :

측정 항목	① 측정(또는 점검)		② 판정 및 정비(또는 조치) 사항		득점
	측정값	규정(정비한계)값	판정 (□에 "✔" 표시)	정비 및 조치할 사항	
피스톤 간극	0.08mm	0.04~0.06mm	□ 양호 ☑ 불량	피스톤 교환 후 재점검	

비 번호: 　　　　감독위원 확인:

※ 시험위원이 지정하는 부위를 측정하고, 단위가 누락되거나 틀린 경우 오답으로 채점함.

B. 답안지 작성 방법

① **측정값** : 수검자가 측정한 측정값을 기록한다. 이때 반드시 단위를 기록해야 한다.
　　　　 (예 ; 0.08mm)
② **규정값** : 제시된 엔진의 기준에 맞는 규정값을 기록한다. (예 ; 0.04 ~ 0.06mm)
③ **판 정** : 규정값과 측정값을 비교하여 수검자가 판정하여 표시한다.
　　　　 (예 ; □ 양호,　□ 불량에 "✔" 표시)
  • 양호 : 측정값이 규정값의 범위에 있는 경우
  • 불량 : 측정값이 규정값의 범위를 벗어난 경우
④ **정비 및 조치할 사항**
  • 양호한 경우 : 정비 및 조치사항 없음
  • 불량한 경우 : 결함 원인에 대한 조치사항을 기록한다. (예 ; 피스톤 교환 후 재점검)

※ 정비 및 조치사항에 결함 내용을 해결(기록)한 다음에는, 반드시 이상 유무를 확인해야 하므로 재점검(재측정)을 기록하여야 한다.

3 실린더 마모량 점검

(1) 실린더 벽의 마모

실린더 벽의 마모는 피스톤 상사점 부근의 피스톤 링과 접촉하는 부분이 가장 크며, 하사점 부근에서도 현저하게 발생된다.

그 원인은 다음과 같다.

① 크랭크축이 어떤 회전속도로 작동하여도 피스톤은 상사점과 하사점에서 운동방향을 바꿀 때 일단 정지하므로 유막이 끊어지기 쉽기 때문이다.

② 피스톤 링의 호흡작용과 폭발행정의 상사점에서 더해지는 폭발압력으로 피스톤 링이 실린더 벽에 더욱 강력하게 밀착되기 때문이다. 또한 측압을 받는 쪽이 마모가 더 심하다.

③ 크랭크축의 회전방향 즉, 실린더 벽의 좌우 면이 측압에 의해 마모된다. 측압은 압축행정과 폭발행정에서 크며 이때 측압을 받는 면이 더 마모된다.

④ 실린더 맨 윗부분의 몇 mm는 피스톤 링과 미끄럼 접촉을 하지 않으므로 마모되지 않으므로 리지(Ridge)가 생긴다.

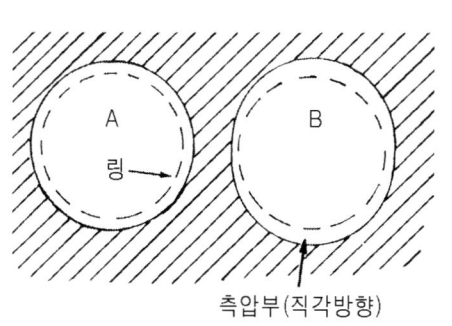 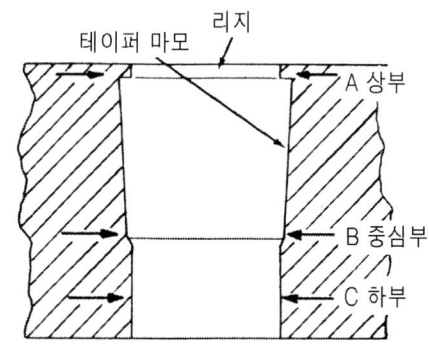

▶ 실린더 벽의 마모

(2) 실린더 벽의 마모량 측정

실린더 벽의 마모량을 측정하는 방법에는 내경용 마이크로미터를 사용하는 방법, 텔레스코핑 게이지와 외경 마이크로미터를 사용하는 방법, 실린더 게이지(다이얼 게이지)를 사용하는 방법이 있다.

실린더 마모량을 측정할 때에는 실린더 내벽을 깨끗하게 청소한 다음 크랭크축 축 방향과 직각(측압) 방향을 상사점(TDC), 하사점(BDC), 중간부분(6개소)을 측정하여 최대값을 구한 다음 표준값(STD)을 빼면 측정값인 마모량이 산출된다. 또 실린더 게이지를 사용할 경우에는 하사점 하단에서 상단까지 올렸을 때 지침이 움직인 거리가 마모량이다.

(3) 칼마형 실린더 게이지의 구조

칼마형 실린더 게이지는 다이얼 게이지와 함께 조립하여 깊이가 있는 실린더 내경과 마모량을 정밀하게 측정할 수 있는 게이지이다.

하단부의 좌우에 신축하는 측정자의 움직임을 전도자를 경유하여 다이얼 게이지를 눌러 올리는 구조로 되어 있으며, 측정부의 사이즈는 여러 개의 교환식 로드(5mm 단위)와 보조 와셔(0.5, 1.2, 3mm)에 의한 조정식으로 되어 있다. 이 때문에 측정 전에 실린더 내경의 사이즈에 맞춰서 세팅을 해주어야 한다.

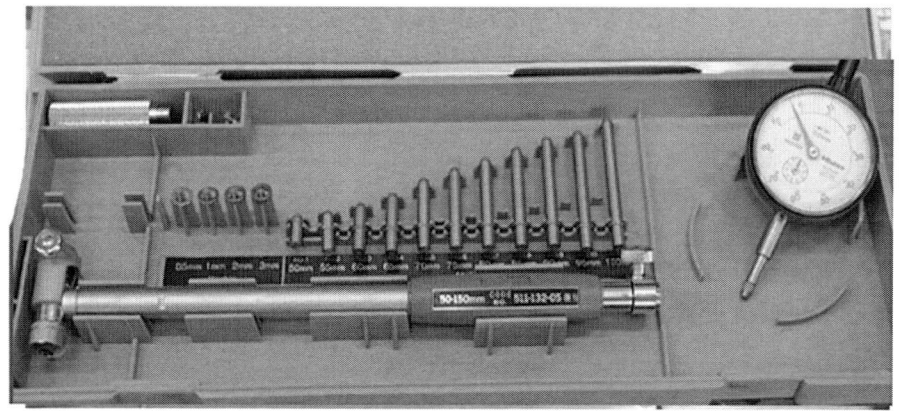

▶ 칼마형 실린더 게이지

(4) 측정 방법

① 실린더 벽을 마른 헝겊으로 깨끗이 닦아내고 버니어 캘리퍼스로 실린더 직경을 확인한다.

② 바(Bar)에 다이얼 게이지를 조립하고 접촉자를 손가락으로 가볍게 눌러 다이얼 게이지 바늘이 움직이는지 확인하고 움직이지 않으면 다이얼 게이지를 조금 더 밀어 넣은 후 고정나사를 조인다.

③ 교환식 로드와 와셔를 사용하여 실린더 내경보다 약간 큰(2mm 정도) 측정 로드를 조립한다. 이때 측정하려는 측정 로드가 알맞은 것이 없을 때에는 와셔(스페이서)를 측정로드와 함께 조립한다.

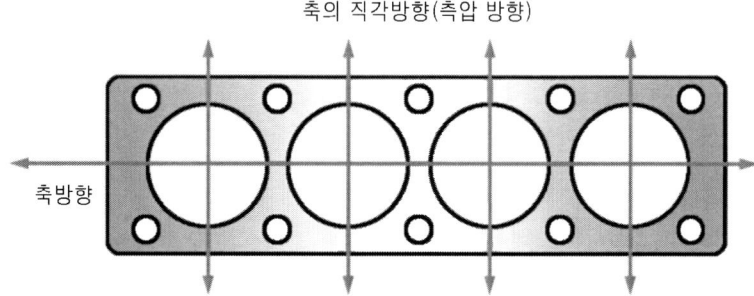

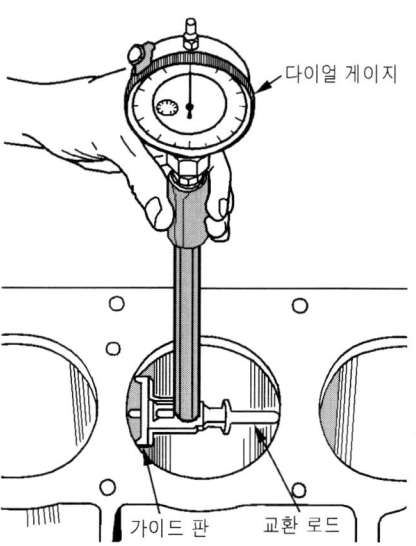

▶ 실린더 내경 측정

④ 바를 약간 기울이면서 측정자를 실린더에 넣는다. 바 손잡이를 가볍게 잡고 측정자를 수직 좌우방향으로 이동시켜 측정자의 0점을 확인한다.

⑤ 측정 부위는 크랭크축 방향으로 실린더의 상부, 중간, 하부의 3개소와 크랭크축의 직각방향으로 3개소씩 모두 **6개소를 측정**한다.

측정 방향은 90도 각도의 좌우를 수직방향으로 해야 하며, 실린더 윗면에서 10mm 아래, 실린더 중간, 실린더 하단부에서 10mm 위쪽을 각각 측정해야 한다.

⑥ 측정한 다이얼 게이지의 큰 바늘 눈금(1/00mm용)과 게이지를 실린더에서 빼낼 때 큰 바늘의 회전수(작은 바늘의 눈금 : 1mm용)를 기록한다.

⑦ 실린더 게이지의 접촉자와 측정 로드 사이에 외경 마이크로미터를 설치한다.

⑧ 마이크로미터 딤블을 천천히 돌리면서 실린더 안지름을 측정하였을 때의 다이얼 게이지 바늘이 가리키도록 한 다음 마이크로미터의 눈금을 읽는다. 이 값이 실린더 안지름 측정값(마모량)이다.

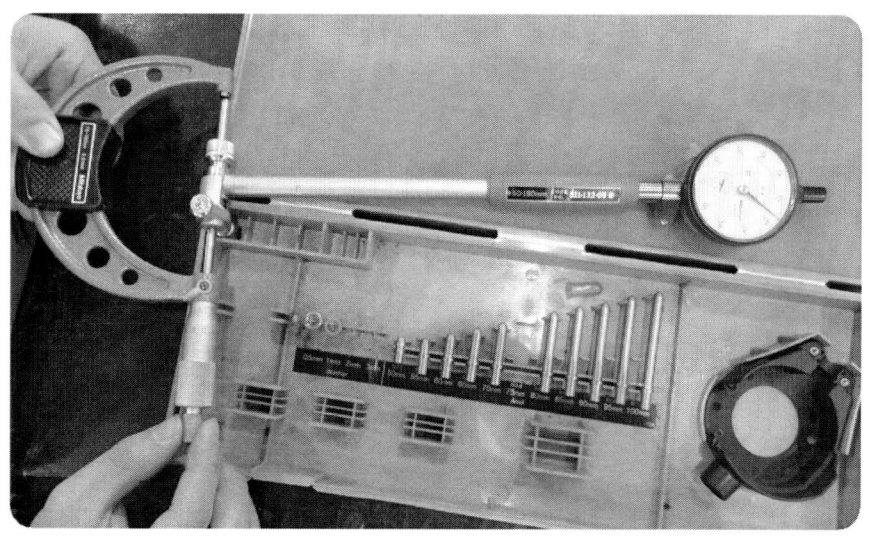

▶ 외경 마이크로미터로 마모량 측정

(5) 실린더 마모량 수정 방법

① 최대마모 값이 수정한계 값(0.20mm) 이상일 경우에는 실린더 라이너를 뽑아내고 표준값(STD) 치수의 실린더 라이너, 피스톤 링, 피스톤을 동시에 교환하거나, 실린더를 보링(마멸된 실린더를 진원으로 절삭하는 작업) 하여야 한다.

② 최대마모 값 + 0.20mm(진원 절삭값 : 가공값)를 더하여 오버사이즈에 맞는 큰 치수로 한다.

수정한계 값과 오버 사이즈 한계 값

〈수정한계 값〉

실린더 안지름	마모한계 값
70mm 이상	0.20mm
70mm 이하	0.15mm

〈오버 사이즈(O/S) 한계 값〉

실린더 안지름	수정한계 값
70mm 이상	0.50mm
70mm 이하	0.25mm

예 제

디젤 엔진의 실린더 안지름 규정값이 78.00mm이다. 이 엔진을 분해하여 실린더 안지름을 측정하였더니 1번 실린더가 78.23mm, 2번 실린더가 78.43mm, 3번 실린더가 78.35mm, 4번 실린더가 78.18mm 이었다. 실린더의 수정값과 오버 사이즈 값은 각각 얼마인가?

풀이
- 마모량이 가장 큰 것은 2번 실린더의 78.43mm이므로
- 0.43mm(마모량) + 0.20mm(절삭값) = 0.63mm
- 그러나 피스톤 오버사이즈 규격에 0.63mm가 없으므로
  가장 크면서 가까운 값인 0.75mm를 선택하여 보링을 한다.
- 따라서 실린더 수정은 78.75mm이며, 피스톤 오버 사이즈는 0.75mm가 된다.

(오버 사이즈 규정 값)
- 0.25mm, 0.50mm, 0.75mm, 1.00mm, 1.25mm, 1.50mm

실기시험 답안지 작성방법

A. 요구사항

※ 주어진 디젤 엔진에서 피스톤을 탈거하여 기록표의 내용을 측정·판정한 후 조립하시오.

[기관1 시험결과 기록표]

기관번호 :

측정 항목	① 측정(또는 점검)		② 판정 및 정비(또는 조치) 사항		득점
	측정값	규정(정비한계)값	판정 (□에 "✔" 표시)	정비 및 조치할 사항	
실린더 마모량	0.43mm	STD 78.00mm (한계값 0.20mm)	□ 양호 ☑ 불량	실린더 78.75mm(0.75mm) 오버사이즈 가공 후 재점검	

비 번호: 　　　감독위원 확인:

※ 시험위원이 지정하는 부위를 측정하고, 단위가 누락되거나 틀린 경우 오답으로 채점함.

B. 답안지 작성 방법

① **측정값** : 수검자가 실린더 게이지로 측정한 측정값을 기록한다. 이때 반드시 단위를 기록해야 한다. (예 ; 0.43mm)
- 실린더 내경의 측정값이 78.43mm로 측정되었을 경우

② **규정값** : 제시된 엔진의 기준에 맞는 규정값을 기록한다.
　　　(예 ; STD : 78.00mm, 한계값 0.20mm)

③ **판 정** : 규정값과 측정값을 비교하여 수검자가 판정하여 표시한다.
　　　(예 ; □ 양호,　□ 불량에 "✔" 표시)
- 양호 : 측정값이 정비 한계값의 범위(0.20mm)에 있는 경우
- 불량 : 측정값이 정비 한계값의 범위(0.20mm)를 벗어난 경우

④ **정비 및 조치할 사항**
- 양호한 경우 : 정비 및 조치사항 없음
- 불량한 경우 : 결함 원인에 대한 조치사항을 기록한다.
　　　{예 ; 실린더 78.75mm(0.75mm) 오버사이즈 가공 후 재점검}

※ 정비 및 조치사항에 결함 내용을 해결(기록)한 다음에는, 반드시 이상 유무를 확인해야 하므로 재점검(재측정)을 기록하여야 한다.

4 실린더 압축 압력 점검

(1) 엔진의 압축 압력

엔진의 압축 압력 시험은 엔진의 출력이 떨어지거나 성능이 현저하게 저하되었을 때, 엔진의 분해 및 수리여부를 결정하기 위해 실시한다. 엔진을 해체하여 정비하는 시기는 다음과 같은 경우이다.

① 압축 압력이 규정값의 70% 이하일 때
② 연료 소비율이 표준 소비율의 60% 이상일 때
③ 엔진의 오일 소비율이 표준 소비율의 50% 이상일 때

(2) 압축 압력 측정 전 준비사항

① 연료 탱크 연료 출구 라인의 차단 밸브를 잠근다.
   (실제 건설기계 엔진에서 측정할 때는 연료 호스를 탈거한다.)
② 에어 클리너(공기 청정기)를 탈거한다.
③ 분사 노즐 상단의 고압 파이프를 제거한다. 분배식 분사펌프의 경우에는 연료 차단 솔레노이드 S/W만 제거한 다음 측정해도 된다.
④ 분사 노즐에서 리턴 파이프를 제거한 후 각 실린더의 분사 노즐을 제거한다. 노즐의 리턴 파이프를 제거할 때 파이프가 손상되지 않도록 주의하여야 하며, 노즐의 탈착이 어려울 경우에는 고무망치로 가볍게 충격을 가한다.

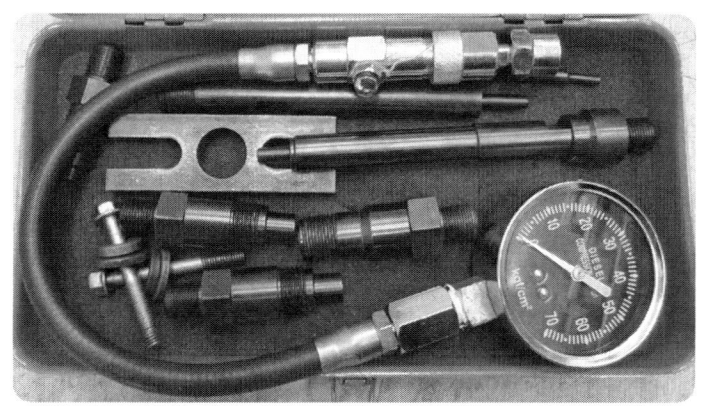

▶ 디젤 압축 압력 시험기

(3) 측정 방법

① 엔진에서 분사 노즐의 직경과 접촉면을 확인한 다음, 디젤 엔진 압축 압력 시험기 세트에서 분사 노즐과 일치하는 압력 게이지 어댑터를 선택한다.

② 압력계와 어댑터, 고정용 홀더를 조립한다.

③ 압축 압력 게이지를 분사 노즐의 장착 구멍에 개스킷(동 와셔)과 함께 장착한다.

④ 압력 게이지 호스에 연결된 압력 배출 버튼을 눌러서 압력을 제거한다.

⑤ 시동 키를 사용하여 엔진을 크랭킹 시킨다. 이때 엔진은 200~300rpm 이상 회전하여야 하며, 5~8회 정도 회전할 때 지시된 압력 값을 읽는다.

⑥ 3회 정도 측정을 실시하며, 각 실린더마다 실제 측정된 압력의 평균값이 압축압력이다.

▶ 디젤 엔진의 압축 압력 측정

(4) 압축 압력 결과 판정

1) 정상
측정 압력이 규정값의 90% 이상이고 각 실린더 간의 압력차이가 10% 이내일 때

2) 규정값 이상일 때
규정값의 10% 이상일 때는 실린더 헤드를 분해한 후 연소실의 카본을 제거한다.

3) 규정값의 70% 이하일 때
분사 노즐의 구멍에 약 10cc 정도의 엔진 오일을 주입한 후 **습식 압축 압력**을 측정한다.

① **밸브 불량** : 규정값보다 낮으며 습식시험을 하여도 압축압력이 상승하지 않는다.

② **실린더 벽 및 피스톤 링 마멸** : 계속되는 압축 행정에서 압력이 조금씩 상승하며 습식 시험을 할 때에는 뚜렷하게 상승한다.

③ **헤드 가스켓 불량 및 실린더 헤드가 변형되었을 때** : 인접한 실린더의 압축 압력이 비슷하게 낮으며 습식 시험을 하여도 압력이 상승하지 않는다.

습식 압축 압력 시험이란?

밸브 불량, 실린더 벽 및 피스톤 링, 헤드 가스켓 불량 등의 상태를 판단하기 위하여, 예열 플러그 또는 분사 노즐의 구멍으로 엔진 오일을 약 10cc 정도 넣고 1분 후에 다시 압력을 측정하는 방법이다.

실기시험 답안지 작성방법

A. 요구사항

※ 주어진 건설기계에서 엔진의 압축 압력을 측정하여 기록표에 기록하시오.

[기관1 시험결과 기록표]
기관번호 :

측정 항목	① 측정(또는 점검)		② 판정 및 정비(또는 조치) 사항		득점
	측정값	규정(정비한계)값	판정 (□에 "✔" 표시)	정비 및 조치할 사항	
(3)번 실린더	20kgf/cm²	25kgf/cm² ~26kgf/cm²	□ 양호 ☑ 불량	피스톤링 교환 후 재측정	
(4)번 실린더	22kgf/cm²	25kgf/cm² ~26kgf/cm²			

비 번호		감독위원 확 인	

※ 단위가 누락되거나 틀린 경우는 오답으로 채점함.

B. 답안지 작성 방법

① **측정값** : 수검자가 시험기로 측정한 측정값을 기록한다. 이때 반드시 단위를 기록해야 한다. (예 ; 3번-20kgf/cm², 4번-22kgf/cm²)

② **규정값** : 제시된 엔진의 기준에 맞는 규정값을 기록한다. (예 ; 25~26kgf/cm²)

③ **판 정** : 규정값과 측정값을 비교하여 수검자가 판정하여 표시한다.
   (예 ; □ 양호,   □ 불량에 "✔" 표시)
   • 양호 : 측정값이 제시된 규정값(90~110%)의 범위에 있는 경우
   • 불량 : 측정값이 제시된 규정값(90~110%)의 범위를 벗어난 경우

④ **정비 및 조치할 사항**
   • 양호한 경우 : 정비 및 조치사항 없음
   • 불량한 경우 : 결함 원인에 대한 조치사항을 기록한다.
     (예 ; 피스톤링 교환, 실린더 라이너 교환, 헤드 가스켓 교환, 밸브 교환후 재측정)

※ 정비 및 조치사항에 결함 내용을 해결(기록)한 다음에는, 반드시 이상 유무를 확인해야 하므로 재점검(재측정)을 기록하여야 한다.

6. 라디에이터 및 연료장치

1 라디에이터 점검

(1) 압력식 라디에이터 캡

라디에이터는 실린더 헤드 및 블록에서 뜨거워진 냉각수를 냉각시키는 장치로 라디에이터 캡에는 냉각장치 내의 비등점(비점 ; 끓는점)을 높이고, 냉각 범위를 넓히기 위하여 압력식 캡을 사용한다.

압력식 캡의 압력은 장비에 따라 다소 차이는 있으나, 게이지 압력으로 0.5~1.2kgf/cm² 범위에서 사용하며, 0.9kgf/cm² 일 때의 냉각수 비등점은 112℃ 정도이다. 냉각 계통 내의 압력이 대기압 보다 1 PSI 높아질 때마다 비등점은 약 1.66℃씩 상승한다.

압력을 높여 비등점을 올리면 냉각 효율은 좋아지지만 냉각장치나 냉각수 호스 연결부 등에는 더 큰 압력에 견뎌야 하기 때문에 압력이 높은 것이 꼭 좋은 것만은 아니다. 냉각장치의 효율과 냉각장치 구성품의 기계적 성질을 고려하여 압력을 설정한다.

(2) 라디에이터 압력 측정 방법

① 엔진 시동을 끄고 손으로 만져도 뜨겁지 않을 때까지 충분히 식은 다음(냉각수 온도 38℃ 미만)에 라디에이터 캡을 연다.
② 냉각수의 양이 주입구의 목 부분(Feel Neck)까지 들어 있는지 점검한다.
③ 라디에이터 캡 시험기에 어댑터를 설치한다.
④ 어댑터의 고무 실이 라디에이터의 냉각수 주입 구멍에 맞도록 조정하고, 어댑터를 라디에이터 냉각수 주입 구멍에 설치한다.

⑤ 라디에이터 캡 시험기의 펌프를 작동시켜 라디에이터 캡 압력 밸브의 열림 압력까지 압력을 가한다. 압력 밸브의 열림 압력 이상으로 압력을 가하면 라디에이터가 파손될 수 있으므로 주의한다.
⑥ 압력을 가한 상태에서 라디에이터의 누수 여부를 점검한다.
⑦ 라디에이터 캡 압력 밸브의 열림 압력을 가했을 때 2분 동안 압력을 유지하여야 정상이다.
⑧ 라디에이터 캡 시험기 압력계의 압력이 떨어지는 경우에는 라디에이터에서 누수가 발생되는 경우이다.
⑨ 압력이 조금씩 떨어지는 경우에는 호스 등 연결부에서 누설이 있는 경우이므로 점검하여 조여 주어야 한다.

 라디에이터 캡 압력 밸브의 열림 압력이란?

표준 대기압 + 라디에이터 캡 압력의 70%
예) 라디에이터 캡 압력이 0.5인 경우
  표준 대기압(1bar=1.0332kgf/cm^2) + 라디에이터 캡 압력(0.5kgf/cm^2)
  = 1.5332kgf/cm^2 × 0.7(70%) = 1.07kgf/cm^2

▶ 라디에이터 압력 점검

실기시험 답안지 작성방법

A. 요구사항

※ 주어진 건설기계에서 엔진의 냉각 장치를 점검하여 기록표에 기록하시오.

[기관3 시험결과 기록표]

기관번호 :

비 번호		감독위원 확 인	

측정 항목	① 측정(또는 점검)		② 판정 및 정비(또는 조치) 사항		득점
	측정값	규정(정비한계) 값	판정 (□에 "✔" 표시)	정비 및 조치할 사항	
라디에이터 압력	1.5kgf/㎠ / 2분간 유지	1.5kgf/㎠ / 2분간 유지	□ 양호 ☑ 불량	라디에이터 교환	

※ 단위가 누락되거나 틀린 경우는 오답으로 채점함

B. 답안지 작성 방법

① **측정값** : 수검자가 시험기로 측정한 측정값을 기록한다.
   (예 ; 1.5kgf/㎠ / 2분간 유지)

② **규정값** : 제시된 엔진의 기준에 맞는 규정값을 기록한다. 이때 반드시 단위를 기록해야 한다. (예 ; 1.5kgf/㎠ / 2분간 유지)

③ **판 정** : 규정값과 측정값을 비교하여 수검자가 판정하여 표시한다.
   (예 ; □ 양호, □ 불량에 "✔" 표시)
   - 양호 : 측정값이 제시된 규정값의 범위에 있는 경우
   - 불량 : 측정값이 제시된 규정값의 범위를 벗어난 경우

④ **정비 및 조치할 사항**
   - 양호한 경우 : 정비 및 조치사항 없음
   - 불량한 경우 : 라디에이터 교환 후 재점검 또는 냉각수 호스 클램프 조임 후 재점검

※ 정비 및 조치사항에 결함 내용을 해결(기록)한 다음에는, 반드시 이상 유무를 확인해야 하므로 재점검(재측정)을 기록하여야 한다.

(3) 라디에이터 캡 압력 측정 방법

① 라디에이터 캡 시험기에 어댑터를 설치한다.

② 어댑터에 라디에이터 캡을 연결한다.

③ 펌프를 작동시켜 라디에이터 캡에 표기되어 있는 압력($0.5 \sim 0.9 kgf/cm^2$)을 가한다.

④ 약 10초 동안 라디에이터 캡에 표기되어 있는 압력의 2/3 이상(약 70%)을 유지하면 정상이다. ($0.9 kgf/cm^2 \Rightarrow$ 10초 후 $0.63 kgf/cm^2$ 유지)

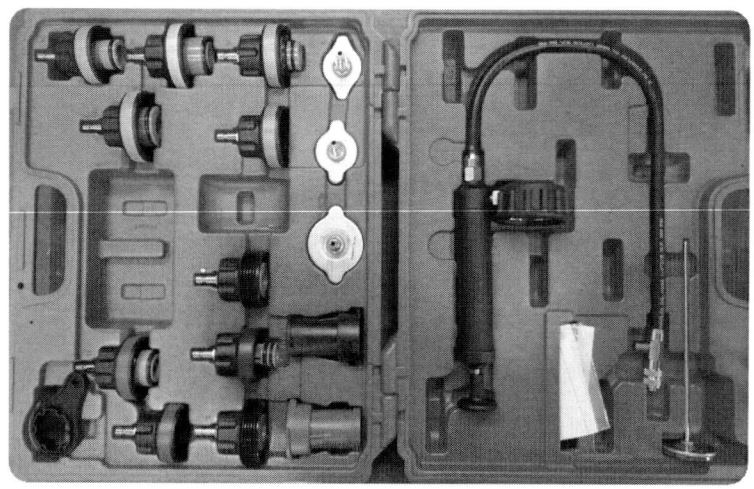

▶ 라디에이터 캡 압력 시험기

▶ 라디에이터 캡 압력 점검

실기시험 답안지 작성방법

A. 요구사항

※ 주어진 건설기계에서 엔진의 냉각 장치를 점검하여 기록표에 기록하시오.

[기관3 시험결과 기록표]

기관번호 :			비 번호		감독위원 확 인	
측정 항목	① 측정(또는 점검)		② 판정 및 정비(또는 조치) 사항			득점
	측정값	규정(정비한계)값	판정 (□에 "✔" 표시)	정비 및 조치할 사항		
라디에이 터 캡 압력	0.5kgf/cm² / 10초간 유지	0.9kgf/cm² / 10초간 유지	□ 양호 ☑ 불량	라디에이터 캡 교환 후 재점검		

※ 단위가 누락되거나 틀린 경우는 오답으로 채점함

B. 답안지 작성 방법

① **측정값** : 수검자가 시험기로 측정한 측정값을 기록한다.
　　　　(예 ; 0.5kgf/cm² / 10초간 유지)

② **규정값** : 제시된 엔진의 기준에 맞는 규정값을 기록한다. 이때 반드시 단위를 기록해야 한다. (예 ; 0.9kgf/cm² 이상 10초간 유지)

③ **판 정** : 규정값과 측정값을 비교하여 수검자가 판정하여 표시한다.
　　　　(예 ; □ 양호,　□ 불량에 "✔" 표시)
　• 양호 : 측정값이 제시된 규정값의 범위에 있는 경우
　• 불량 : 측정값이 제시된 규정값의 범위를 벗어난 경우

④ **정비 및 조치할 사항**
　• 양호한 경우 : 정비 및 조치사항 없음
　• 불량한 경우 : 라디에이터 캡 교환 후 재점검

※ 정비 및 조치사항에 결함 내용을 해결(기록)한 다음에는, 반드시 이상 유무를 확인해야 하므로 재점검(재측정)을 기록하여야 한다.

6. 라디에이터 및 연료장치

2 엔진 오일 압력 점검

(1) 기관의 오일 압력이 높거나 낮아지는 원인

1) 오일 압력이 높아지는 원인

① 오일의 점도가 지나치게 높다.
② 윤활 회로가 막혀 있다(오일 여과기의 막힘).
③ 유압조절밸브 스프링의 장력이 너무 크다.
④ 유압조절밸브가 닫힌 채로 고착되었다.

2) 오일 압력이 낮아지는 원인

① 오일팬 내의 오일이 부족하다.
② 오일펌프의 작동이 불량하다.
③ 유압조절밸브가 열린 채로 고장 났다.
④ 기관 각부의 마모가 심하다.
⑤ 엔진 오일에 연료가 혼입되었다.

(2) 오일 압력 측정 방법

1) 오일 압력 스위치를 실린더 블록에서 떼어낸다.
2) 오일 압력 스위치 설치구멍에 T형 어댑터를 장착하고 압력 게이지를 설치한다.
3) 오일 점검 게이지로 오일의 양을 점검하고 부족하면 보충한다.
4) 엔진을 시동하여 냉각수가 정상 작동온도(85~90℃)가 되도록 공회전 시킨다.
5) 엔진의 공회전 상태에서 엔진 오일 압력을 측정한다.
    이때의 유압은 2.5~3.0kgf/㎠ 정도이다.
6) 오일 압력이 규정값보다 높거나 낮으면 윤활장치를 점검한다.

▶ 엔진 오일 압력 점검

실기시험 답안지 작성방법

A. 요구사항

※ 주어진 건설기계에서 기관의 오일 압력을 점검하여 기록표에 기록하시오.

[엔진4 시험결과 기록표]
엔진번호 :

측정 항목	① 측정(또는 점검)		② 판정 및 정비(또는 조치) 사항		득점
	측정값	규정(정비한계)값	판정 (□에 "✔" 표시)	정비 및 조치할 사항	
오일압력	6.5kgf/cm²	2~3kgf/cm²	□ 양호 ☑ 불량	오일 필터 교환 후 재점검	

비 번호 : 　　　감독위원 확인 :

※ 단위가 누락되거나 틀린 경우는 오답으로 채점함

B. 답안지 작성 방법

① **측정값** : 수검자가 오일 압력 게이지의 측정값을 기록한다. 이때 반드시 단위를 기록해야 한다. (예 ; 6.5kgf/㎠)

② **규정값** : 제시된 엔진의 기준에 맞는 규정값을 기록한다.
　　　　　(예 ; 2 ~ 3kgf/㎠)

③ **판 정** : 규정값과 측정값을 비교하여 수검자가 판정하여 표시한다.
　　　　　(예 ; □ 양호, □ 불량에 "✔" 표시)
　• 양호 : 측정값이 제시된 규정값의 범위에 있는 경우
　• 불량 : 측정값이 제시된 규정값의 범위를 벗어난 경우

④ **정비 및 조치할 사항**
　• 양호한 경우 : 정비 및 조치사항 없음
　• 불량한 경우 : 결함 원인에 대한 조치사항을 기록한다.
　　　　　(예 ; 오일 필터 교환, 엔진 오일 교환, 압력조절밸브 교환 후 재점검)

3 분사 노즐 점검

(1) 개요

분사 노즐 점검은 분사 노즐 시험기를 사용하여 분사 노즐의 분사개시 압력과 분사각도, 연료 분사 후의 후적 유무를 확인하는 것이다.

(2) 분사 노즐 탈거

① 분사 노즐 상단의 고압 파이프 고정 너트를 풀고 고압 파이프를 탈거한다.
② 분사 노즐에서 오버플로 파이프의 고정 볼트를 풀고 와셔를 분리하고, 오버플로 파이프를 탈거한다.
③ 실린더 헤드에서 분사 노즐의 고정 볼트를 풀고 와셔와 함께 분사 노즐을 탈거한다.
④ 분사 노즐은 고온, 고압 하에서 노출된 상태로 작동되기 때문에 노즐 팁에 오염된 카본이 부착되고, 이로 인해서 노즐의 미세한 구멍이 막히는 원인이 된다. 따라서 오염이 심한 경우에는 분사 노즐을 경유 속에 담가 두었다가 카본을 제거하여야 한다.

(3) 분사 노즐 검사

① 분사 노즐 시험기에 분사 노즐을 설치하고 캡 너트(17mm)로 고정한다.
② 분사 노즐 시험기의 연료 탱크에 연료(경유)량을 점검한다.
   (반드시 2/3 이상 주입 후 사용)
③ 압력제거 손잡이를 조금 풀고 펌프 레버로 2~3회 연료를 분사시켜 공기빼기를 실시한다.
④ 펌프 레버를 1~2회 정도 작동시켰다가 힘껏 1회 작동시킨다. 이때 펌프 레버의 작동 속도는 0.5초당 1회 정도의 속도로 작동시킨다.
⑤ 압력계의 지침이 천천히 상승하고 분사 중에는 지침이 흔들린다. 지침이 흔들리기 시작한 위치(지침의 최대치)를 읽어 분사개시 압력을 측정한다.
⑥ 분사개시 압력을 측정한 후 노즐 팁에 연료 방울이 맺히는지 점검한다. 이때 연료 방울이 맺히면 후적이 있는 경우이다.
⑦ 3회 정도 반복하여 분사개시 압력을 확인한다.

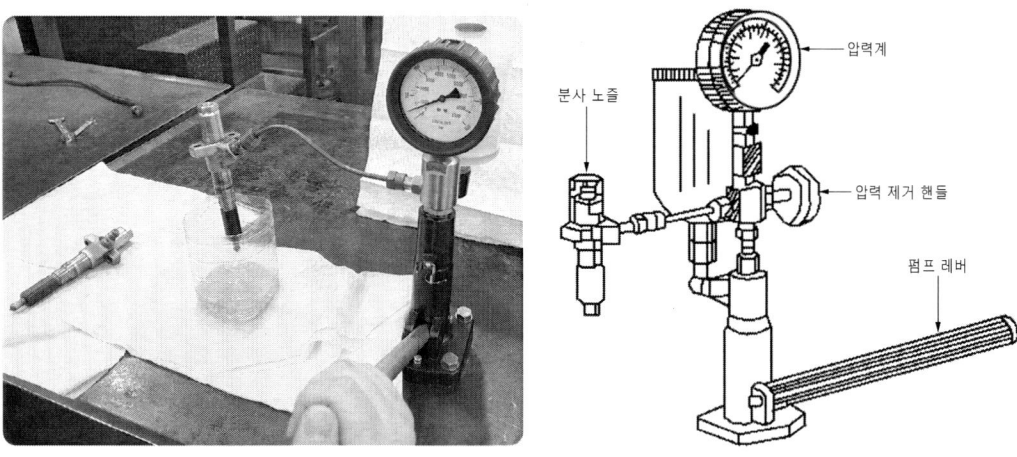

▶ 분사 노즐 분사개시 압력 점검

(4) 분사개시 압력 조정 방법

① **스크루 방식**(Screw Type)
  압력 조정 나사를 조이면 압력이 상승하고, 반대로 풀면 압력이 낮아진다.

② **심 방식**(Shim Type)
  심을 증가하면 압력이 상승하고, 제거하면 낮아진다.

▶ 분사 노즐 압력 조정

※ 분사 노즐 시험기로 분사 노즐을 시험할 때 노즐에서 분사되는 연료의 무화 및 노즐 팁에서 분사되는 상태를 점검한다. 분무 구멍은 보통 다공형의 경우 4 ~ 5개로 되어 있으며, 모든 분무 구멍에서 막힘없이 연료가 분사되어야 한다. 또 액체 상태가 아닌 안개 모양으로 분사되는 무화 상태가 양호하여야 한다. 분사 구멍이 일부 막혀 있거나 무화 상태 불량, 연료의 누설 등이 있을 때에는 분사 노즐을 교환하여야 한다.

실기시험 답안지 작성방법

A. 요구사항

※ 주어진 건설기계에서 엔진의 노즐을 점검하여 기록표에 기록하시오.

[기관3 시험결과 기록표]

기관번호 :

측정 항목	① 측정(또는 점검)		② 판정 및 정비(또는 조치) 사항		득점
	측정값	규정(정비한계)값	판정 (□에 "✔" 표시)	정비 및 조치할 사항	
분사개시 압력	250kgf/㎠	270~280kgf/㎠	☑ 양호 □ 불량	압력 조정 나사로 조정 후 재점검	
후적	☑ 양호 □ 불량				

비 번호 : 　　　　감독위원 확 인 :

※ 단위가 누락되거나 틀린 경우는 오답으로 채점함

B. 답안지 작성 방법

① **측정값**
- 분사개시 압력 : 수검자가 시험기로 측정한 측정값을 기록한다. (예 ; 250kgf/cm²)
- 후적 : 후적의 유무를 확인하고 수검자가 판정하여 표시한다.(예 □ 양호, □ 불량에 "✔")
- 양호 : 후적이 없는 경우　　• 불량 : 후적이 있는 경우

② **규정값** : 제시된 엔진의 기준에 맞는 규정값을 기록한다. 이때 반드시 단위를 기록해야 한다. (예 ; 270~280kgf/cm²)

③ **판　정** : 규정값과 측정값을 비교하여 수검자가 판정하여 표시한다.
　　　　(예 ; □ 양호,　□ 불량에 "✔" 표시)
- 양호 : 후적이 없고, 측정값이 제시된 규정값의 범위에 있는 경우
- 불량 : 후적이 있거나, 측정값이 제시된 규정값의 범위를 벗어난 경우

④ **정비 및 조치할 사항**
- 양호한 경우 : 정비 및 조치사항 없음
- 불량한 경우
  - 후적이 없는 경우 : 압력 조정 나사로 (압력) 조정 후 재점검
  - 후적이 있는 경우 : 분사 노즐 교환 후 재점검

※ 분사개시 압력이 정상일 경우에도 후적이 있으면 분사 노즐을 교환하여야 한다.

③ 엔진 회전속도(rpm) 점검

(1) 공전속도 점검

① 크랭크축의 풀리에 발광용 반사지를 붙인다.
② 타코미터(회전계)의 측정 선택 버튼을 눌러 rpm을 선택한다.
③ 엔진을 시동한다.
④ 타코미터의 우측 버튼을 누르고 크랭크축 풀리의 발광용 반사지에 빛을 투시한다.
⑤ 엔진의 회전속도는 지시 창에 디지털 수치로 표시되므로, 지시 창에 표시되는 수치를 읽는다.
⑥ 디젤 타이밍 라이트를 사용하는 경우에는 좌측 상단의 수치를 판독한다.

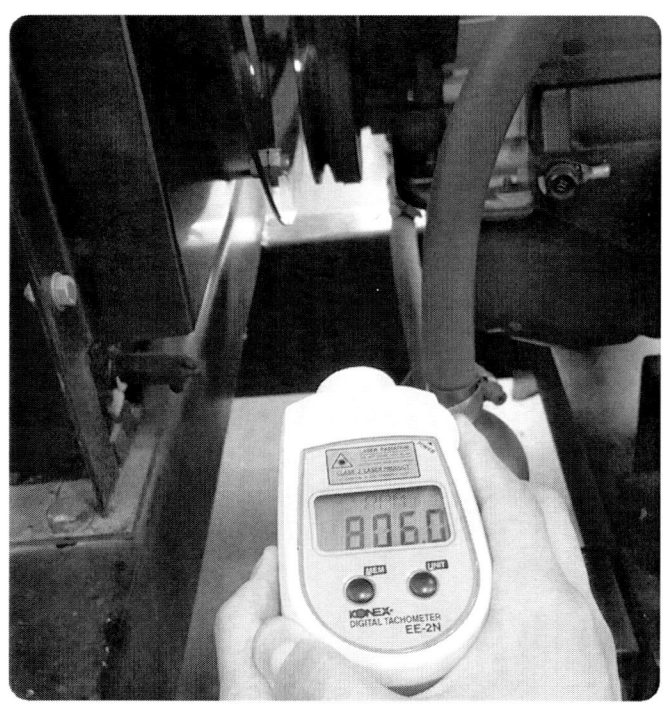

▶ 타코미터 rpm 측정

(2) 공전속도 조정

① 가속 케이블의 휨 량을 점검한다. 휨 량이 규정값(1.0~3.0mm)을 초과하면 가속케이블의 고정 너트를 돌려서 조정한다.
② 공전속도의 조정은 분사 펌프 상단의 스로틀 레버를 지지하는 공회전속도 조정 나사로 조정한다.
③ 10mm 스패너로 고정 나사를 푼 다음 조정 나사를 시계방향으로 돌리면 회전속도가 증가하고, 반시계방향으로 돌리면 회전속도가 감소한다.
④ 타코미터로 회전속도를 확인하면서 조정 나사로 공전속도 조정을 반복한다.
⑤ 회전속도가 규정값으로 조정되면 고정 나사를 단단히 조인다.
⑥ 디젤 엔진의 공회전 속도는 장비에 따라 약간의 차이는 있으나 750±50rpm 정도이다.

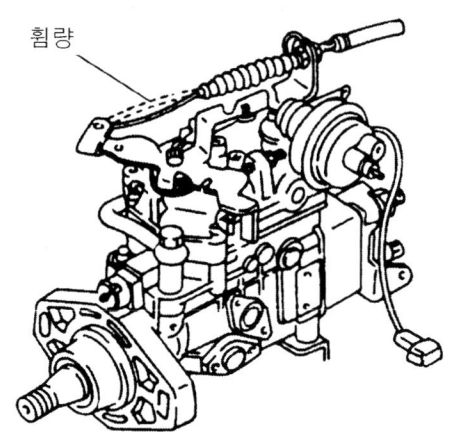

▶ 엔진 공회전 속도 조정

4 분사시기 점검

(1) 시험기 설치

① 디젤 타이밍 라이트의 피에조 센서를 분사펌프 제1번 고압 파이프에 분사 노즐의 가장 가까운 부분에 고정하고 센서 케이블을 연결한다.

② 시험기 케이블의 적색 클립을 축전지의 (+)단자에, 흑색 클립을 축전지의 (-)단자 또는 접지부분에 연결한다.

③ 전원 공급 케이블을 축전지 (+)커넥터에, (-) 커넥터에 연결한다.

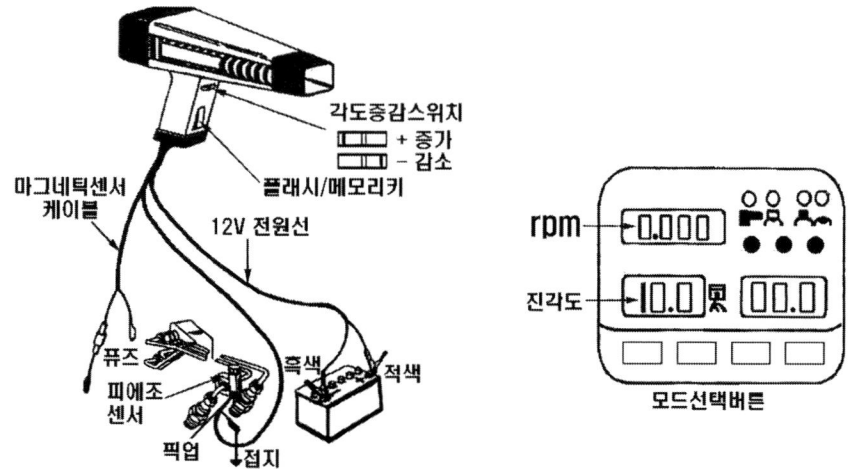

▶ 디젤 타이밍 라이트

(2) 분사시기 측정 방법

① 엔진의 냉각수 온도가 80 ~ 90℃가 되도록 공회전 시킨다.

② 규정된 회전속도로 엔진의 회전수(rpm)를 조정한다.

③ 전원 공급 케이블을 축전지 (+) 커넥터와 (-) 커넥터에서 분리했다가 다시 연결하거나 디젤 타이밍 라이트 좌측 하단의 리셋 버튼을 누른다.

④ 이때 지시 창에 전원이 공급되면서 세팅이 이루어지는데 진각도가 10.0을 지시할 때까지 기다린다. 만약 10.0으로 세팅되기 전에 플래시/메모리 버튼을 작동하면 세팅되기 이전의 수치가 진각도로 기억되므로 주의하여야 한다.

⑤ 플래시/메모리 버튼을 눌러 크랭크축 풀리 상단의 TDC 마크에 불빛을 비춘다.

만약 분사시기 표시가 TDC 마크와 일치하지 않으면 각도 증감 스위치를 좌우로 눌러 TDC와 일치시킨다.

⑥ 분사시기 표시가 TDC 전에 나타나면 BTDC이며, TDC 후에 나타나면 ATDC이다. 분사시기가 빠를 경우(BTDC)에는 각도 증감 스위치의 우측 버튼을 누르고, 늦을 경우(ATDC)에는 좌측 버튼을 누르면, 분사시기를 TDC 마크에 일치시킬 수 있다.

⑦ 분사시기 표시와 TDC 마크가 일치하면 플래시/메모리 버튼을 놓는다. 이때 진각도와 엔진의 회전속도(rpm)가 약 10초 동안 기억된다.

⑧ 액정에 나타난 회전속도와 진각도를 읽고 규정값을 벗어나면 조정한다.

▶ 분사시기 측정

(3) 측정값 읽는 방법

① 측정값이 엔진 회전속도 800rpm, 진각도 BTDC 23°로 측정되었을 경우
② 엔진의 로커 암 덮개의 상단에 부착되어 있는 시험장비의 분사시기를 확인한다. (예 ; ATDC 5°)
③ 측정된 진각도 BTDC 23°에서 시험기에 세팅된 10°를 뺀다.
   (23° − 10° = 13°)
④ 분사시기의 규정값은 ATDC 5° 이지만, BTDC 13°에서 분사가 이루어지고 있음을 나타낸다.
⑤ 따라서 BTDC 13° + ATDC 5° = 18° 만큼 분사시기가 진각(빠르다)되고 있다.

(4) 분사시기 조정 방법

① 분사시기가 빠를 경우(진각되고 있을 경우)

연료 분사펌프를 엔진의 회전방향(엔진 정면에서 볼 때 시계방향)으로 돌려준다.

② 분사시기가 늦을 경우(지각되고 있을 경우)

연료 분사펌프를 엔진의 회전 반대방향(엔진 정면에서 볼 때 반시계방향)으로 돌려준다.

고정 너트(반대쪽 포함) 2개를 약간 푼다.

분사펌프 돌려 분사시기 조정

분사시기가 빠를 경우 조정 방향

분사시기가 늦을 경우 조정 방향

▶ 분사시기 조정

실기시험 답안지 작성방법

A. 요구사항

※ 주어진 건설기계에서 rpm과 분사시기를 점검하여 기록표에 기록하고 기준에 맞게 조정하시오.

[기관3 시험결과 기록표]

기관번호 :

측정 항목	① 측정(또는 점검)		② 판정 및 정비(또는 조치) 사항		득점
	측정값	규정(정비한계)값	판정 (□에 "✔" 표시)	정비 및 조치할 사항	
RPM	842rpm	800±20 RPM	□ 양호 ☑ 불량	공전속도 조절나사로 조정 후 재점검	
분사시기	BTDC 13°	ATDC 5°		분사펌프를 엔진 회전방향으로 돌려 늦춘 후 재점검	

비 번호 : 　　　 감독위원 확 인 :

※ 단위가 누락되거나 틀린 경우는 오답으로 채점함

B. 답안지 작성 방법

① **측정값** : 수검자가 측정한 측정값을 기록한다. (예 ; 842rpm, BTDC 13°)

② **규정값** : 제시된 엔진의 기준에 맞는 규정값을 기록한다. 이때 반드시 단위를 기록해야 한다. (예 ; 800±20rpm, ATDC 5°)

③ **판　정** : 규정값과 측정값을 비교하여 수검자가 판정하여 표시한다.
　　　　　(예 ; □ 양호,　□ 불량에 "✔" 표시)

- 양호 : RPM과 분사시기가 제시된 규정값의 범위에 있는 경우
- 불량 : RPM과 분사시기 중 어느 하나라도, 제시된 규정값의 범위를 벗어난 경우

④ **정비 및 조치할 사항**

- 양호한 경우 : 정비 및 조치사항 없음
- 불량한 경우
  - rpm이 불량할 경우 : 공회전속도 조정나사로 속도 조정(후 재점검)
  - 분사시기가 불량할 경우 : 분사펌프를 엔진 회전방향으로 회전시켜 지각시킨다.(늦춘다)

5 연료 분사펌프 분사량 점검

분사펌프 시험기는 분사펌프의 연료 분사량, 분사시기, 타이머의 진각, 조속기의 작동상태를 점검하는 시험기이다.

(1) 분사펌프 시험기 사용 방법

▶ 연료 분사펌프 시험기

① 분사펌프의 전원 스위치를 ON으로 하고 연료의 온도가 40℃가 되도록 유지시킨다.
② 연료 공급펌프 스위치를 작동하고 회전 스위치를 정방향(FOR)으로 작동한다.
③ 엔진의 회전속도와 연료 분사량 스트로크를 설정한다.
　예) 500rpm, 200stroke
④ 연료 계량컵(비커)의 각도를 90°에서 15° 정도 눕힌다. 이때 계량컵(비커)에 연료가 남아 있지 않은지 확인한다.

⑤ 스트로크 스위치 우측에 있는 스타트 버튼을 누르면 설정된 회전속도와 스트로크에 의하여 연료가 계량컵(비커)에 분사된다.
⑥ 연료가 모두 분사되면 회전 스위치를 정지 위치로 하여 분사펌프 시험기를 정지시키고, 연료 공급펌프 스위치를 OFF시킨다.
⑦ 연료 계량컵(비커)의 각도를 90°로 세워서 눈금을 읽는다. 이때 거품이 생기므로 거품이 사라진 다음에 눈금을 읽는다.
⑧ 스톱 버튼의 사용은 시험도중 스트로크 및 회전속도를 재설정할 경우와 연료 분사량을 다시 계량컵에 받아 볼 경우에만 사용한다.
⑨ 계량컵에 분사된 연료 분사량을 확인하고 불균율을 계산한다.

(2) 연료 분사량 불균율 계산 공식

① 평균 분사량 $= \dfrac{\text{각 노즐 분사량의 합계}}{\text{실린더 수}}$

② $(+)$불균율 $= \dfrac{\text{최대 분사량} - \text{평균 분사량}}{\text{평균 분사량}} \times 100(\%)$

③ $(-)$불균율 $= \dfrac{\text{평균 분사량} - \text{최소 분사량}}{\text{평균 분사량}} \times 100(\%)$

④ 불균율은 ±3% 이내이어야 하며, 규정의 범위를 초과할 경우에는 연료 분사량을 조정하여야 한다.

(3) 독립형 분사펌프의 연료 분사량 조정 방법

① 제어 래크를 무 송출에서 전 송출 위치로 고정시킨다.
② (−) 드라이버를 이용하여 제어 피니언의 클램프 볼트를 푼다.
③ 제어 슬리브에 있는 홈에 드라이버를 끼워 넣고 필요한 방향으로 제어 슬리브를 회전시킨다.

〈오른 리드〉	〈왼 리드〉
제어 슬리브를 왼쪽으로 회전 시키면 연료 분사량이 증가하고, 오른쪽으로 회전 시키면 연료 분사량이 감소한다.	제어 슬리브를 오른쪽으로 회전 시키면 연료 분사량이 증가하고, 왼쪽으로 회전 시키면 연료 분사량이 감소한다.

④ 조정이 완료되면 드라이버를 이용하여 제어 피니언의 클램프 볼트를 조인다.
⑤ 분사펌프 시험기를 이용하여 연료 분사량을 다시 측정한다.

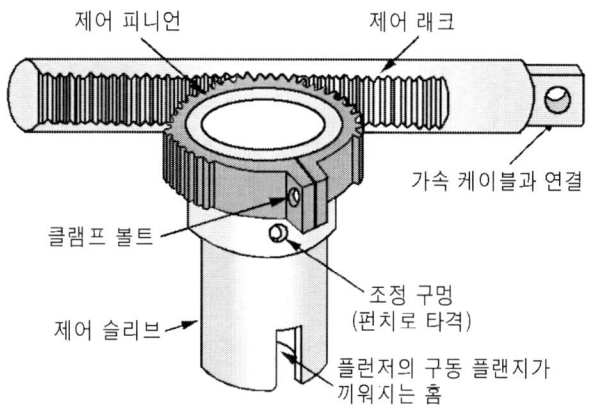

▶ 연료 분사량 조정

실기시험 답안지 작성방법

A. 요구사항

※ 주어진 건설기계에서 연료 분사펌프의 분사량을 측정하여 기록표에 기록하시오.

[기관3 분사펌프 분사량 점검]

비 번호		감독위원 확 인	

① 측정(또는 점검)		② 판정 및 정비(또는 조치) 사항		득점
측정값(각 실린더별)	평균분사량	판정 (□에 "✔" 표시)	정비 및 조치할 사항	
1 | 2 | 3 | 4 | 5 | 6 21cc | 22cc | 21cc | 22cc | 23cc | 20cc	21.5cc	실린더 번호 5번, 6번	제어 피니언과 제어 슬리브 위치 조정 후 재측정	

※ 측정조건은 감독위원의 지시에 따릅니다. 예) 1000rpm, 250스트로크(stroke)

B. 답안지 작성 방법

① **측정값** : 연료분사펌프 시험기의 각 계량컵에 있는 연료량을 기록한다.

1	2	3	4	5	6
21cc	22cc	21cc	22cc	23cc	20cc

② **평균 분사량** : 평균 분사량을 계산하여 기록한다. (예 ; 21.5cc)

③ **수정할 실린더** : 각 실린더의 불균율을 계산하여 ±3%를 초과하는 실린더를 기록한다.
  (예 ; 5번, 6번)

④ **정비 및 조치할 사항**
  • 불균율을 초과하는 실린더의 연료 분사량을 조정한다.
    (예 ; 제어 피니언과 제어 슬리브 위치 조정 후 재점검)

※ **수정할 실린더 구하는 방법**
  • 평균 분사량에 ± 3%를 곱한다.
  • (+) 불균율 : 21.5cc × 1.03 = 22.145cc
  • (−) 불균율 : 21.5cc × 0.97 = 20.855cc
  • 각 실린더의 분사량이 20.855cc ~ 22.145cc를 벗어나면 수정하여야 한다.

7. 매연 측정

1 광투과식 매연 측정기(Opacity Smoke Meter)

(1) 매연 측정기의 구조(SY-OM501NEW)

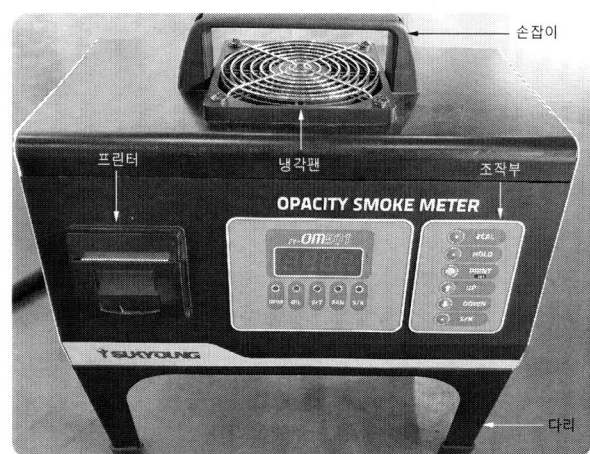

(a) 전면부

(b) 후면부

▶ 광투과식 매연 측정기 구조

(2) 디스플레이와 기능키

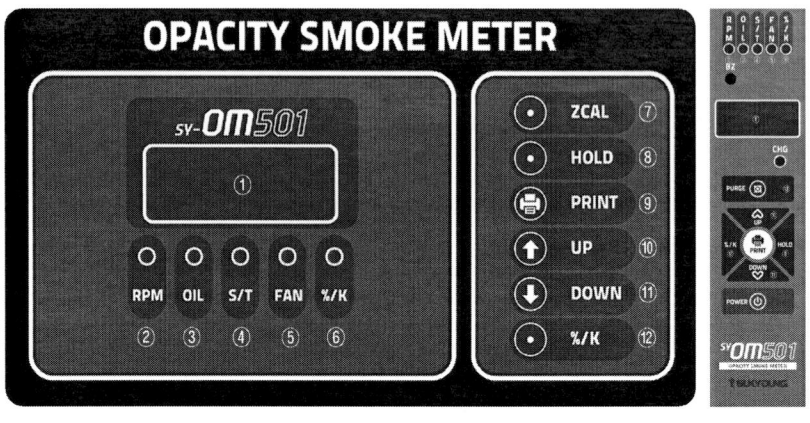

본체   리모컨

▶ 디스플레이와 기능키

① **FND Display** : 측정값이나 선택 내용 표시
② **RPM 표시 램프** : 'UP' 'DOWN' 키를 눌러 rpm을 선택하면 램프에 빨간불이 들어옴
③ **오일 온도 표시 램프** : 'UP' 'DOWN' 키를 눌러 오일 온도를 선택하면 램프에 빨간불이 들어옴
④ **ST 표시 램프** : 장비 내부의 셀 온도를 확인하고자 할 경우 'UP' 'DOWN' 키를 선택할 수 있으며, 선택하면 램프에 빨간불이 들어옴
⑤ **FAN 작동 램프** : 팬이 작동 중이면 빨간 불이 들어오고 측정 중일 때는 빨간 불이 깜빡임(셀 온도가 80℃ 이상일 경우 팬이 작동함)
⑥ **%/k 표시 램프** : '%/k' 키를 눌러 측정값을 매연 농도(%)로 볼 것인지 광흡수계수(k)로 볼 것인지 선택할 수 있으며, 매연 농도(%)를 선택하였을 경우 빨간 불이 들어옴
⑦ **ZCAL** : 영점 교정 또는 스팬 교정할 경우 사용
⑧ **HOLD** : 처음 위치로 돌아가고자 할 경우 사용
⑨ **SET/PRINT** : 특수 기능 설정 또는 인쇄할 경우 사용
⑩ **UP** : 항목 이동시 사용
⑪ **DOWN** : 항목 이동시 사용

⑫ %/k : 매연 측정값의 표시 단위 전환 시 사용

⑬ PURGE : 냉각팬의 ON/OFF 작동을 컨트롤 함(리모컨 전용)

> ※ **리모컨** : 매연 측정기의 편리한 조작을 위해 사용하며, 본체와 동일한 기능키와 표시 램프를 갖추고 있다. 디스플레이 내용도 동일하게 표시됨. 단, 팬의 작동 조건은 리모컨의 'PURGE' 키만 가능함.

(3) 매연 측정 규정

1) 무부하 급가속 검사방법

대기환경보전법 시행규칙 제87조제1항 관련 별표 22 (2016년 3월 29일 시행)

① 측정 대상 자동차의 원동기를 중립 상태(정지 가동 상태)에서 급가속하여 최고 회전속도 도달 후 2초간 공회전 시키고, 정지 가동(Idle) 상태로 5~6초간 둔다. 이와 같은 과정을 3회 반복 실시한다.

② 측정기의 시료 채취관을 배기관의 벽면으로부터 5mm 이상 떨어지도록 설치하고, 5cm 정도의 깊이로 삽입한다.

③ 가속 페달에 발을 올려놓고 원동기의 최고 회전 속도에 도달할 때까지 급속히 밟으면서 시료를 채취한다. 이 때 가속페달을 밟을 때부터 놓을 때까지 걸리는 시간은 4초 이내로 한다.

④ 위 ③의 방법으로 3회 연속 측정한 매연농도를 산술 평균하여 소수점 이하는 버린 값을 최종 측정치로 한다. 다만, 3회 연속 측정한 매연농도의 최대치와 최소치의 차가 5%를 초과하거나 최종 측정치가 배출허용기준에 맞지 아니한 경우에는, 순차적으로 1회씩 더 측정하여 최대 5회까지 측정하면서 매회 측정 시마다 마지막 3회의 측정치를 산출하여, 마지막 3회의 최대치와 최소치의 차가 5% 이내이고 측정치의 산출평균값도 배출허용기준 이내이면 측정을 마치고 이를 최종 측정치로 한다.

⑤ 위 ④의 단서에 따른 방법으로 5회까지 반복 측정하여도 최대치와 최소치의 차가 5%를 초과하거나 배출허용기준에 맞지 아니한 경우에는, 마지막 3회(3회, 4회, 5회)의 측정치를 산출하여 평균값을 최종 측정치로 한다.

(4) 검사 모드 설정 방법

1) 측정 표시 항목 선택

본 측정기는 매연 농도(%), RPM, 오일 온도 등을 측정할 수 있으나, 측정값은 1가지만 표시된다. 필요에 따라 우측의 'UP' 'DOWN' 키를 이용하여 LED 화면에 표시될 측정항목을 선택한다. 맨 처음 전원을 켜면 항상 매연농도(%)에서 시작한다.

① 매연농도(%)
② RPM
③ 오일 온도

2) 무부하 급가속 검사 모드(3회 측정)

① 측정횟수 선택

 ㉮ 초기 상태에서 'SET/PRINT' 키를 누른다.
 ㉯ 다시 'UP' 키를 3회 누른다.
 ㉰ 'Acnt' 라고 화면에 나타난다.
 ㉱ 1회, 3회, 5회 측정횟수를 선택할 수 있다.
 ㉲ 'UP'/'DOWN' 키를 이용하여 측정횟수를 선택한다.
 ㉳ 다시 'SET/PRINT' 키를 누르면 측정횟수가 선택된다.

> ※ 전원을 켜면 항상 3회로 설정되어 있음

② 필요에 따라 배기가스 허용치를 설정할 수 있으며(제품 출고 시 20%로 설정되어 있음), 설정 순서는 다음과 같다.

 ㉮ 'SET/PRINT' 키를 1회 눌러 설정 모드 진입한다.
 ㉯ 'UP' 키를 4회 누른다.
 ㉰ 'LI-h' 화면 표시된다.
 ㉱ 'UP'/'DOWN' 키로 원하는 허용치(5~95까지 선택 가능)를 선택한다.
 ㉲ 'SET/PRINT' 키를 다시 누르면 저장 완료된다.

(5) 매연 측정 방법(무부하 급가속 검사 모드 ; Free Acceleration Test)

연속 측정 모드는 배출가스의 매연을 지속적으로 감지하여 측정값이 변할 때마다 변환된 수치를 표시 창에 바로바로 나타내주는 측정 모드로 맨 처음 전원을 켜면 항상 연속 모드에서 시작한다.

1) 측정 대상 장비와 테스터 준비

측정 대상 장비의 원동기를 중립인 상태(정지 가동 상태)에서 급가속하여 최고 회전속도 도달 후 2초간 공회전 시키고, 정지 가동 상태를 5~6초간 유지한다. 이와 같은 과정을 3회 반복 실시한다. 측정기의 시료 채취관을 배기관의 벽면으로부터 5mm 이상 떨어지도록 설치하고 5cm 정도의 깊이로 삽입한다.

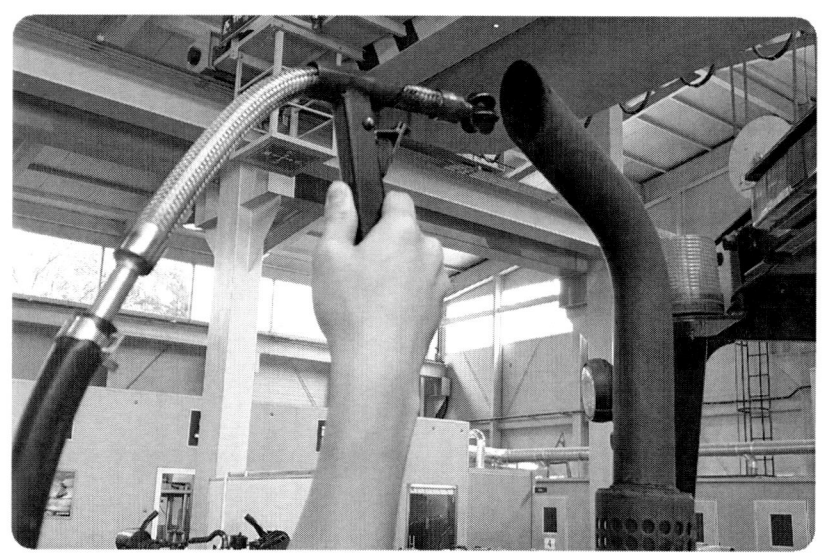

▶ 채취관 삽입

2) 웜 업

① 전원 스위치를 ON 시키면 'SY' 로고가 짧게 표시된 후 부저음이 3번 울리면서 웜 업을 시작한다.
② 빨간 램프가 가장자리를 따라 돌아가는 모습이 LED 화면에 나타나면서 3~6분 정도 웜 업을 실시한다.
③ 웜 업이 끝나면 자동으로 영점 교정과 스팬 교정을 실시한다.

④ 초기 교정이 완료되면 팬이 작동하며 아래와 같이 초기 측정상태가 된다.
⑤ 초기에는 매연 농도(%)가 표시되도록 설정되어 있다.

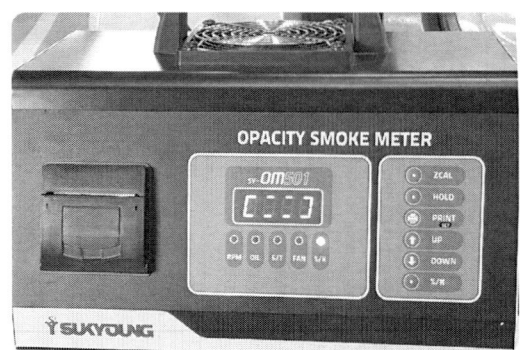
웜업 진행

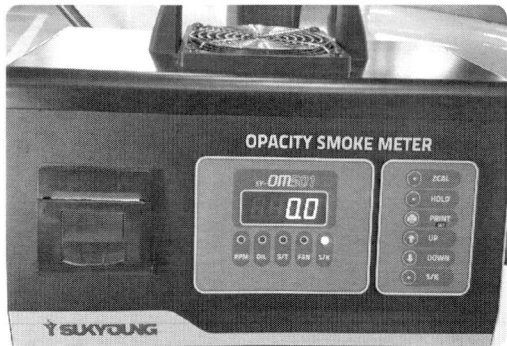
웜업 완료

▶ 웜업 운전

3) 3회 연속 측정 방법

① 'SET/PRINT' 키를 1회 눌러 설정 모드 진입한다.
(화면에 'oCAL' 표시된다.)

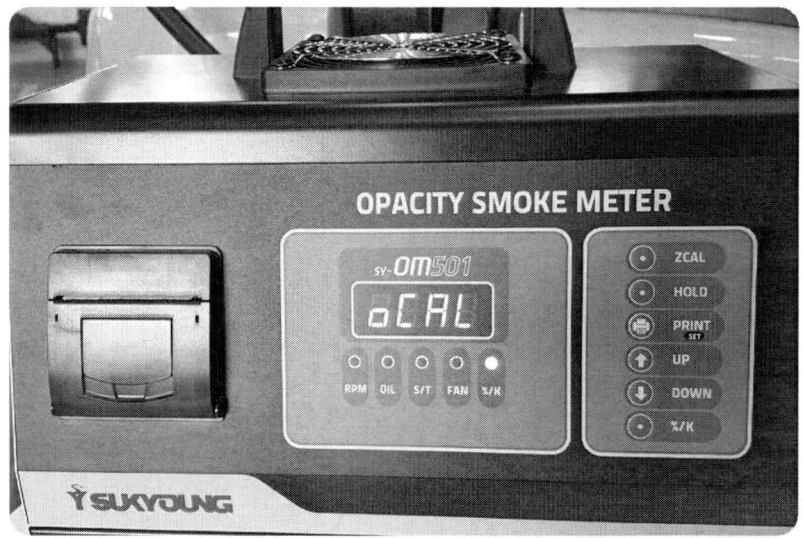

▶ 설정 모드

② 'UP' 키를 1회 누른다.(화면에 'ACEL' 표시된다.)

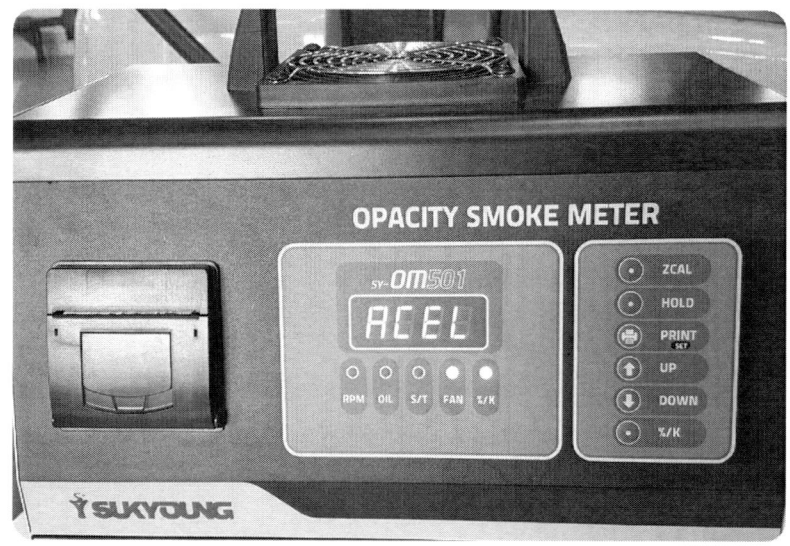

▶ ACEL 표시

③ 'SET/PRINT' 키를 누른다.

('AC-1' 화면에 표시되고 모든 LED가 깜빡이며, 1회차 측정 대기 상태로 진입한다.)

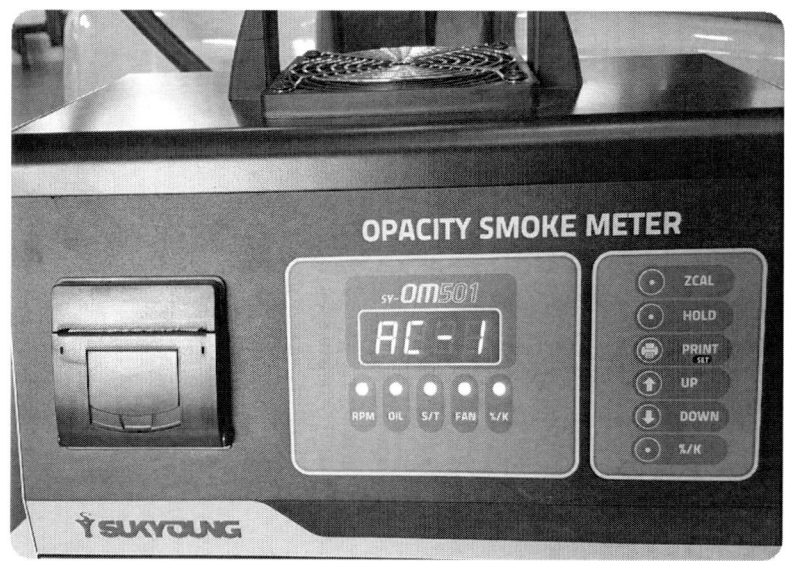

▶ 1회차 측정

④ 1회 측정을 실시한다.

'SET/PRINT' 키를 1회 누르면 측정을 시작하며, 측정 중에는 'ST' LED가 깜빡인다. [광흡수 계수값(k)을 확인하고자 할 경우에는 'DOWN' 키를 4회 누른다.]

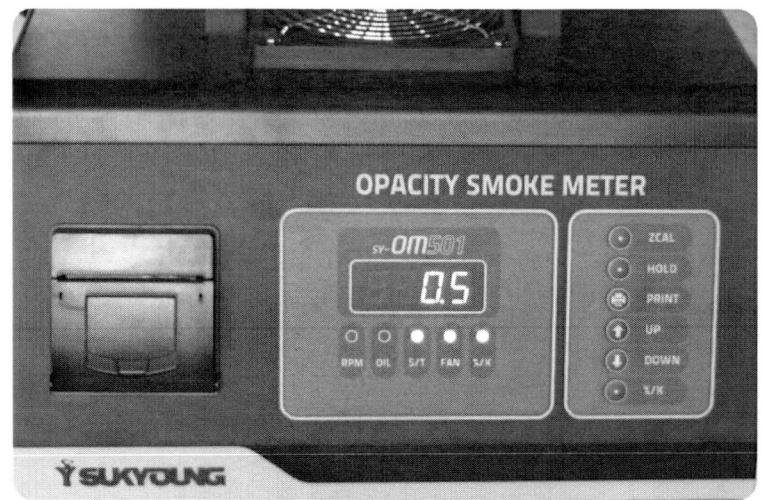

▶ 1회차 측정 대기 상태

⑤ 가속 페달에 발을 올려놓고 원동기의 최고 회전속도에 도달할 때까지 급속히 밟으면서 시료를 채취한다. 이때 가속페달을 밟을 때부터 놓을 때까지 걸리는 시간은 4초 이내로 한다.

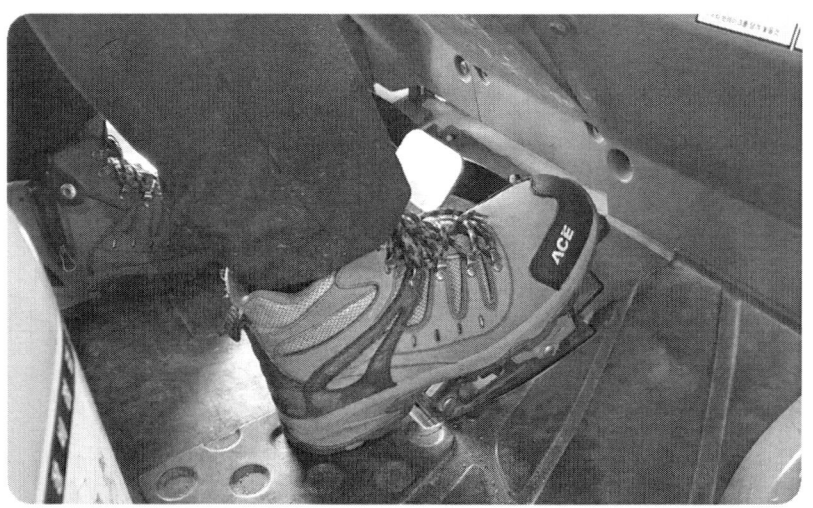

▶ 가속 페달(4초 이내) 밟음

⑥ 시료가 채취됨에 따라 결과 값이 표시창에 표시된다. 1회 측정이 끝나면 정지 가동상태를 5~6초간 유지한다.(약 10초간 대기한다)

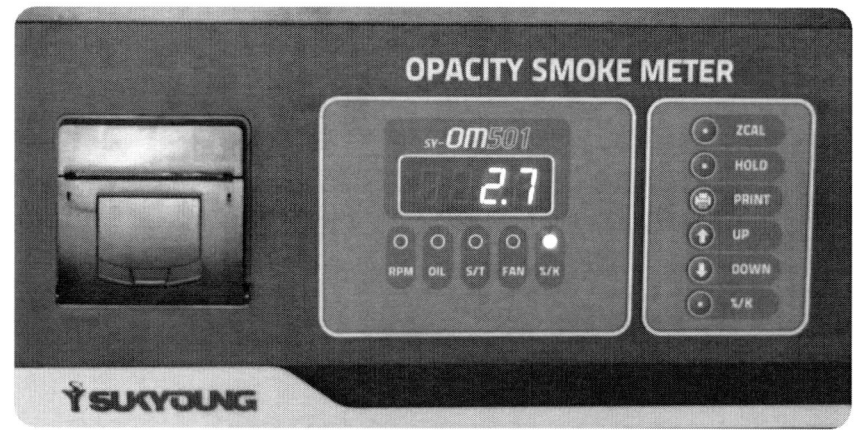

▶ 약 10초간 대기

⑦ 'SET/PRINT' 키를 1회 누르면 측정된 최상위 값(피크치)이 저장되며, 2회차 측정으로 넘어간다. ('AC-2' 화면에 표시되고 모든 LED가 깜빡이며, 2회차 측정 대기 상태로 진입한다)

※ 만약 'AC-2'로 넘어가지 않고 'AC-1'이 나타나면 'AC-2'가 나타날 때까지 'SET/PRINT'키를 계속 누른다.

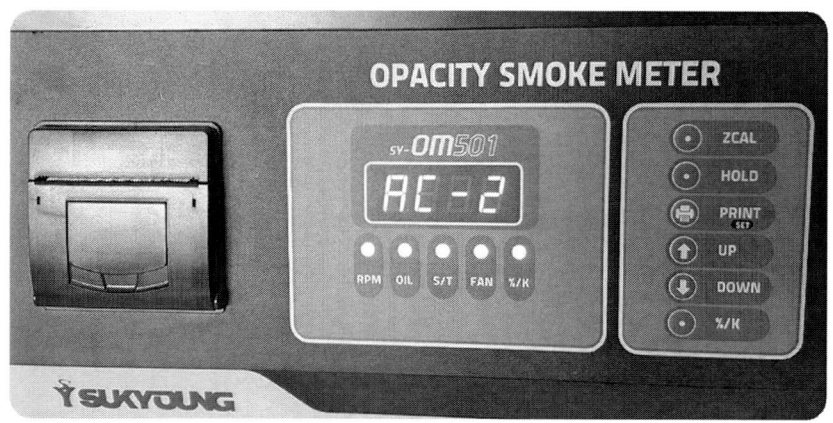

▶ 2회차 측정

⑧ 'SET/PRINT' 키를 누른다.

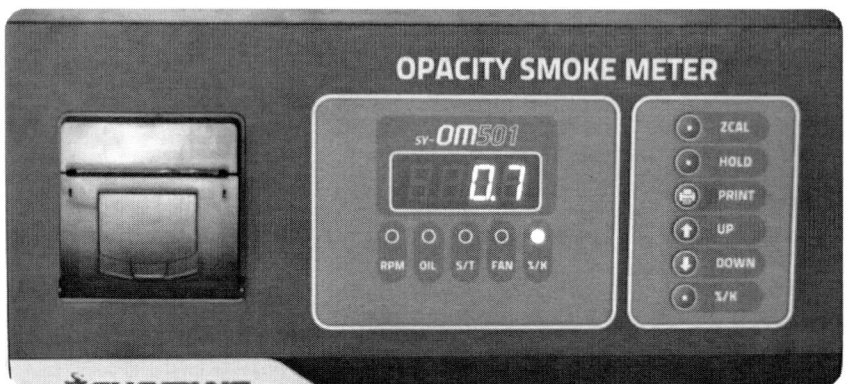

▶ 2회차 측정 대기 상태

⑨ 가속 페달에 발을 올려놓고 원동기의 최고 회전속도에 도달할 때까지 급속히 밟으면서 시료를 채취한다. 이때 가속 페달을 밟을 때부터 놓을 때까지 걸리는 시간은 4초 이내로 한다.

⑩ 시료가 채취됨에 따라 결과 값이 표시창에 표시된다. 2회 측정이 끝나면 정지 가동상태를 5~6초간 유지한다.(약 10초간 대기한다)

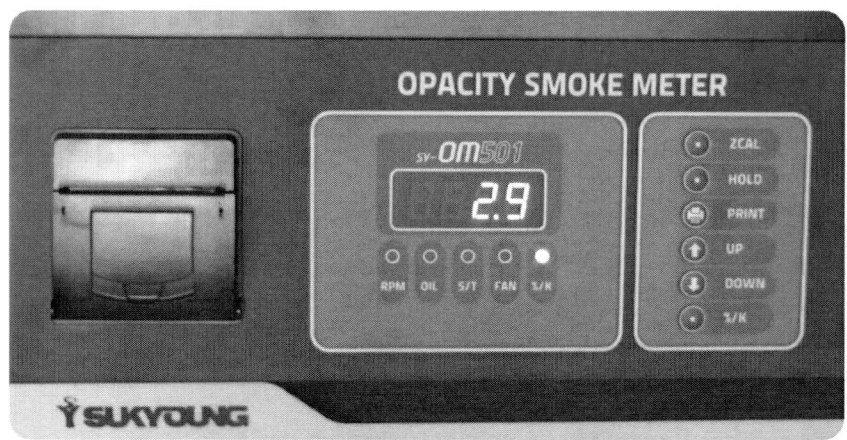

▶ 약 10초간 대기

⑪ 'SET/PRINT' 키를 1회 누르면 측정된 최상위 값(피크치)이 저장되며, 3회차 측정으로 넘어간다.

('AC-3' 화면에 표시되고 모든 LED가 깜빡이며, 3회차 측정 대기 상태로 진입한다)

> ※ 만약 'AC-3'로 넘어가지 않고 'AC-1'이 나타나면 'AC-3'가 나타날 때까지 'SET/PRINT'키를 계속 누른다.

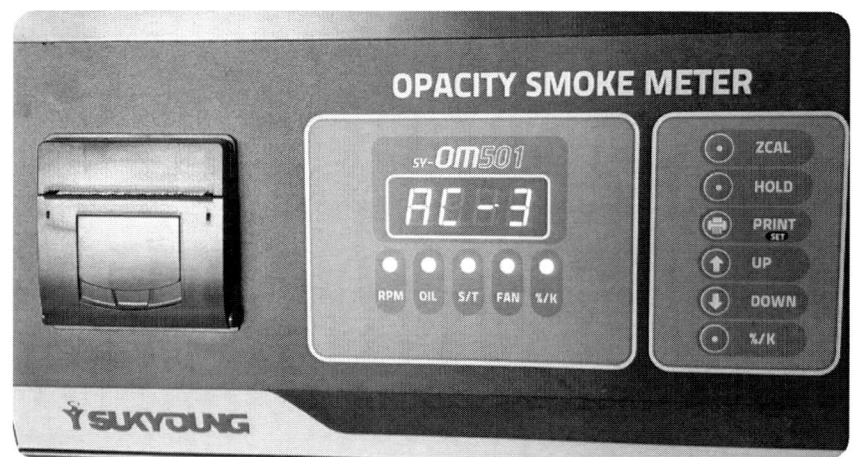

▶ 3회차 측정

⑫ 'SET/PRINT' 키를 누른다.

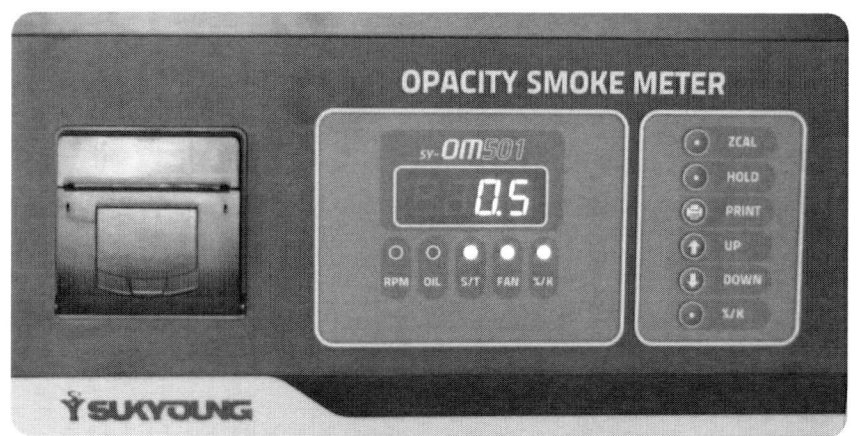

▶ 3회차 측정대기 상태

⑬ 가속 페달에 발을 올려놓고 원동기의 최고 회전속도에 도달할 때까지 급속히 밟으면서 시료를 채취한다. 이때 가속페달을 밟을 때부터 놓을 때까지 걸리는 시간은 4초 이내로 한다.

⑭ 시료가 채취됨에 따라 결과 값이 표시창에 표시된다. 3회 측정이 끝나면 정지 가동상태를 5~6초간 유지한다.(약 10초간 대기한다)

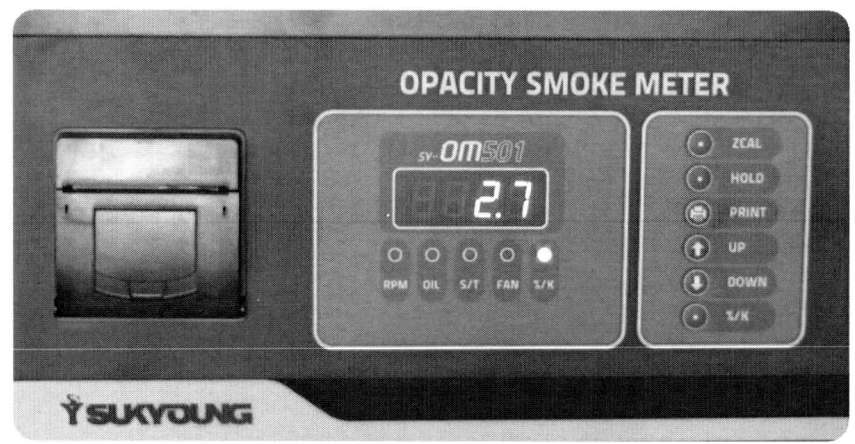

▲ 약 10초간 대기

⑮ 'SET/PRINT' 키를 누른다.

(표시창에 'End3' 표시되며, 측정이 종료된다.)

※ 만약 'End3'로 넘어가지 않고 'AC-1'이 나타나면 'End3'가 나타날 때까지 'SET/PRINT' 키를 계속 누른다.

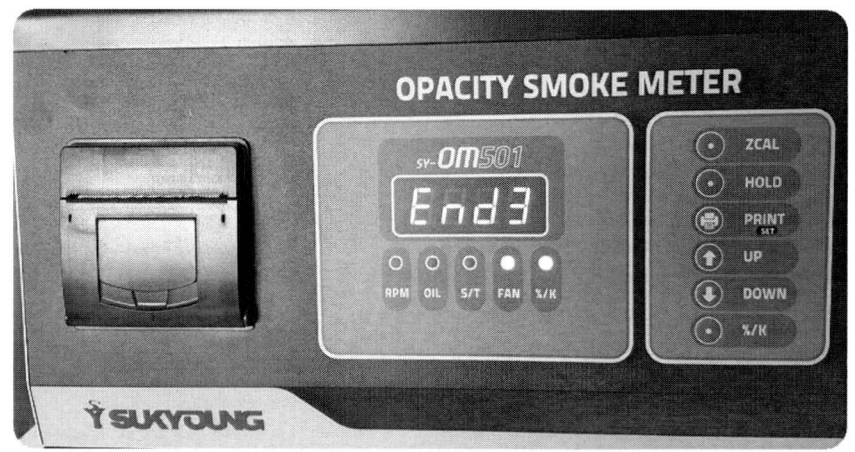

▲ 3회 측정 완료

⑯ 측정값을 인쇄하고자 할 경우에는 'SET/PRINT' 키를 1회 더 누른다.
(평균값, 오차값, 판정결과 등이 출력)

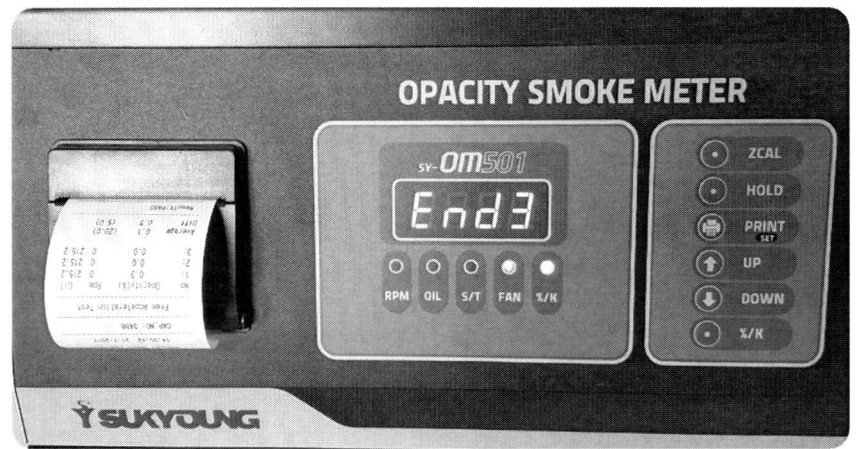

▶ 결과물 출력

⑰ 부적합 판정시 'END-3'에서 'SET/PRINT' 키를 누르면 다시 'AC-1' 측정 대기상태로 가게 되며, ③ ~ ⑯의 순서를 반복한다.

> ※ 3회 연속 측정한 매연 농도의 최대치와 최소치의 차가 5%를 초과하거나 최종 측정치가 배출허용기준에 맞지 아니한 경우에는 순차적으로 1회씩 더 측정하여 최대 5회까지 측정하면서 매회 측정시마다 마지막 3회의 측정치를 산출하여 마지막 3회의 최대치와 최소치의 차가 5% 이내이고 측정치의 산출 평균값도 배출허용기준 이내이면 측정을 마치고 이를 최종 측정치로 한다.
> 만약 5회까지 반복 측정하여도 최대치와 최소치의 차가 5%를 초과하거나 배출허용기준에 맞지 아니한 경우에는 마지막 3회의 측정치를 산술 평균한 값을 최종 측정치로 한다.

⑱ 결과물을 출력한 다음, 'HOLD'를 누르면 최초 준비 단계로 이동한다.
⑲ 측정 완료 후 배기관으로부터 프로브를 제거한다. 이 때 프로브가 뜨거우므로 화상을 입지 않도록 주의하여야 한다.

> ※ 매연측정기의 모델 및 성능이 개선 될 때는 측정방법이 변경될 수 있음.

별표 21 [환경부령 제749호, 2018.3.2. 일부개정]

나. 경유사용 자동차

차 종		제 작 일 자		매 연(광투과식)
경자동차 및 승용자동차		1995년 12월 31일 이전		60% 이하
		1996년 1월 1일부터 2000년 12월 31일까지		55% 이하
		2001년 1월 1일부터 2003년 12월 31일까지		45% 이하
		2004년 1월 1일부터 2007년 12월 31일까지		40% 이하
		2008년 1월 1일부터 2016년 8월 31일까지		20% 이하
		2016년 9월 1일 이후		10% 이하
승합·화물·특수자동차	소형	1995년 12월 31일까지		60% 이하
		1996년 1월 1일부터 2000년 12월 31일까지		55% 이하
		2001년 1월 1일부터 2003년 12월 31일까지		45% 이하
		2004년 1월 1일부터 2007년 12월 31일까지		40% 이하
		2008년 1월 1일부터 2016년 8월 31일까지		20% 이하
		2016년 9월 1일 이후		10% 이하
	중형·대형	1992년 12월 31일 이전		60% 이하
		1993년 1월 1일부터 1995년 12월 31일까지		55% 이하
		1996년 1월 1일부터 1997년 12월 31일까지		45% 이하
		1998년 1월 1일부터 2000년 12월 31일까지	시내버스	40% 이하
			시내버스 외	45% 이하
		2001년 1월 1일부터 2004년 9월 30일까지		45% 이하
		2004년 10월 1일부터 2007년 12월 31일까지		40% 이하
		2008년 1월 1일부터 2016년 8월 31일까지		20% 이하
		2016년 9월 1일 이후		10% 이하

[비고] 1. 건설기계 중 덤프트럭, 콘크리트 믹스트럭, 콘크리트 펌프트럭에 대한 배출허용기준은 화물자동차 기준을 적용한다.
2. 1993년 이후에 제작된 자동차중 과급기(Turbo Charger)나 중간 냉각기(Intercooler)를 부착한 경유 사용 자동차의 배출허용기준은 무부하 급가속 검사방법의 매연 항목에 대한 배출허용기준에 5%를 더한 농도를 적용한다.

실기시험 답안지 작성방법

A. 요구사항

※ 어진 건설기계 엔진의 매연을 측정하여 기록표에 기록·판정하시오.

[기관1 시험결과 기록표]

기관번호 :　　　　　　　　　　비 번호 　　　　감독위원 확 인

연식	기준값	측정값	측정	산출근거(계산) 기록	판정 (□에 "✔" 표시)	득점
			① 측정(또는 점검)	② 판정 및 정비(또는 조치) 사항		
2017년식	10%이하	3%	1회 : 3.8% 2회 : 3.9% 3회 : 3.7%	(3.8 + 3.9 + 3.7) / 3 = 3.8%	☑ 양호 □ 불량	

※ 시험위원이 제시한 등록증(또는 차대번호)을 활용하여 차종 및 연식을 적용합니다.
※ 매연 농도를 산술 평균하여 소수점 이하는 버린 값으로 기입합니다.
※ 대기환경보존법의 정기검사 방법 및 기준에 따라 기록·판정합니다.
※ 측정 및 판정은 무부하 조건으로 합니다.

B. 답안지 작성 방법

① **연　식** : 시험위원이 제시한 등록증(또는 차대번호)의 차종 및 연식을 기록한다.
　　　　　(예 ; 2010년식, 2017년식)

② **기준값** : 운행 차량(경유 사용 자동차) 배출허용기준(제78조 관련, 개정 2018. 3. 2.)을 참고하여 기록한다.(예 ; 20%이하, 10% 이하)

③ **측정값** : 매연 농도를 산술(1회, 2회, 3회 측정결과) 평균하여 소수점 이하는 버린 값으로 기입한다.(예 ; 3%)

④ **측　정** : 매연 측정기에서 출력된 1회, 2회, 3회 측정 결과를 기록한다.

⑤ **산출 근거(계산) 기록** : 1회, 2회, 3회 측정 결과와 평균 계산 과정을 기록한다.
　　(예 ; 1회 - 3.8%, 2회 - 3.9%, 3회 - 3.7% 일 때)
　　　　(3.8 + 3.9 + 3.7) / 3 = 3.8%

⑥ **판　정** : 기준값과 측정값을 비교하여 수검자가 판정하여 표시한다.
　　　　　(예 ; □ 양호, 　□ 불량에 "✔" 표시)
　• 양호 : 측정값이 기준값의 범위에 있는 경우
　• 불량 : 측정값이 기준값의 범위를 벗어난 경우

8. 연료장치 정비

1 연료 필터 교환

(1) 디젤 엔진 연료장치

디젤 엔진 연료장치는 연료 공급 펌프가 연료 탱크로부터 연료를 흡입하여 분사 펌프로 공급하면 분사 펌프에서 가압한 후 분사 노즐을 통해 실린더 내로 연료를 분사하는 장치를 말한다. 주요 구성품은 연료 탱크, 연료 여과기, 분사 펌프, 분사 노즐 및 이들 부품을 연결하는 파이프와 호스로 구성되어 있다. 연료는 노즐에서 분사하고 남은 여분의 연료가 리턴 파이프(return pipe)를 거쳐 연료 탱크로 되돌아 간다.

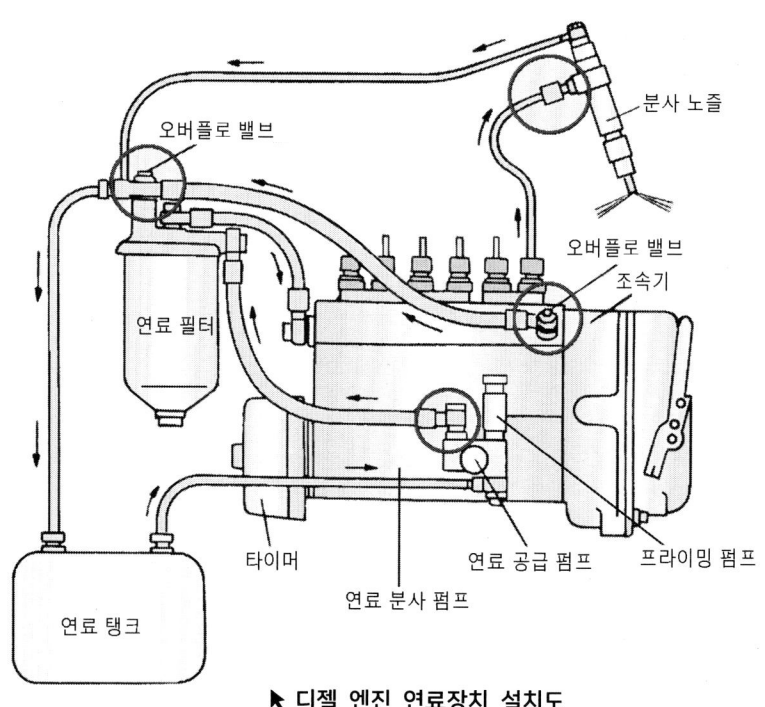

▶ 디젤 엔진 연료장치 설치도

(2) 연료 필터 카트리지의 교환

① 카트리지형 연료 필터를 교환할 때는 연료 공급 호스와 리턴 호스를 필터에서 분리한 후 플러그로 호스를 막는다.

② 수분 위치 센서가 있는 경우에는 센서 커넥터를 분리한다.

③ 카트리지 필터를 교환할 때는 필터 렌치를 사용하여 연료 필터를 분리한다. 필터 렌치는 여러 종류가 있으나 벨트형 필터 렌치를 사용하며, 연료 필터의 직경에 따라 벨트의 길이를 적절하여 조절하여야 한다. 길이가 너무 길거나 짧으면 벨트가 미끄러져서 필터가 분리되지 않는다. 또 필터 렌치의 회전방향에 주의하여야 한다.

④ 연료 필터를 분리할 때는 연료가 많이 흘러내리므로 필터 하단에 연료통이나 헝겊, 티슈 등으로 받친 다음 분리하며, 연료가 흐르면 즉시 닦아낸다.

⑤ 신품 필터에 깨끗한 연료를 가득 채워준다. 필터를 조립할 때는 필터 상단의 홈에서 패킹이 빠져나오지 않도록 주의하면서 조립한다. 패킹에 약간의 연료를 바른 다음 조립하면 쉽게 조립할 수 있다.

▶ 연료 필터 카트리지 교환

▶ 벨트형 필터 렌치 사용

※ 1. 엔진을 시동하여 2~3분간 저속 공회전 시킨 후 누유를 확인한다.
　 2. 연료 계통의 공기가 들어 있으면 연료 탱크의 보급만으로 엔진 시동이 되지 않는다. 공기빼기 요령에 따라 공기빼기를 실시한 후 시동한다.

2 연료장치 공기빼기

디젤 엔진은 무기 분사법을 사용하기 때문에 연료 계통에 공기가 들어가면 시동이 안되거나 시동이 되어도 엔진의 회전상태가 고르지 않고 진동이 심하게 된다. 이러한 현상이 발생되면 연료 계통 내에 공기빼기를 실시해야 하며, 원활한 엔진의 작동을 위해서는 연료 계통에 공기가 유입되지 않도록 관리하여야 한다. 특히 연료 계통을 정비했거나 연료 탱크 내에 연료가 없었을 경우에는 반드시 공기빼기를 해야 한다.

(1) 공기빼기 작업을 실시해야 하는 경우

① 연료 탱크의 연료가 결핍되어 보충한 경우
② 연료 필터의 교환이나 연료 분사 펌프를 탈·부착한 경우
③ 연료 호스나 파이프 등을 교환한 경우

(2) 수분 배출형 연료 필터 공기빼기 절차

① 연료 탱크에 연료가 충분한지 확인한다.

② 연료 필터 상단의 공기빼기 나사(에어 벤트 플러그)를 약간 풀어 준다.

③ 공기빼기 나사 구멍의 주위를 헝겊 등으로 덮어서 연료가 흐르지 않도록 한 다음 플러그 구멍에서 기포가 나오지 않을 때까지 핸드 펌프(프라이밍)의 작동을 반복한 후 공기빼기 나사를 잠근다.

④ 핸드 펌프의 작동이 무거워질 때까지 반복한다.

⑤ 공기빼기 나사를 확실하게 조인다.

⑥ 시동키를 돌려 엔진을 시동한다.

▶ 수분 배출형 연료 필터 공기빼기

(3) 연료 공급 펌프(핸드 펌프) 부착형 공기빼기 절차

1) 저압라인 및 연료 필터 공기빼기

저압라인의 공기빼기는 연료 탱크에서부터 연료 여과기, 연료 분사 펌프까지 이르는 연료 계통에서 공기빼기를 실시한다.

① 연료 탱크에 연료가 충분한지 확인한다.
② 연료 여과기 상단의 공기 배출 나사를 1 ~ 2회전 돌려 푼다.
③ 분사 펌프 측면에 부착된 연료 공급 펌프의 핸드 펌프를 이완시킨 다음, 핸드 펌프를 수회 작동하여 연료 압을 채운다.
④ 핸드 펌프(프라이밍)의 손잡이를 작동시켜 공기빼기 나사에서 분출되는 연료에 기포가 보이지 않을 때까지 작동하여 공기를 배출한다.
⑤ 공기가 완전히 배출되면 공기빼기 나사를 조인다.
⑥ 핸드 펌프(프라이밍)의 손잡이를 수회 작동하여 연료 압을 채운 다음 손잡이를 눌러서 잠근다.
⑦ 시동을 걸어 엔진 회전이 정상적인가 점검하고 연결부의 이완으로 연료가 누출되면 단단히 조인다.
⑧ 각 부품에 흘러내린 연료를 닦아낸다.

▶ 연료 공급 펌프 부착형 공기빼기

2) 고압라인의 공기빼기

고압라인의 공기빼기는 연료 분사 펌프에서 고압 파이프를 거쳐 분사 노즐(인젝터)까지의 연료 계통에서 공기빼기를 실시하는 것으로 저압라인의 공기빼기를 실시한 다음 엔진을 시동했을 때 시동이 걸리지 않을 경우에 엔진을 크랭킹 하면서 실시한다.

① 분사 노즐 상단의 분사 파이프 고정 너트를 풀고 엔진을 크랭킹 하면서 고압라인의 공기빼기를 실시한다.(렌치 규격 : 17mm)
② 엔진이 시동하고 부드럽게 작동할 때까지 한 번에 한 라인의 공기빼기를 한 다음, 엔진이 시동되면 고압 파이프의 고정 너트를 조인다.
③ 각 부품에 흘러내린 연료를 닦아낸다.

> ※ 1. 고압은 인체에 접촉 시 피부를 손상시킬 수 있으므로 주의한다.
> 2. 엔진을 시동하고 엔진이 부드럽게 작동할 때까지 한 번에 한 라인의 공기빼기를 한다.
> 3. 시동모터를 이용해 연료 계통의 공기빼기를 할 때 한 번에 30초 이상을 넘지 않도록 한다.

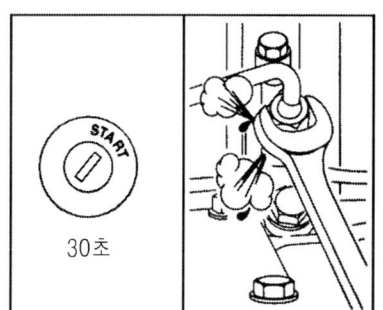
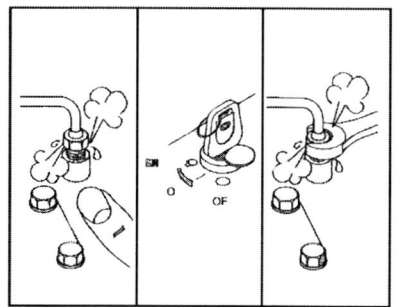

▶ 고압라인 공기빼기

02 전기장치

1. 기동전동기
2. 발전기
3. 축전지
4. 전기회로

1. 기동전동기

1 기동 전동기 분해·조립

(1) 기동 전동기 분해

▶ 기동 전동기 분해도

① 마그네트(솔레노이드)의 M단자에서 케이블을 분리한다.
② 마그네트를 고정하는 2개의 스크루를 제거한다.
③ 마그네트와 스프링, 플런저를 제거한다. 이때 스프링이 휘지 않도록 주의한다.
④ 조립할 때 위치 확인을 위해 요크와 하우징에 위치 표시를 한다.

⑤ 기동 전동기를 받침대에 세우고 리어 하우징과 요크를 고정하는 2개의 긴 볼트를 제거한다.
⑥ 리어 하우징에서 브러시 홀더를 고정하는 2개의 스크루를 제거한다.
⑦ 리어 하우징을 분해한다.
⑧ 브러시 홀더와 요크를 분해한다.
⑨ 전기자를 분해한다.
⑩ 프런트 하우징에서 감속기어 축을 고정하는 키를 분해한다.
⑪ 프런트 하우징 고정 볼트를 풀고 프런트 하우징을 분해한다.
⑫ 감속기어와 오버런닝 클러치 레버를 분해한다.

(2) 기동 전동기 조립

1) 분해의 역순으로 실시한다.

※ 오버런닝 클러치 레버의 가이드 부시의 위치가 바뀌지 않도록 주의한다.
※ 브러시 홀더를 정류자에 조립할 때는 브러시 스프링을 들어 올리고 브러시 측면에 고정시켜야 쉽게 조립이 된다.
※ 마그네트와 스프링, 플런저를 조립할 때는 스프링이 휘지 않도록 주의한다.

2 기동 전동기 전압강하 검사

시험을 시행하기 전에 축전지의 충전상태를 점검한다. 측정 조건은 축전지 전압이 13.5V 이상 또는 시동 스위치 1단에서 12.5V 이상인 경우에서 시험을 실시하여야 한다.

① 멀티 테스터를 준비한다.
② 엔진의 보닛을 열고 연료 분사 펌프에서 연료 차단 솔레노이드 스위치 커넥터를 분리하거나, 회로로 관련된 퓨즈를 제거하여 시동이 걸리지 않도록 한다.
③ 멀티 테스터의 선택 스위치를 직류(DCV)에 위치한 다음 적색 점검봉을 축전지의 (+) 단자에, 흑색 점검봉을 (−) 단자에 연결한다.
④ 시동 스위치를 ON 위치로 하여 엔진을 3초 정도 크랭킹한다. 이때 멀티 테스터의 LED 창에 나타나는 가장 낮은 측정값을 읽는다. MIN/MAX 버튼을 눌러 MIN 선택 후 측정하면, 쉽게 측정값을 읽을 수 있다.
⑤ 이때 축전지가 방전될 수 있으므로 5초 이상 크랭킹 하지 않는다.
⑥ 측정값이 9.6V 이하인 경우에는 축전지를 완전 충전 후에 시험을 다시 실시한다. 다시 측정한 측정값이 9.6V 이하인 경우에는 축전지의 상태가 불량하므로 축전지를 신품으로 교환하여야 한다.

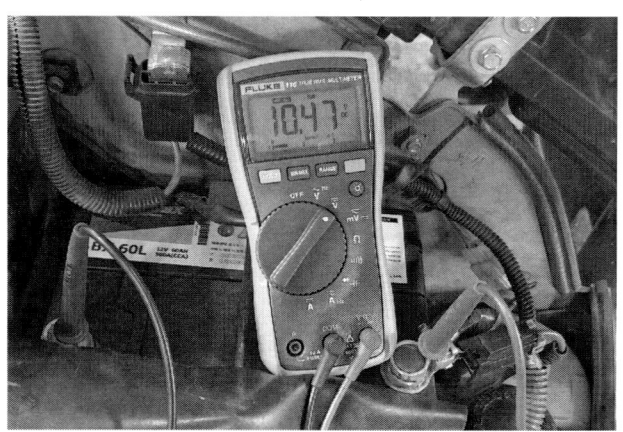

▶ 기동 전동기 전압 강하 점검

실기시험 답안지 작성방법

A. 요구사항

※ 주어진 건설기계의 기동 전동기에서 전압 강하 시험을 하여 기록표에 기록하시오.

[전기2 기동전동기 점검]

측정 항목	① 측정(또는 점검)		② 판정 및 정비(또는 조치) 사항		득점
	측정값	규정(정비한계)값	판정 (□에 "✔" 표시)	정비 및 조치할 사항	
기동전동기 전압강하	9.5V	10.2V 이상	□ 양호 ☑ 불량	축전지 충전 후 재점검	

비 번호		감독위원 확　인	

※ 시험위원이 지정하는 부위를 측정하고, 단위가 누락되거나 틀린 경우 오답으로 채점함.

B. 답안지 작성 방법

① **측정값** : 수검자가 기동 전동기의 전압 강하를 측정하고 측정값을 기록한다. 이때 반드시 단위를 기록해야 한다.(예 ; 9.5V)

② **규정값** : 제시된 규정(정비한계)값을 기록한다. (예 ; 10.2V 이상)

③ **판　정** : 규정값과 측정값을 비교하여 수검자가 판정하여 표시한다.
　　　　　(예 ; □ 양호, 　□ 불량에 "✔" 표시)

- 양호 : 측정값이 제시된 규정값의 범위에 있는 경우
- 불량 : 측정값이 제시된 규정값의 범위를 벗어난 경우

④ **정비 및 조치할 사항**

- 양호한 경우 : 정비 및 조치사항 없음
- 불량한 경우 : 결함 원인에 대한 조치사항을 기록한다.
  - 측정값이 만약 9.6V 이상 10.2V 이하인 경우 : 축전지를 완전 충전 후 재측정
  - 재측정 후 측정값이 9.6V 이하인 경우 : 축전지 신품으로 교환

※ 정비 및 조치사항에 결함 내용을 해결(기록)한 다음에는, 반드시 이상 유무를 확인해야 하므로 재점검(재측정)을 기록하여야 한다.

3 기동 전동기 전류소모 검사

시험을 시행하기 전에 축전지의 충전상태를 점검한다. 측정 조건은 축전지 전압이 13.5V 이상 또는 시동 스위치 1단에서 12.5V 이상인 경우에서 시험을 실시하여야 한다.

① 멀티 테스터와 후크 미터(전류계)를 준비한다.

▶ 기동 전동기 전압 강하 점검

② 엔진의 보닛을 열고 연료 분사 펌프에서 연료 차단 솔레노이드 커넥터를 분리하거나, 회로에 관련된 퓨즈를 제거하여 시동이 걸리지 않도록 한다.
③ 멀티 테스터의 선택 스위치를 직류(DC)로 위치한 다음 적색 점검봉을 축전지의 (+) 단자에, 흑색 점검봉을 (-) 단자에 연결한다.
④ 후크 스위치를 눌러 LED 창이 잘 보이도록 축전지의 (+) 단자에 후크를 걸어 놓는다. 후크 미터의 선택스위치를 A(전류)에 위치한 다음, AC/DC 버튼을 눌러 DC를 확인하고, MIN/MAX 버튼을 눌러 MAX 위치를 확인한다. 이때 전류계에는 전류의 흐름 방향이 픗히되어 있으므로 설치 방향에 주의한다.
⑤ 시동 스위치를 ON 위치로 하여 엔진을 3초 정도 크랭킹한다. 이때 축전지가 방전될 수 있으므로 5초 이상 크랭킹 하지 않는다.
⑥ 엔진을 크랭킹하는 순간 멀티 테스터기의 전압이 10.2V ~ 10.4V일 때 후크 미터(전류계)의 LED창에 나타나는 측정값을 읽는다. MAX 버튼을 선택한 경우에는 LED 창에 나타나는 측정값을 읽으면 된다.
⑦ 규정 값은 축전지 용량의 3배이므로 65AH의 축전지라면 195A 이하가 규정 값이다. 측정값이 규정 값보다 낮을 경우에는 정상이며, 규정 값보다 높게 나오면 기동전동기의 불량이므로 기동전동기를 신품으로 교환하여야 한다.

실기시험 답안지 작성방법

A. 요구사항

※ 주어진 건설기계의 기동 전동기에서 전류 소모 시험을 하여 기록표에 기록하시오.

[전기2 기동전동기 점검]

측정 항목	① 측정(또는 점검)		② 판정 및 정비(또는 조치) 사항		득점
	측정값	규정(정비한계)값	판정 (□에 "✔" 표시)	정비 및 조치할 사항	
비 번호			감독위원 확 인		
전류 소모 시험	242A	195A 이하	□ 양호 ☑ 불량	기동 전동기 교환 후 재점검	

※ 시험위원이 지정하는 부위를 측정하고, 단위가 누락되거나 틀린 경우 오답으로 채점함.

B. 답안지 작성 방법

① **측정값** : 수검자가 기동 전동기의 전류 소모를 측정하고 측정값을 기록한다. 이때 반드시 단위를 기록해야 한다.

　　　　　(예 ; 242A)

② **규정값** : 제시된 규정(정비한계)값을 기록한다. (예 ; 195A 이하)

③ **판　정** : 규정값과 측정값을 비교하여 수검자가 판정하여 표시한다.

　　　　　(예 ; □ 양호,　□ 불량에 "✔" 표시)

　• 양호 : 측정값이 제시된 규정값의 범위에 있는 경우
　• 불량 : 측정값이 제시된 규정값의 범위를 벗어난 경우

④ **정비 및 조치할 사항**

　• 양호한 경우 : 정비 및 조치사항 없음
　• 불량한 경우 : 결함 원인에 대한 조치사항을 기록한다.

　　　　　(예 ; 기동 전동기 신품 교환 후 재점검)

※ 정비 및 조치사항에 결함 내용을 해결(기록)한 다음에는, 반드시 이상 유무를 확인해야 하므로 재점검(재측정)을 기록하여야 한다.

4 마그네틱(솔레노이드) 스위치 검사

(1) 풀인(Pull-in) 코일 시험

① 기동 전동기를 움직이지 않도록 바이스에 고정한다.
② 기동 전동기의 계자 코일과 마그네틱 스위치를 연결하는 M단자에서 배선을 분리한다.
③ 24V의 축전지와 점프 선을 준비한다. 점프 선은 과전류가 흐르므로 두꺼운 케이블을 사용한다.
④ 점프 선을 이용하여 축전지의 (−) 단자를 기동 전동기의 몸체에 연결한 다음 연결선을 이용하여 기동 전동기의 몸체에 연결된 (−) 선을 M단자를 연결한다. 축전지의 (+) 단자를 S단자에 연결한다.
⑤ 기동 전동기의 피니언 기어가 밖으로 튀어나오면 풀인 코일은 양호한 상태이며, S단자에서 (+)선을 제거했을 때 피니언 기어가 복귀하면 정상이다.
⑥ 이때 M단자와 S단자 사이가 가까우므로 접촉에 의한 스파크가 발생되지 않도록 주의하여야 한다. 이 시험은 마그네트의 가는 코일에 많은 전류가 흐르게 되므로 코일의 손상이 발생될 수 있기 때문에 10초 이내로 시행하여야 한다.
⑦ 피니언 기어가 튀어나오지 않는다면 불량이므로 마그네트(솔레노이드) 스위치를 교환하여야 한다.

▶ 마그네트 풀인 코일 시험

(2) 홀드인(Hold-in) 코일 시험

① 기동 전동기를 움직이지 않도록 바이스에 고정한다.

② 기동 전동기의 계자 코일과 마그네틱 스위치를 연결하는 M단자에서 배선을 분리한다.

③ 24V의 축전지와 점프 선을 준비한다. 점프 선은 과전류가 흐르므로 두꺼운 케이블을 사용한다.

④ 마그네틱 스위치의 S단자에 (+)선을 연결한 다음 M단자에 (-)선을 연결한다. 기동 전동기의 피니언 기어가 밖으로 튀어나온 상태를 유지하고 M단자에서 축전지의 (-)선을 제거했을 때 피니언 기어가 복귀하지 않고 그대로 정지되어 있으면 정상이다.

⑤ 이때 M단자와 S단자 사이가 가까우므로 접촉에 의한 스파크가 발생되지 않도록 주의하여야 한다. 홀드인 코일 시험 또한 마그네트의 가는 코일에 많은 전류가 흐르게 되므로, 코일의 손상이 발생될 수 있기 때문에 10초 이내로 시행하여야 한다.

⑥ 피니언 기어가 정지하지 않고 안쪽으로 복귀하면 불량이므로 마그네트(솔레노이드) 스위치를 교환하여야 한다.

▶ 마그네트 홀드인 코일 시험

실기시험 답안지 작성방법

A. 요구사항

※ 주어진 건설기계의 기동 전동기에서 전자석 스위치(마그네틱 스위치)의 풀인과 홀드인 시험을 하여 기록표에 기록하시오.

[전기2 기동전동기 점검]

측정 항목	① 측정(또는 점검)		② 판정 및 정비(또는 조치) 사항		득점
	측정값	규정(정비한계)값	판정 (□에 "✔" 표시)	정비 및 조치할 사항	
풀인 시험	☑ 양호 □ 불량		□ 양호 ☑ 불량	마그네트 교환 후 재점검	
홀드인 시험	□ 양호 ☑ 불량				

※ 시험위원이 지정하는 부위를 측정하고, 단위가 누락되거나 틀린 경우 오답으로 채점함.

B. 답안지 작성 방법

① **측정값** : 수검자가 기동 전동기 마그네트의 풀인, 홀드인 시험을 하고 양호, 불량을 판단하고 기록한다.

　　　　(예 ; ☑ 양호 □ 불량)

② **판 정** : 시험결과를 수검자가 판정하여 표시한다.

　　　　(예 ; □ 양호 ☑ 불량)

- 양호 : 풀인, 홀드인 시험 모두가 양호한 경우
- 불량 : 풀인, 홀드인 시험 중 하나라도 불량인 경우

③ **정비 및 조치할 사항**

- 양호한 경우 : 정비 및 조치사항 없음
- 불량한 경우 : 결함 원인에 대한 조치사항을 기록한다.

　　　　(예 ; 마그네트 교환 후 재점검)

2. 발전기

1 발전기 분해 · 조립

(1) 발전기 분해

① 진공 펌프를 분해한다.
② 발전기를 받침대에 세우고 프런트 하우징과 리어 하우징을 고정하는 3개의 볼트를 제거한다.
③ 리어 하우징에서 핀으로 브러시를 고정한다.
④ (-) 드라이버로 프런트 하우징과 스테이터 코일의 틈을 벌린 다음, 로터 코일과 스테이터 코일을 분리한다.
⑤ 리어 하우징에서 B단자 고정너트를 분리한다.
⑥ 리어 하우징에서 스테이터 코일을 조심해서 벌리고 브러시 홀더를 제거한다.
⑦ 2개의 고정 볼트를 풀고 스테이터와 함께 정류기를 분리한다.
⑧ 납땜인두로 정류기에서 스테이터 코일을 분리한다.

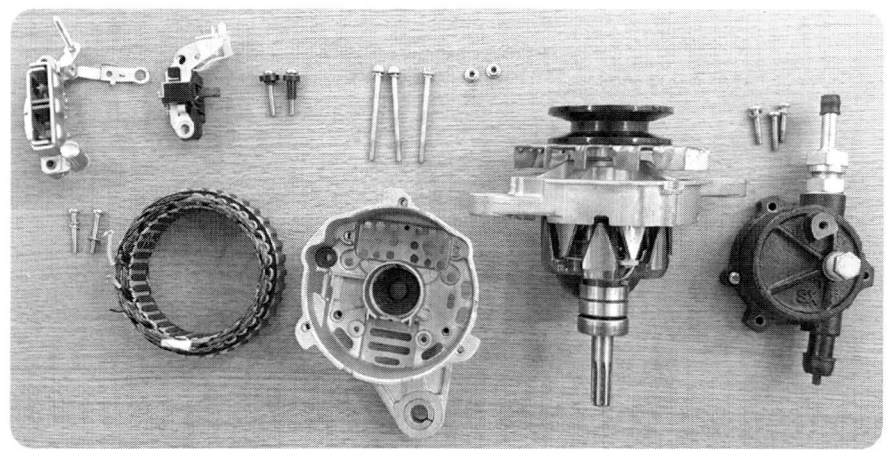

▶ 발전기 분해도

(2) 발전기 조립

① 조립은 분해의 역순으로 실시한다.

> ※ 브러시 홀더를 조립할 때 절연체가 파손되지 않도록 주의한다.
> ※ 로터 코일과 스테이터 코일을 조립할 때 브러시가 움직이지 않도록 핀으로 고정하여야 한다.

2 발전기 검사

(1) 발전기 출력 전압 검사

① 멀티 테스터를 준비한다.
② 축전지의 덮개를 열고 멀티 테스터의 선택 스위치를 직류(DC)에 위치한 다음 적색 점검봉을 축전지의 (+) 단자에, 흑색 점검봉을 (-) 단자에 연결한다.
③ 시동 스위치를 ON 위치로 하여 엔진을 시동한다. 이때 멀티 테스터의 LED 창에 나타나는 측정값을 읽는다.
④ 측정 전압이 13.5V ~ 14.5V 이면 정상이다. 만약 13.0V 이하의 전압이 측정된다면 발전기에서 나오는 전압이 아닌 축전지의 전압이 측정되는 것이다. 측정 전압이 규정값 이하인 경우에는 발전기의 (+) 단자가 이탈되었거나, 발전기 "L" 단자 커넥터가 이탈되어 있는 경우가 있으므로 확인 후에 다시 측정한다.
⑤ 회로에 이상이 없는데 측정 전압이 부족하게 나온다면 발전기의 불량이므로 발전기를 신품으로 교환하여야 한다.

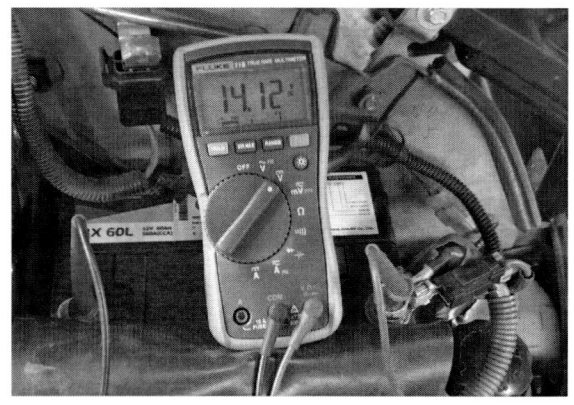

▶ 발전기 출력 전압 검사

실기시험 답안지 작성방법

A. 요구사항

※ 주어진 발전기에서 출력 전압 시험을 하여 기록표에 기록하시오.

[전기2 발전기 점검]

측정 항목	① 측정(또는 점검)		② 판정 및 정비(또는 조치) 사항		득점
	측정값	규정(정비한계)값	판정 (□에 "✔" 표시)	정비 및 조치할 사항	
발전기 출력 전압	12.6V	13.5~13.8V	□ 양호 ☑ 불량	- 발전기 L단자 커넥터 연결 후 재점검 - 발전기 B+ 단자 배선 연결 후 재점검	

※ 시험위원이 지정하는 부위를 측정하고, 단위가 누락되거나 틀린 경우 오답으로 채점함.

B. 답안지 작성 방법

① **측정값** : 수검자가 발전기의 출력 전압을 측정하고 측정값을 기록한다. 이때 반드시 단위를 기록해야 한다.

　　　　(예 ; 12.6V)

② **규정값** : 제시된 규정(정비한계)값을 기록한다.

　　　　(예 ; 13.5 ~ 13.8V)

③ **판　정** : 규정값과 측정값을 비교하여 수검자가 판정하여 표시한다.

　　　　　(예 ; □ 양호,　□ 불량에 "✔" 표시)

　• 양호 : 측정값이 제시된 규정값의 범위에 있는 경우
　• 불량 : 측정값이 제시된 규정값의 범위를 벗어난 경우

④ **정비 및 조치할 사항**

　• 양호한 경우 : 정비 및 조치사항 없음
　• 불량한 경우 : 결함 원인에 대한 조치사항을 기록한다.
　　　　　(예 ; 발전기 L단자 커넥터 연결 후 재점검, 발전기 교환 등)

(2) 발전기 출력 전류 검사

① 멀티 테스터와 후크 미터(전류계)를 준비한다.
② 축전지의 덮개를 열고 멀티 테스터의 선택 스위치를 직류(DC)에 위치한 다음, 적색 점검봉을 축전지의 (+) 단자에, 흑색 점검봉을 (-) 단자에 연결한다.
③ 후크 스위치를 눌러 LED 창이 잘 보이도록 축전지의 (+)단자와 발전기의 B단자를 연결하는 전선에 후크를 걸어 놓는다. 이때 전류계에는 전류의 흐름 방향이 표시되어 있으므로 설치 방향에 주의한다. 후크 미터의 선택스위치를 A(전류)에 위치한 다음, AC/DC 버튼을 눌러 DC를 확인한다.
④ 시동 스위치를 ON 위치로 하여 엔진을 시동하고, 전류이 소모를 위해 전조등을 작동하여 방전 조건을 설정한다.
⑤ 멀티 테스터기에 나타나는 전압이 13.8V일 때 후크 미터(전류계)의 LED 창에 나타나는 측정값을 읽는다. 후크 미터에 Hold 버튼이 있는 경우에는 멀티 테스터의 전압이 13.8V일 대 후크 미터의 Hold 버튼을 누르면 쉽게 측정할 수 있다.
⑥ 출력전압이 13.0V 이하이면 후크 미터의 전류값은 (-)가 표시된다. 이때는 축전지가 충전되지 않는 상태이므로 충전회로를 점검하여야 한다. 충전회로가 이상이 있는 경우에는 결함이 있는 부품을 확인하여 정비하고, 충전회로가 이상이 없는 경우라면 발전기 문제이므로 발전기를 교환한다.
⑦ 측정값이 규정값보다 높게 나온다면 발전기의 불량이므로 발전기를 신품으로 교환하여야 한다.

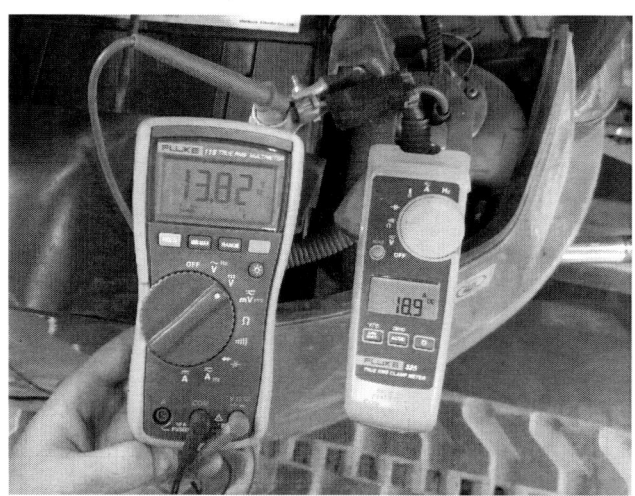

▶ 발전기 출력 전류 검사

실기시험 답안지 작성방법

A. 요구사항

※ 주어진 발전기에서 출력 전류 시험을 하여 기록표에 기록하시오.

[전기2 발전기 점검]

측정 항목	① 측정(또는 점검)		② 판정 및 정비(또는 조치) 사항		득점
	측정값	규정(정비한계)값	판정 (□에 "✔" 표시)	정비 및 조치할 사항	
발전기 출력전류	-3.7A	10~15A	□ 양호 ☑ 불량	발전기 L단자 커넥터 연결 후 재점검	

비 번호: / 감독위원 확 인:

※ 시험위원이 지정하는 부위를 측정하고, 단위가 누락되거나 틀린 경우 오답으로 채점함.

B. 답안지 작성 방법

① **측정값** : 수검자가 발전기의 출력 전류를 측정하고 측정값을 기록한다. 이때 반드시 단위를 기록해야 한다.
   (예 ; -3.7A)

② **규정값** : 제시된 규정(정비한계)값을 기록한다.
   (예 ; 10~15A)

③ **판 정** : 규정값과 측정값을 비교하여 수검자가 판정하여 표시한다.
   (예 ; □ 양호,   □ 불량에 "✔" 표시)
   - 양호 : 측정값이 제시된 규정값의 범위에 있는 경우
   - 불량 : 측정값이 제시된 규정값의 범위를 벗어난 경우

④ **정비 및 조치할 사항**
   - 양호한 경우 : 정비 및 조치사항 없음
   - 불량한 경우 : 결함 원인에 대한 조치사항을 기록한다.
      (예 ; 발전기 L단자 연결 후 재점검, 발전기 교환 후 재점검)

3. 축전지

1 축전지 검사

(1) 축전지 부하 시험

축전지의 부하 시험에는 비중을 측정하는 방법과 축전지에 직접 부하를 걸어 측정하는 방법이 있다.

(2) 축전지 비중 검사

1) 축전지의 비중은 비중계를 사용하여, 비중계의 점검 창에 전해액을 묻히고, 렌즈를 통해 기준값 비중이 1.260~1.280이 나오는지 검사한다.

2) 전해액 비중과 충전 및 방전 상태

전해액 비중	1.280	1.250	1.225	1.220이하	1.150	1.100이하
충전·방전상태	완전 충전	75% 충전	50% 충전	즉시 충전	25% 충전	완전 방전

3) 비중계 측정 방법

① 비중계의 앞쪽 끝이 밝은 곳을 향하도록 하고 디옵터의 조절 링으로 눈금선이 선명하게 보이도록 조정한다.
② **영점 조정** : 커버 플레이트를 열고 순정 증류수 한두 방울을 프리즘의 표면에 떨어뜨린 후 커버 플레이트를 가볍게 닫고 눌러 명암 경계선이 워터 라인과 일치하도록 조절 스크루를 조절한다.
③ 축전지의 통풍구(주입구) 마개를 개방한다.
④ 축전지 내의 전해액을 플라스틱 봉을 이용하여 채취한다.

⑤ 비중계의 플라스틱 덮개를 열고 전해액을 1방울 떨어뜨린 후 덮개를 닫는다.
⑥ 비중계를 밝은 쪽으로 향하고 렌즈를 눈에 대고 비중계의 렌즈를 통하여 농도를 점검한다.
⑦ 비중계의 좌측에 있는 눈금 중에서 밝고 어두운 부분의 경계선이 이루어지는 곳의 좌측 눈금을 읽는다. 정상 비중은 상온(20℃)에서 1.280이다.

※ 중앙의 눈금은 부동액의 비중이다.

⑧ 전해액의 비중이 낮으면 축전지를 충전하여야 한다.

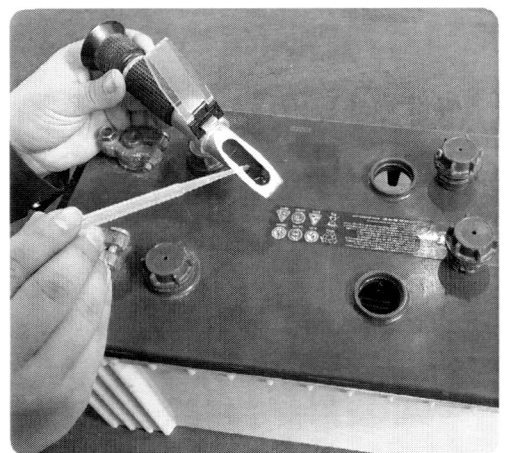 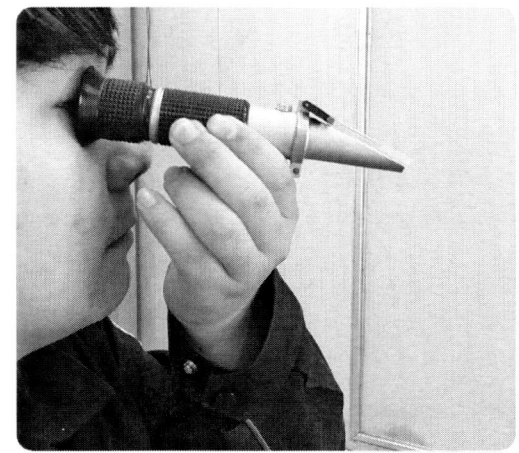

▶ 축전지 비중 점검

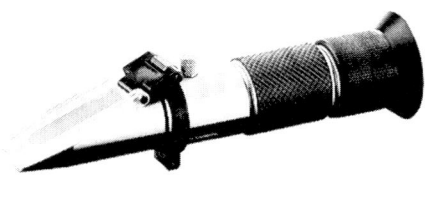

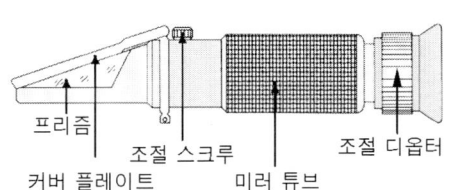

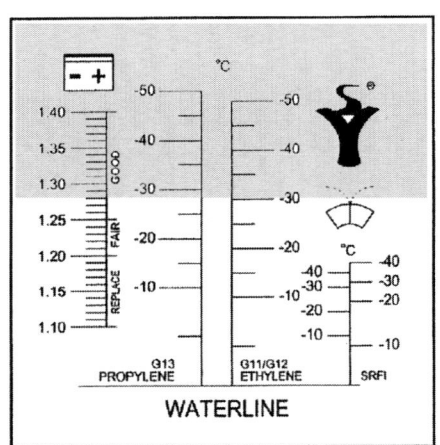

▶ 축전지 비중계와 눈금

(3) 축전지 전해액량 검사

1) 육안 검사

축전지 케이스에 표시된 최고선(upper)과 최저선(lower) 중간 부분에 있으면 정상이며, 또한 벤트 플러그 내의 확산 링을 보고 검은색과 투명한 색이 그림과 같이 보이면 정상이다.

▶ 확산 링에 의한 검사

2) 측정기 검사

전해액에 변화되지 않는 비금속성 물질(나무젓가락, 합성수지 등) 또는 유리관을 이용하여 전해액 주입구 내로 극판에 닿을 때까지 넣었다가 꺼내어 액에 잠긴 높이를 측정자로 계측한다.

※ 유리관은 윗부분의 구멍을 막고 가만히 꺼낸다.

▶ 전해액 수준 검사

3) 판정 및 조치

① **부족시** : 증류수 보충(극판산화 및 용량 감소)

② **과다시** : 흡입 튜브(스포이드)로 덜어낸다.(넘침에 의하여 자기 방전량 증대 및 차체 부식)

4) 규 정 량

① **소형(70AH이하)** : 극판 위 10 ~ 13 mm

② **대형(70AH이상)** : 극판 위 13 ~ 20 mm

▶ 증류수 보충

실기시험 답안지 작성방법

A. 요구사항

※ 주어진 건설기계의 축전지의 비중과 전해액의 높이를 점검하여 축전지의 이상 유무를 기록표에 기록하시오.

[전기2 축전지 점검]

비 번호		감독위원 확 인	

측정 항목	① 측정(또는 점검)		② 판정 및 정비(또는 조치) 사항		득점
	측정값	규정(정비한계)값	판정 (□에 "✔" 표시)	정비 및 조치할 사항	
축전지 비중	1.210	1.260~1.280	□ 양호 ☑ 불량	축전지 보충전	
전해액 높이	극판 위 8mm	극판 위 10 ~ 13mm	□ 양호 ☑ 불량	증류수 보충 후 보충전	

※ 시험위원이 지정하는 부위를 측정하고, 단위가 누락되거나 틀린 경우 오답으로 채점함.

B. 답안지 작성 방법

① **측정값** : 수검자가 축전지의 용량을 검사하고 측정값을 기록한다.

  (예 ; 1.210, 극판 위 8mm)

② **규정값** : 제시된 규정(정비한계)값을 기록한다. 이때 반드시 단위를 기록해야 한다.

  (예 ; 1.260~1.280, 극판 위 10~13mm)

③ **판 정** : 규정값과 측정값을 비교하여 수검자가 판정하여 표시한다.

  (예 ; □ 양호, □ 불량에 "✔" 표시)

- 양호 : 측정값이 제시된 규정값의 범위에 있는 경우
- 불량 : 측정값이 제시된 규정값의 범위를 벗어난 경우

④ **정비 및 조치할 사항**

- 양호한 경우 : 정비 및 조치사항 없음
- 불량한 경우 : 결함 원인에 대한 조치사항을 기록한다.

  (예 ; 축전지 비중 : 축전지 보충전, 전해액 높이 : 증류수 보충 후 보충전)

※ 비중은 75%(1.220) 이상이면 사용 가능

(4) 축전지 용량 검사

1) 축전지 용량 검사는 축전지 부하 측정기의 (+), (-) 케이블을 축전지의 (+), (-) 단자에 연결하고 부하 스위치를 조작하여 축전지의 상태를 즉시 알 수 있다.

점검 항목	측정 전압	판정	방전량	비고
축전지 용량 시험	10.8V 이상	양호	용량의 10% 이내	무부하시
	9.6V 이상	사용 가능	용량의 20% 이내	부하시
	9.6V 이하	충전 부족	용량의 20% 이상	3분 충전 후 재시험

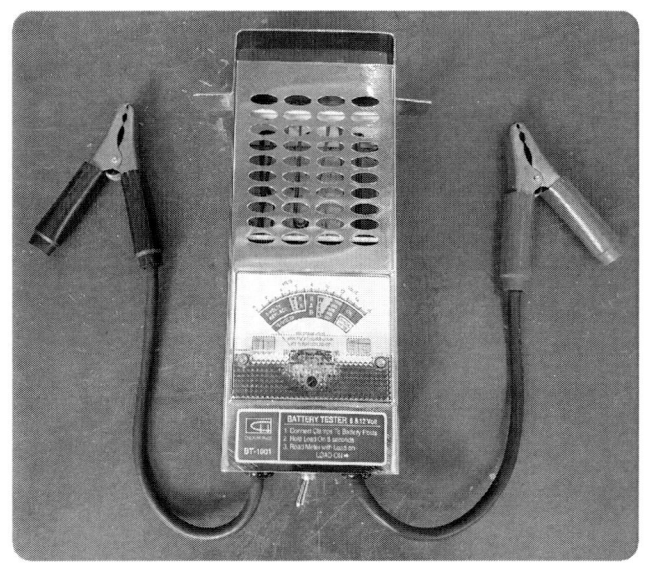

▶ 축전지 용량 시험기

2) 경부하 시험

① 전조등을 점등한 후 1분 후에 0.01V까지 읽을 수 있는 정밀한 전압계로 각 셀의 전압을 측정한다.
② 셀의 전압의 1.95V 이상이고 셀 사이의 전압차가 0.05V 이하이면 양호한 축전지이다.
③ 각 셀의 전압차가 1.95V 이하이고, 각 셀의 전압이 1.95V 또는 그 이상이라도 각 셀의 전압차가 0.05V 이상일 경우에는 불량한 축전지이다.

3) 중부하 시험

① 축전지 부하(용량) 시험기를 사용하여 측정하며, 축전지 용량의 3배 크기의 전류를 공급한 후 15초 후에 전압을 읽는다.
② 축전지 전압이 9.6V 이상이고 비중이 1.230 이상이면 양호한 축전지이다.
③ 개회로 시험은 셀당 2.15V 이상이면 양호하다고 판정한다.

4) 축전지 부하 시험기 사용법

① 축전지 부하 시험기의 (+), (−) 케이블을 축전지의 (+), (−) 단자에 연결한다.
② 부하 시험기의 녹색 바탕의 전압을 확인한다.
③ 하단의 부하 시험기를 작동하여 낮아지는 전압을 확인한다.
④ 시험기의 케이블을 제거한다.

▶ 축전지 부하(용량) 시험

실기시험 답안지 작성방법

A. 요구사항

※ 주어진 건설기계의 축전지의 용량을 점검하여 축전지의 이상 유무를 기록표에 기록하시오.

[전기2 축전지 점검]

측정 항목	① 측정(또는 점검)		② 판정 및 정비(또는 조치) 사항		득점
	측정값	규정(정비한계)값	판정 (□에 "✔" 표시)	정비 및 조치할 사항	
축전지 용량	11.8V	10.2~13.2V	☑ 양호 □ 불량	정비 및 조치사항 없음	

비 번호		감독위원 확 인	

※ 시험위원이 지정하는 부위를 측정하고, 단위가 누락되거나 틀린 경우 오답으로 채점함.

B. 답안지 작성 방법

① **측정값** : 수검자가 축전지의 용량을 검사하고 측정값을 기록한다.
　　　　(예 ; 11.8V)

② **규정값** : 제시된 규정(정비한계)값을 기록한다. 이때 반드시 단위를 기록해야 한다.
　　　　(예 ; 10.2~13.2V)

③ **판　정** : 규정값과 측정값을 비교하여 수검자가 판정하여 표시한다.
　　　　(예 ; □ 양호, □ 불량에 "✔" 표시)
　• 양호 : 측정값이 제시된 규정값의 범위에 있는 경우
　• 불량 : 측정값이 제시된 규정값의 범위를 벗어난 경우

④ **정비 및 조치할 사항**
　• 양호한 경우 : 정비 및 조치사항 없음
　• 불량한 경우 : 결함 원인에 대한 조치사항을 기록한다.
　　　　(예 ; 축전지 신품 교환)
※ 비중은 75%(1.220) 이상이면 사용 가능

4. 전기 회로

1 퓨즈 및 릴레이 점검(VOLVO 굴삭기 EW130 기준)

(1) 퓨즈 및 릴레이 장착 위치

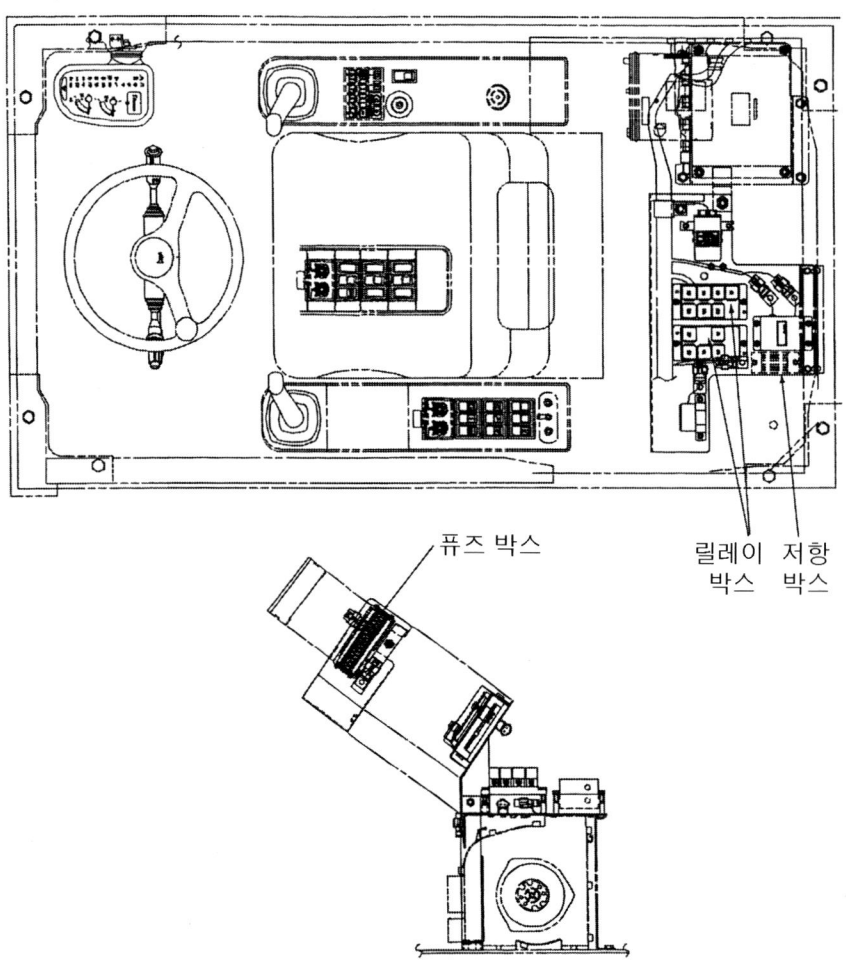

▶ 퓨즈 및 릴레이 장착 위치

(2) 퓨즈 박스

1) Fuse Box

Fuse는 과도한 전류로 인해 각 동작 부품의 손상을 방지하기 위한 부품이다. 퓨즈는 규정된 용량의 퓨즈만을 사용하여야 한다. 규정보다 큰 용량의 퓨즈를 사용하게 되면 부품의 손상을 가져올 수 있다.

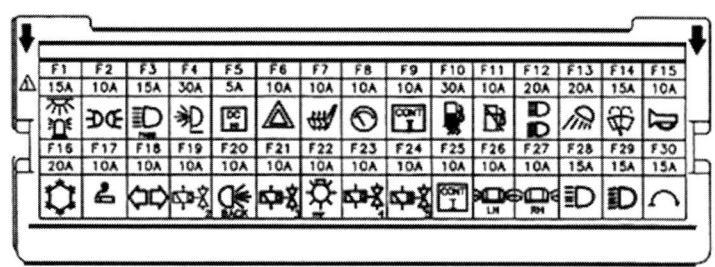

▶ 퓨즈 박스

2) Fuse 도통 검사

① 미세한 균열은 육안으로 발견하기 매우 어려우며 테스터기를 사용하는 것이 Fuse를 검사하는 좋은 방법이다.

② **디지털 테스터기로 측정할 때**

㉮ Fuse의 연결 시 저항 값은 10mΩ 이하로 도통되어야 한다.

㉯ Fuse의 단락 시 저항 값은 ∞로 표시되어야 한다.

㉰ 육안 검사 시 내부에 소손이 있을 경우 보통은 소손된 자국이 보인다.(Fuse는 일종의 주석과 납의 합금으로 탄 자국이 있을 경우 소손된 것이 보임)

3) Fuse 제원

정격 전류	색상	정격 전류	색상
1 A	검정색	10 A	적 색
3 A	보라색	15 A	담청색
4 A	분홍색	20 A	황 색
5 A	황갈색	25 A	백 색
7.5 A	갈 색	30 A	담록색

No	제원	부하명	No	제원	부하명
F1	15A	실내등, 계기판	F16	20A	에어컨
F2	10A	차폭등, 미등	F17	10A	담배 라이터
F3	15A	하이빔(패싱)	F18	10A	방향 지시등
F4	30A	미사용	F19	10A	솔레노이드 밸브(브레이커)
F5	5A	전압변환기(카세트라디오)	F20	10A	후진 경보기 및 후진등
F6	10A	비상등	F21	10A	솔레노이드 밸브(기어변속)
F7	10A	시트 히터, 비상 조향	F22	10A	정지등
F8	20A	계기판	F23	10A	솔레노이드 밸브(안전, 주차)
F9	10A	미사용	F24	10A	솔레노이드 밸브(크루즈, 승압)
F10	30A	연료 히터	F25	10A	컨트롤러(V-ECU)
F11	30A	엔진 스톱 모터	F26	10A	브레이크등, 차폭등(좌측)
F12	20A	전조등(상향등)	F27	10A	브레이크등, 차폭등(우측)
F13	20A	작업등	F28	15A	전조등(상향등)
F14	15A	하이퍼, 와이퍼	F29	15A	전조등(하향등)
F15	10A	에어 혼	F30	15A	시동 스위치

4) 슬로 블로우 퓨즈

슬로 블로우 퓨즈는 대용량의 전류가 흐를 때에 빠른 시간 내에 끊겨 부품을 보호하고, 소량의 전류가 흐를 때에는 퓨즈가 서서히 녹아 자주 퓨즈를 교환하는 불편을 해소해 준다.

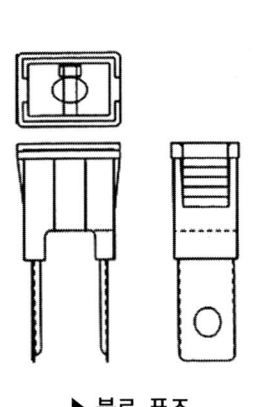

▶ 블로 퓨즈

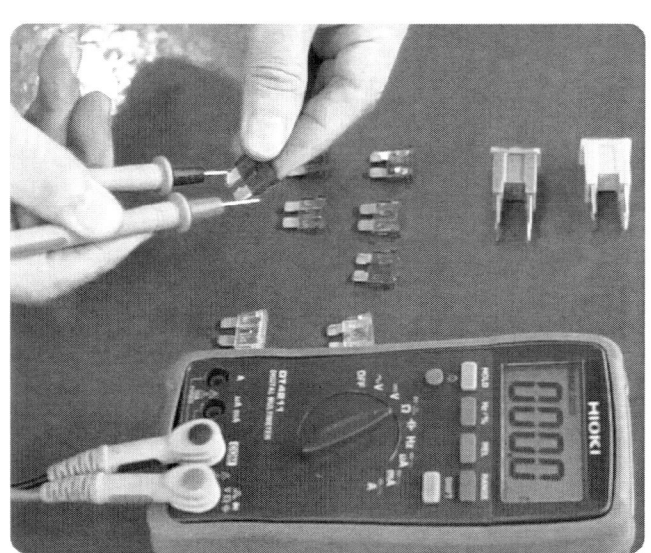

▶ 퓨즈 검사

5) 슬로 블로우 퓨즈 교환 순서

① 퓨즈 하우징을 고정시키고 있는 브래킷(8)에서 볼트(9)를 이완시키고 퓨즈 조립체를 브래킷으로부터 분리한다.
② 커버(2), 로크(3)를 약간 위로 올리고 커버(2)를 앞으로 열어준다.
③ 측면 커버(6, 7)를 드라이버를 이용하여 좌우로 벌려준다.
④ 볼트(4)를 풀어내고 배선 커넥터(5)를 분리한다.
⑤ 퓨즈(1)를 당겨 뽑아내고 신품을 끼워 넣는다.
⑥ 볼트(4)로 퓨즈(1)와 배선 커넥터(5)를 체결하고 커버(6, 7, 2)를 순서대로 닫는다.
⑦ 퓨즈 하우징이 고정되도록 브래킷(8)을 고정 홈에 위치시키고 볼트(9)를 체결한다.
※ 퓨즈의 연결이 정상인지 확인한다.

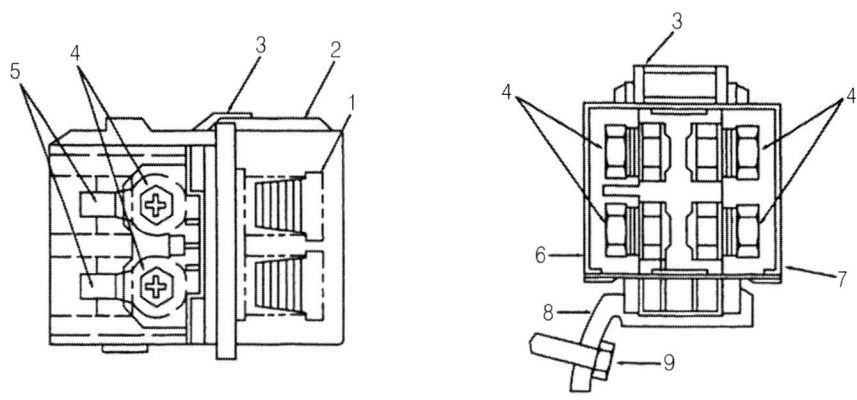

▶ 블로우 퓨즈 박스

(3) 릴레이 박스

1) 릴레이의 특징

① 릴레이 박스에서 공급된 전원을 이용하여 스위치를 작동시킴으로서 전류가 릴레이 코일로 흘러 릴레이가 구동한다.
② 릴레이에는 서지를 막기 위한 방법으로 다이오드를 코일 양단간에 넣어 줌으로서 막을 수 있고, 또한 저항을 넣는 경우가 있다.

 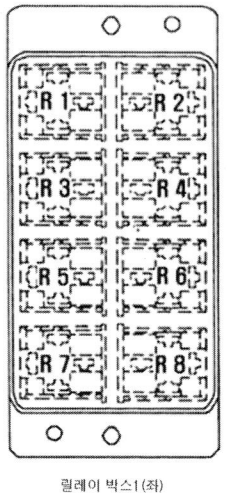 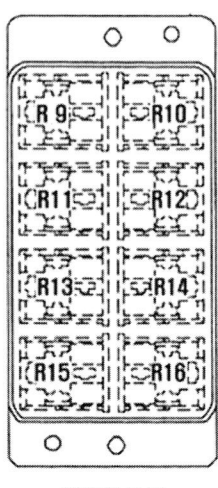

릴레이 박스1 (좌)   릴레이 박스2 (우)

▶ 릴레이 배치도

2) 릴레이 동작 원리

릴레이 동작의 핵심은 전자석을 이용한 것으로 이 릴레이 구동 전압은 각각의 릴레이마다 5V, 12V, 24V 등으로 그 릴레이의 크기나 용량에 따라 각각 다르며, 직류 전압이 걸린 코일에 형성된 기자력으로 인해 떨어져 있던 단자(스위칭 단자)가 붙게 되어 그 경로로 통해 다른(커다란) 전기 신호를 통하게 해주는 기능을 한다. 릴레이의 목적은 작은 직류 신호(배터리 등)를 사용하여 큰 전력을 공급해 주는 역할을 한다.

3) 릴레이 코드

릴레이 번호	항 목	형 식	배선도 표시
R1	후진 경보기 및 후진등	상시 개방(NO)	RE10
R2	안전작동(퀵핏, 로테이터)	상시 개방(NO)	RE22
R3	배터리 전원 차단	상시 개방(NO)	RE06
R4	방향 지시등	상시 개방(NO)	RE09
R5	작업등	상시 개방(NO)	RE11
R6	전조등	상시 개방(NO)	RE08

릴레이 번호	항 목	형 식	배선도 표시
R7	차폭등, 스위치 및 계기판 조명	상시 개방(NO)	RE07
R8	혼	상시 개방(NO)	RE14
R9	킥핏 솔레노이드 밸브	상시 개방(NO)	RE24
R10	킥핏 솔레노이드 밸브	상시 개방(NO)	RE23
R11	엔진스톱 모터	상시 개방(NO)	RE03
R12	미사용	상시 개방(NO)	–
R13	연료 히터	상시 개방(NO)	RE04
R14	합류차단 솔레노이드 밸브	상시 개방(NO)	RE20
R15	승압 솔레노이드 밸브	상시 개방(NO)	RE21
R16	크루즈 솔레노이드 밸브	상시 개방(NO)	RE12

4) 릴레이 검사 방법

① 멀티 테스터로 85번과 86번 단자를 연결했을 때 335~340Ω이 측정되면 정상이다. 400~500Ω이 측정되면 코일이 열화에 의한 불량 상태이며, 0Ω이 나타나면 저항이 단락된 것이다.

② 30번과 87a 단자를 연결했을 때 ∞가 나타나면 접점이 불량이다.

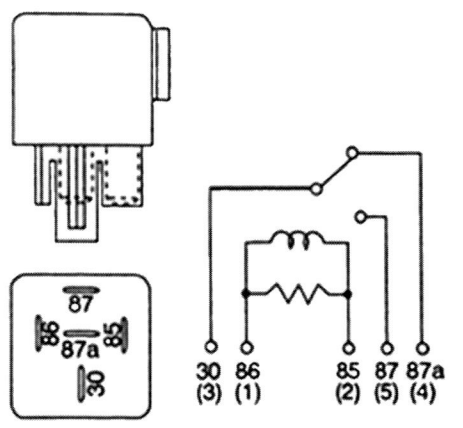
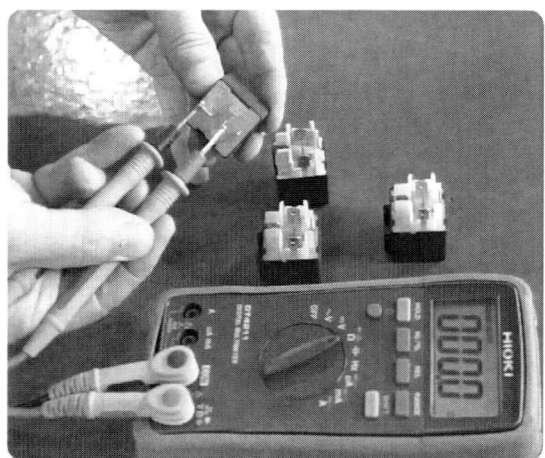

▶ 릴레이 검사

(4) 예열 플러그 저항 검사

① 멀티 테스터를 저항 위치에 두고 0점을 확인한다.
② 예열 플러그 중심의 (+)와 접지부의 저항을 측정한다.
③ 측정 저항이 3.9 ~ 4.5Ω이면 정상이다.
④ 저항이 ∞가 나타나면 단선으로 불량이다.

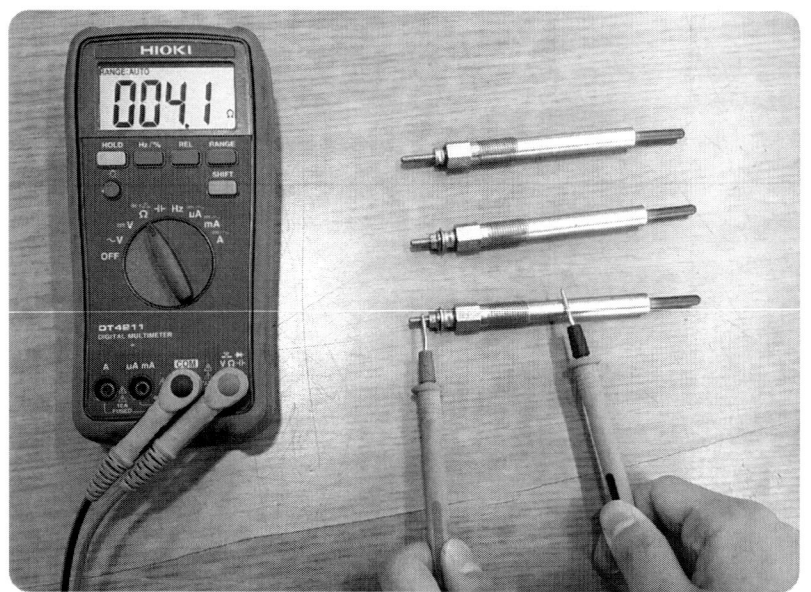

▶ 예열 플러그 저항 점검

실기시험 답안지 작성방법

A. 요구사항

※ 주어진 건설기계의 예열 플러그 저항 및 릴레이의 상태를 점검하여 기록표에 기록하시오.

[전기2 시험결과 기록표]

측정 항목	① 측정(또는 점검)		② 판정 및 정비(또는 조치) 사항		득점
	측정값	규정(정비한계)값	판정 (□에 "✔" 표시)	정비 및 조치할 사항	
저항	∞ Ω	3.9 ~ 4.5Ω	□ 양호 ☑ 불량	예열 플러그 교환 후 재점검	
릴레이	□ 양호 ☑ 불량		□ 양호 ☑ 불량	릴레이 교환 후 재점검	

비 번호 [　　] 감독위원 확인 [　　]

※ 시험위원이 지정하는 부위를 측정하고, 단위가 누락되거나 틀린 경우 오답으로 채점함.

B. 답안지 작성 방법

① **측정값** : 수검자가 예열 플러그의 저항과 릴레이를 검사하고 측정값을 기록한다. 이때 반드시 단위를 기록해야 한다.
　　　　　(예 ; 4.1Ω, ∞ Ω)

② **규정값** : 제시된 규정(정비한계)값을 기록한다.
　　　　　(예 ; 3.9 ~ 4.5Ω)

③ **판　정** : 규정값과 측정값을 비교하여 수검자가 판정하여 표시한다.
　　　　　(예 ; □ 양호, □ 불량에 "✔" 표시)

- 양호 : 측정값이 제시된 규정값의 범위에 있는 경우
- 불량 : 측정값이 제시된 규정값의 범위를 벗어난 경우

④ **정비 및 조치할 사항**
- 양호한 경우 : 정비 및 조치사항 없음
- 불량한 경우 : 결함 원인에 대한 조치사항을 기록한다.
　　　　　　(예 ; 저항이 불량일 경우 : 예열 플러그 교환 후 재점검)
　　　　　　(예 ; 릴레이가 불량일 경우 : 릴레이 교환 후 재점검)

2 전조등 회로 점검(VOLVO 굴삭기 EW130 기준)

(1) 전조등 작동회로

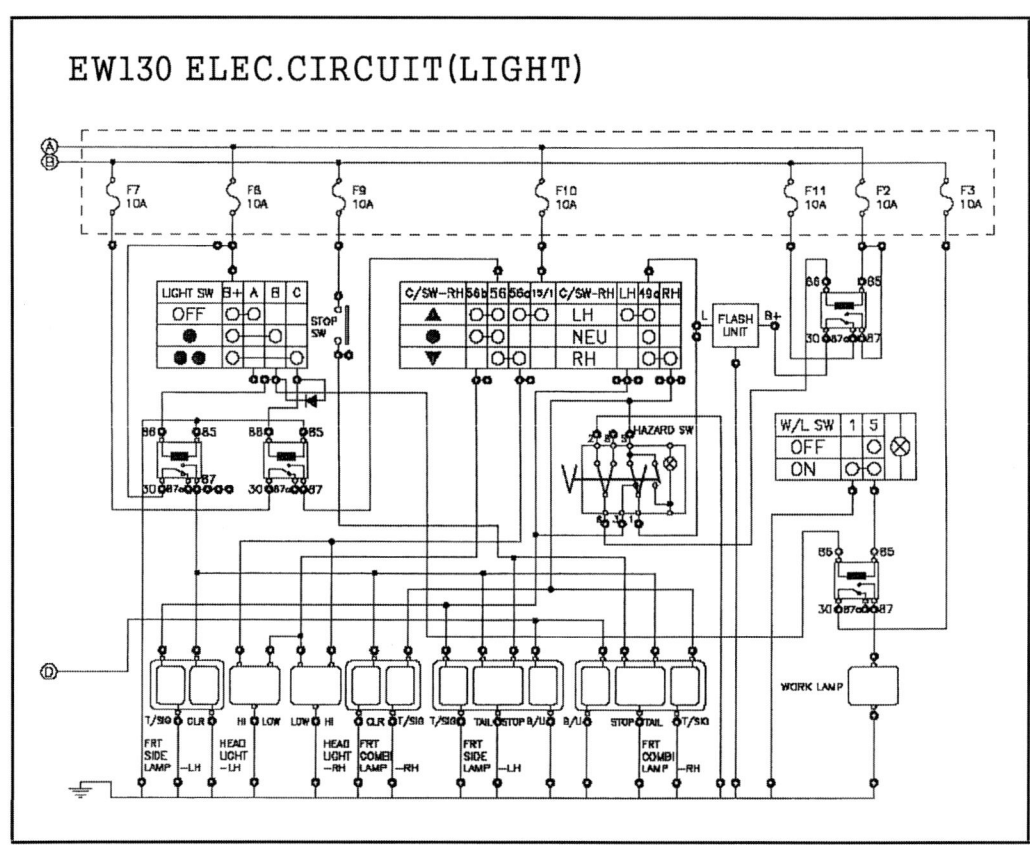

▶ 전조등 회로도

1) 라이트 스위치 1단 동작

라이트 스위치를 1단으로 놓으면 전류는 F8 Fuse → 라이트 스위치 B+ → 라이트 스위치 B 단자를 통하여 라이트 1단 릴레이가 구동되고 F7 Fuse를 통해 전압이 공급되어 각종 스위치의 미등, 프런트 콤비네이션 램프의 Clearance 램프 및 리얼 콤비네이션 램프의 Clearance 램프를 점등시키며, 또 한편으로 클러스터의 미등까지 전원을 공급하여 모든 미등을 작동시킨다.

2) 라이트 스위치 2단 동작

① 라이트 스위치를 2단 위치에 놓으면 전류는 F8 Fuse → 라이트 스위치 B+ 단자 → 라이트 스위치 C단자 → 라이트 2단 릴레이 86번 단자 → 릴레이 85번 단자 → 접지를 통하여 라이트 2단 릴레이를 작동시킨다.

② 라이트 2단 릴레이가 작동되면 전류는 F7 Fuse → 라이트 릴레이 30번 단자 → 라이트 릴레이 87번 단자 → 콤비네이션 스위치 56번 단자 → 좌측 프런트 콤비네이션 램프의 로우 빔 램프, 우측 프런트 콤비네이션 램프의 하이 빔 램프 → 접지를 통하여 램프를 점등시킨다.

3) 로우, 하이 빔 스위치 동작

① 라이트 스위치 OFF 위치에서 ▼ 동작시키면 라이트 스위치에서 전압이 차단되므로 점등되는 램프는 없다.

② 라이트 스위치 1단 위치에서 ▲ 동작시키면 전류는 F10 Fuse → 콤비네이션 스위치 15/1번 단자를 거쳐 콤비네이션 스위치 56b 단자를 통하여 로우 빔 램프만 점등시킨다.

③ 라이트 스위치 2단 위치에서 ▲ 동작시키면 전압은 F10 Fuse를 거쳐 헤드램프 릴레이 30번 단자에서 라이트 릴레이 87번 단자로 전압이 공급되고, 콤비네이션 스위치 56번 단자를 통하여 로우 빔 램프를 점등시키고, 또 다른 한편으로는 Fuse를 통해 공급되는 전압은 콤비네이션 스위치 15/1번 단자에서 콤비네이션 스위치 56c번 단자를 통하여 하이 빔 램프를 점등시킨다.

4) 비상 스위치 1단 동작

비상 스위치를 ON 위치에 놓으면, 전류는 F2 Fuse → 플래셔 유니트 B+ 단자 → 플래셔 유닛 L 단자 → 비상 스위치 1단자 → 비상 스위치 5단자를 통해 LH, RH에 동시에 전류를 공급하여 프런트 및 리어 콤비네이션 램프의 좌·우측 Turn Signal 램프 → 좌·우측의 Side Turn Signal 램프를 점멸시킨다.

F2 Fuse에서 비상등 릴레이 85번에서 86번으로 공급되는 전류를 비상 스위치에서 접지시켜 주어 릴레이를 구동하므로 위 동작이 일어난다.

5) 작업등(WORK LAMP) 스위치 동작

이 스위치는 라이트 스위치가 작동된 상태에서 전류를 공급받아 작업등을 작동시키는 회로로 F3 Fuse에서 작업등 릴레이 30번 단자로 전류가 공급되고, 작업등 스위치를 작동시키면 87번 접점으로 전류가 나와 Work Lamp를 점등시킨다.

(2) 전조등 회로 점검 방법

① 전조등 s/w의 작동 여부를 확인한다.
② F29 15A 퓨즈의 단선을 점검한다.
③ 전조등 R6 릴레이를 점검한다.
④ 컴비네이션 s/w 커넥터를 점검한다.
⑤ 좌측 또는 우측 전조등의 커넥터를 점검한다.
⑥ 전조등의 전구 상태를 점검한다.

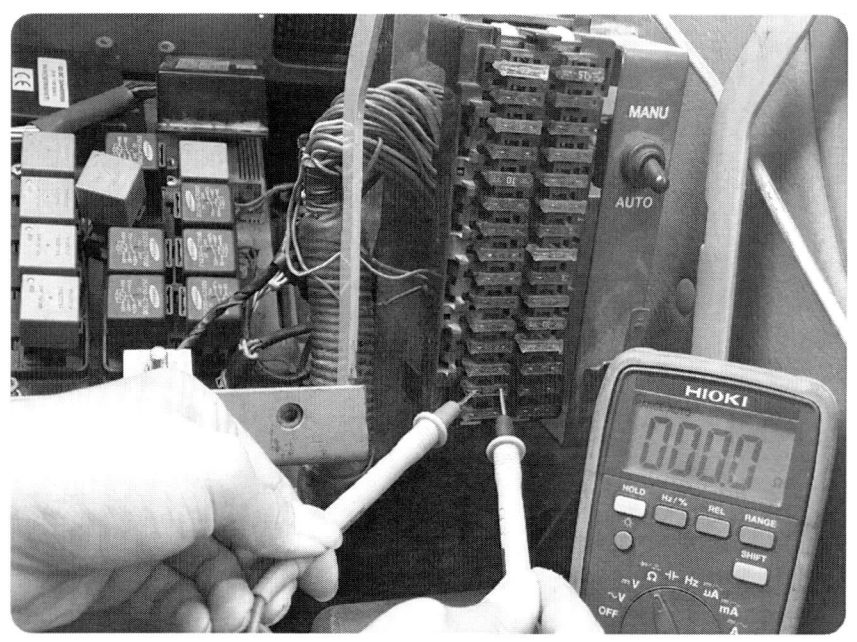

▶ F29 15A 퓨즈 점검

▶ R6 릴레이 점검

▶ 전조등 커넥터 점검

4. 전기 회로

실기시험 답안지 작성방법

A. 요구사항

※ 주어진 건설기계엣 전조등 회로를 점검하여 고장내용을 기록표에 기록판정하시오.

[전기1 시험결과 기록표]

| 비 번호 | | 감독위원 확 인 | |

측정 항목	① 측정(또는 점검)		② 판정 및 정비(또는 조치) 사항		득점
	고장부분	내용 및 상태	판정(□에 "✔" 표시)	정비 및 조치할 사항	
전조등 회로	F29 15A 퓨즈	단선	□ 양호 ☑ 불량	퓨즈 교환 후 재점검	
	전조등 (좌, 우)측 커넥터	탈거		커넥터 연결 후 재점검	
	R6(전조등) 릴레이	불량		릴레이 교환 후 재점검	

※ 시험위원이 지정하는 부위를 측정하고, 단위가 누락되거나 틀린 경우 오답으로 채점함.

B. 답안지 작성 방법

① **고장부분** : 수검자가 전조등 회로를 점검하고 결함이 있는 고장 부분을 기록한다.
      (예 ; R6 릴레이)

② **내용 및 상태** : 결함이 있는 부분의 상태를 기록한다.
      (예 ; 불량)

③ **판 정** : 규정값과 측정값을 비교하여 수검자가 판정하여 표시한다.
      (예 ; □ 양호, □ 불량에 "✔" 표시)

- 양호 : 전조등 회로에 이상이 없는 경우
- 불량 : 전조등 회로에 한 부분이라도 고장내용이 있는 경우

④ **정비 및 조치할 사항**

- 양호한 경우 : 정비 및 조치사항 없음
- 불량한 경우 : 고장부분에 대한 조치사항을 기록
      (예 ; 퓨즈 교환 후 재점검, R6 릴레이 교환 후 재점검)
    ※ 릴레이와 퓨즈는 반드시 번호와 용량을 기입한다.

③ 와이퍼 회로 점검(VOLVO 굴삭기 EW130 기준)

(1) 와이퍼 작동회로

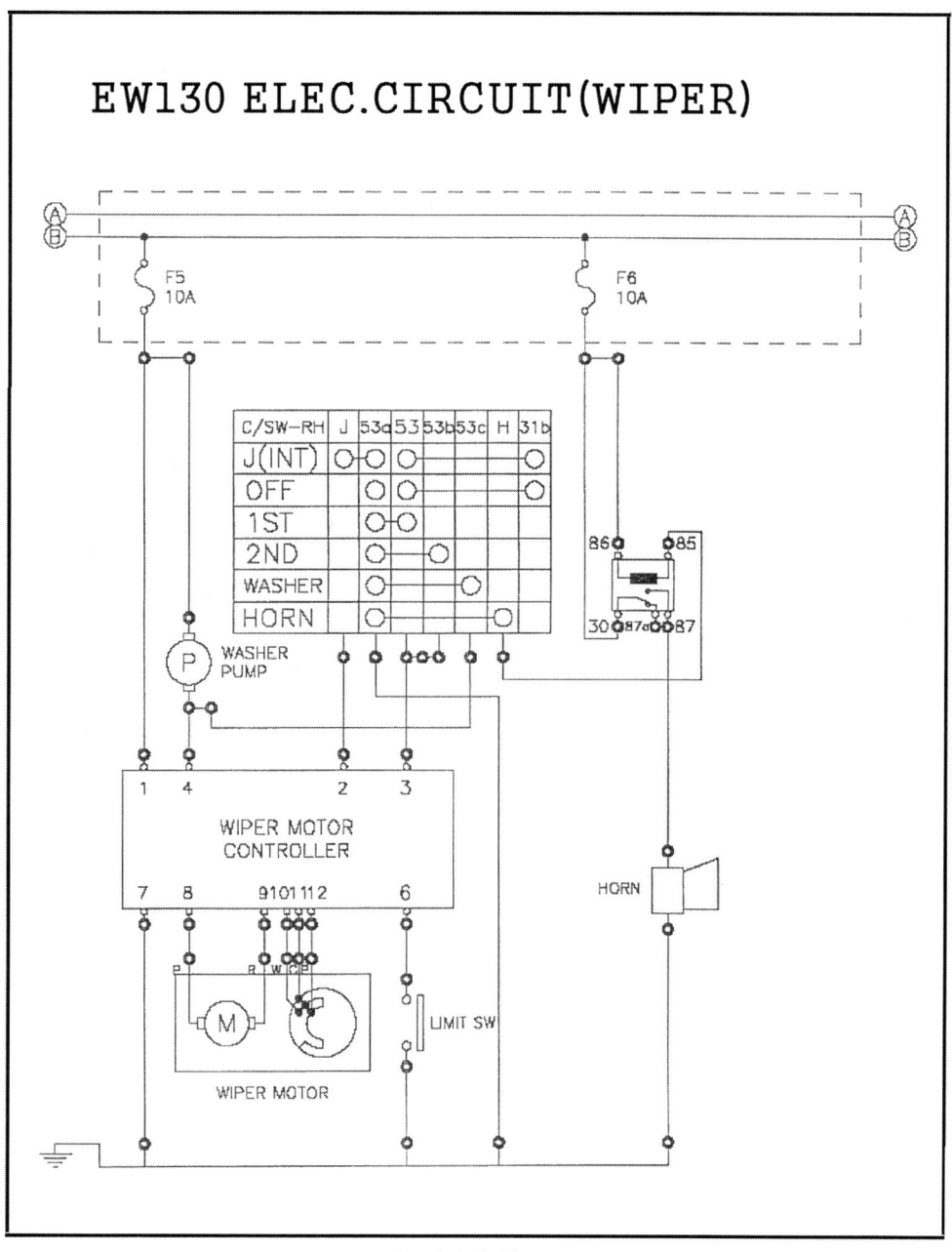

▶ 와이퍼 회로도

1) 간헐동작(INT)

와이퍼 모터의 간헐동작을 위해 와이퍼 스위치를 간헐 위치에 놓으면 전류는 F5번 Fuse를 통해 와이퍼 컨트롤러 1번 핀으로 전류가 공급되고, 와이퍼 컨트롤러 2번 핀을 나온 전류는 와이퍼 스위치 J 단자로 들어가 53a를 통해 접지됨으로써 와이퍼가 작동된다.

INT 동작 시간은 와이퍼 컨트롤러 내부적으로 Program 되어 있다. 약 5초 후에는 모터가 작동하여 와이퍼 블레이드 걸이에 끼워짐으로써 작동을 멈추게 된다.

2) 연속 동작

와이퍼 모터의 연속동작을 위해 와이퍼 스위치를 연속 동작 위치 1ST(1단)에 놓으면, 전류는 F5번 Fuse를 통해 와이퍼 컨트롤러 3번 핀으로 전류가 나오고, 53번(1ST, 1단)에서 53a와 53b에 동시에 전류를 공급시켜 와이퍼 스위치가 연결되어 있는 53a를 통해 접지됨으로써 1단이 동작한다.

또한 2단 동작은 와이퍼 스위치를 2ST(2단)에 놓으면, 전류는 F5 Fuse를 거쳐 와이퍼 컨트롤러 3번 핀으로 전류가 나오고, 53b(2단)에 전류를 공급시켜 와이퍼 스위치가 연결되어 있는 53a를 통해 접지됨으로써 2단이 동작한다. 약 5초 후에는 모터가 다시 작동하여 와이퍼 블레이드 걸이에 끼워짐으로써 작동을 멈추게 된다.

※ 와이퍼 모터 작동 시 스위치 보드를 보면 INT 작동이 있는데 이것은 Intermittent의 약자로서 간헐동작을 의미하며, INT는 Controller 내부의 작동에 의해 5초마다 한 번씩 작동하게 Program 되어 있다. Timer를 사용하여 작동하는 경우도 있다.

(2) 와이퍼 회로 점검 방법

① 와이퍼 s/w를 작동하여 와이퍼가 작동되는지 확인한다.
② F14 15A 퓨즈의 단선을 점검한다.
③ 와이퍼 컨트롤러의 커넥터를 점검한다.
④ 와이퍼 리미트 스위치의 커넥터를 점검한다.
⑤ 와이퍼 모터 작동 상태를 점검한다.

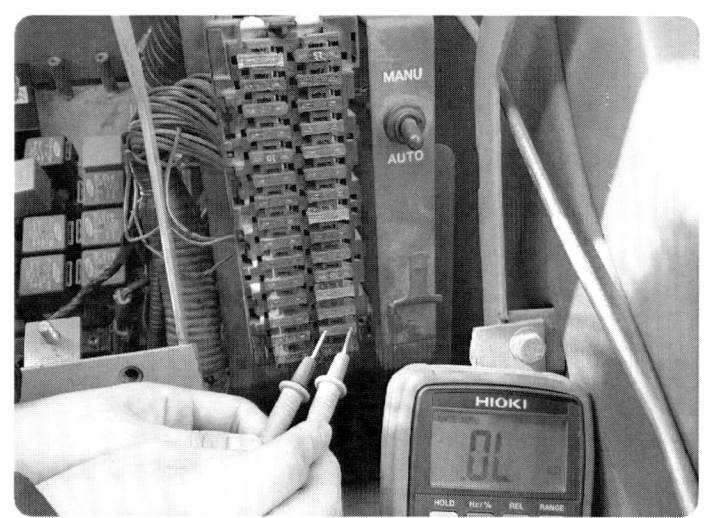

▶ F14 15A 와이퍼 퓨즈 점검

▶ 와이퍼 컨트롤러 점검

실기시험 답안지 작성방법

A. 요구사항

※ 주어진 건설기계에서 와이퍼 회로를 점검하여 고장 부분이 있으면 내용을 기록표에 기록하고 정비하여 작동 시험을 하시오.

[전기1 시험결과 기록표]

			비 번호		감독위원 확 인	
측정 항목	① 측정(또는 점검)		② 판정 및 정비(또는 조치) 사항			득점
	측정값	규정(정비한계)값	판정(□에 "✔" 표시)	정비 및 조치할 사항		
와이퍼 회로	와이퍼 리미트 스위치 커넥터	탈거	□ 양호 ☑ 불량	커넥터 삽입 후 재점검		
	와이퍼 컨트롤러 커넥터	이탈(빠짐)		커넥터 삽입 후 재점검		
	와이퍼 F14 15A 퓨즈	단선		퓨즈 교환 후 재점검		

※ 시험위원이 지정하는 부위를 측정하고, 단위가 누락되거나 틀린 경우 오답으로 채점함.

B. 답안지 작성 방법

① **고장부분** : 수검자가 와이퍼 회로를 점검하고 결함이 있는 고장 부분을 기록한다.
　　　　(예 ; 와이퍼 리미트 스위치 커넥터)

② **내용 및 상태** : 결함이 있는 부분의 상태를 기록한다. (예 ; 탈거)

③ **판　　정** : 규정값과 측정값을 비교하여 수검자가 판정하여 표시한다.
　　　　(예 ; □ 양호, □ 불량에 "✔" 표시)

　• 양호 : 와이퍼 회로에 이상이 없는 경우
　• 불량 : 와이퍼 회로에 한 부분이라도 고장내용이 있는 경우

④ **정비 및 조치할 사항**

　• 양호한 경우 : 정비 및 조치사항 없음
　• 불량한 경우 : 고장부분에 대한 조치사항을 기록
　　　　(예 ; 커넥터 삽입 후 재점검, 퓨즈 교환 후 재점검)

4 충전 회로 점검

(1) 충전 회로

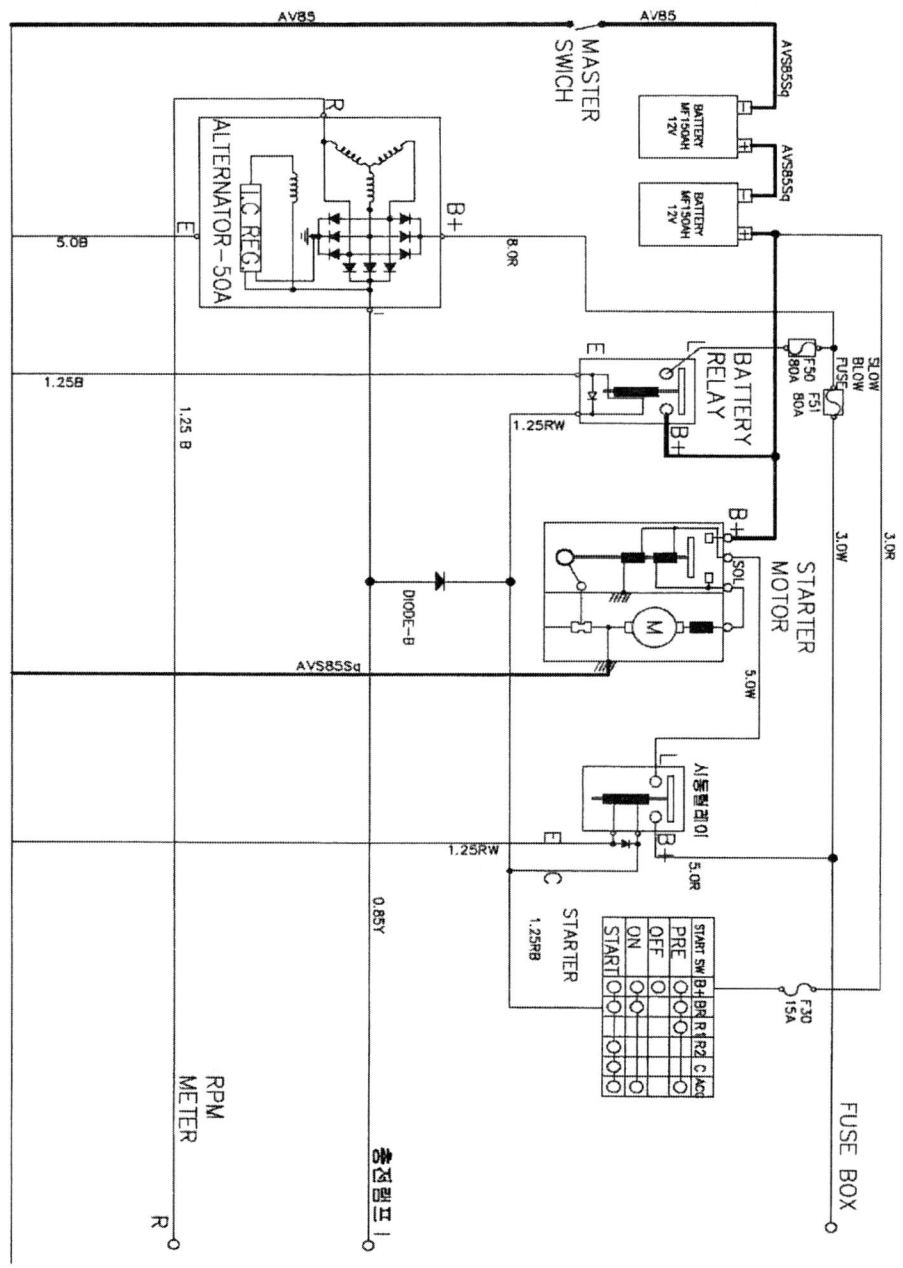

▶ 충전 회로도

① 마스터 스위치를 ON으로 전환하면 시동 스위치 B단자에 항시 전원이 공급된다. 시동 스위치를 1단(ON)으로 전환하면, BR 단자에 축전지 릴레이 코일 단자로 전류가 공급되고 코일 단자를 통해 접지된다.
② 이후 축전지 릴레이의 대용량 접점이 붙어 시동 전동기에서 공급되는 대용량 전류를 차체의 퓨즈 박스에 공급하고 알티네이터 B+ 단자로 동시에 전류를 공급한다.
③ 이때 계기판의 충전 경고등에서 DC 24V의 전압이 알티네이터의 브러시를 거쳐 로터 코일로 공급되고 다시 브러시를 통해 접지되어 충전 경고등이 점등된다.
④ 이때 흐르는 전류를 여자 전류로 하여 로터 코일이 회전하면, 스테이터 코일에서 발생되는 교류 전류가 다이오드 모듈을 거쳐 직류 전류로 변환되어 출력된다. 발생되는 전류는 50~60A의 대용량 전류이다.

(2) 충전 회로 점검 방법

① 운전석 의자를 들어올린다.
② 엔진 룸 커버를 열고 발전기 L 단자의 커넥터가 이탈되었는지 확인한다.

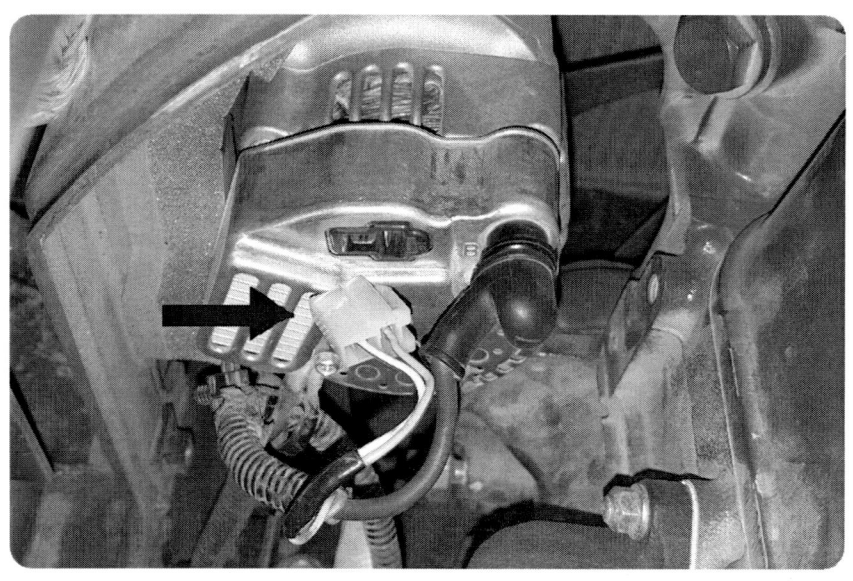

▶ 발전기 L 단자 커넥터 점검

③ 슬로 블로우 퓨즈 60A의 단선을 점검한다.
④ 운전석 발전기 퓨즈 10A의 단선을 점검한다.
⑤ 배터리에 멀티 테스터를 설치하고 충전되는 전압을 점검한다.

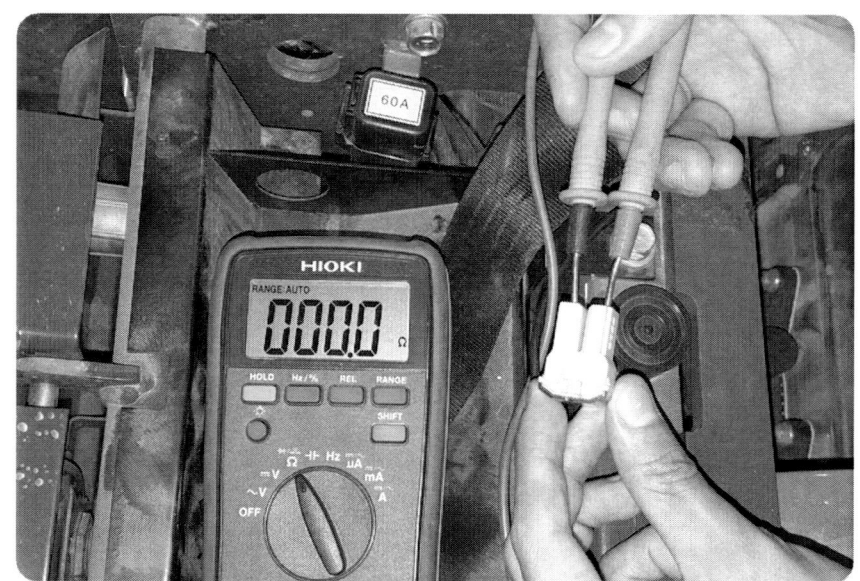

▶ 슬로우 블로우 퓨즈(SBF) 60A 단선 점검

실기시험 답안지 작성방법

A. 요구사항

※ 주어진 건설기계에서 충전 회로를 점검하여 고장 부분이 있으면 내용을 기록표에 기록하고 정비하여 작동 시험을 하시오.

[전기1 시험결과 기록표]

측정 항목	① 측정(또는 점검)		② 판정 및 정비(또는 조치) 사항		득점
	고장부분	내용 및 상태	판정(□에 "✔" 표시)	정비 및 조치할 사항	
충전 회로	발전기 L 단자 커넥터	탈거	□ 양호 ☑ 불량	L 단자 커넥터 연결(삽입) 후 재점검	
	슬로 블로우 퓨즈 60A	단선		퓨즈 교환 후 재점검	
	발전기 퓨즈 10A	단선		퓨즈 교환 후 재점검	

비 번호 / 감독위원 확 인

※ 시험위원이 지정하는 부위를 측정하고, 단위가 누락되거나 틀린 경우 오답으로 채점함.

B. 답안지 작성 방법

① **고장부분** : 수검자가 충전 회로를 점검하고 결함이 있는 고장 부분을 기록한다.
　　　　　(예 ; 발전기 L단자 커넥터, 슬로 블로우 퓨즈 60A, 발전기 퓨즈 10A)

② **내용 및 상태** : 결함이 있는 부분의 상태를 기록한다.
　　　　　(예 ; 탈거, 단선)

③ **판　　정** : 규정값과 측정값을 비교하여 수검자가 판정하여 표시한다.
　　　　　(예 ; □ 양호,　□ 불량에 "✔" 표시)

　• 양호 : 충전 회로에 이상이 없는 경우
　• 불량 : 충전 회로에 한 부분이라도 고장내용이 있는 경우

④ **정비 및 조치할 사항**

　• 양호한 경우 : 정비 및 조치사항 없음
　• 불량한 경우 : 고장부분에 대한 조치사항을 기록
　　　　　(예 ; L단자 커넥터 삽입, 60A 퓨즈 교환, 10A 퓨즈 교환 후 재점검)

5 시동 및 예열장치 회로 점검

(1) 시동 및 예열장치 회로

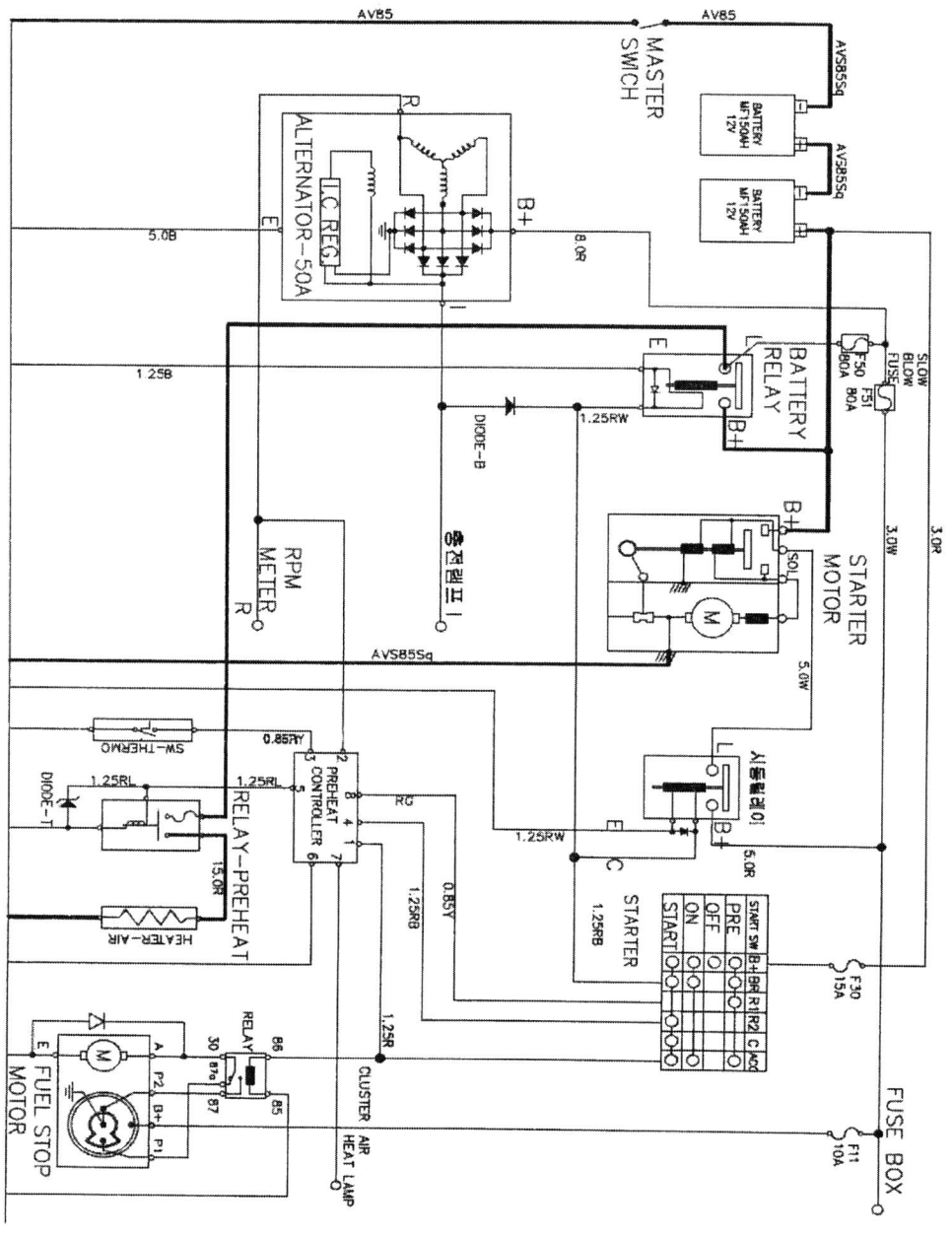

▶ 시동 및 예열장치 회로도

1) 시동 스위치 B+ 단자에서 R1 단자를 통해 나온 전류가 예열 컨트롤러 5번 핀으로 입력되고, 시동 시위치 B+ 단자에서 ACC 단자를 통해 예열 컨트롤러 4번 핀으로 전류가 전달되어 예열이 시작된다.

2) 예열 컨트롤러

각종 센서로부터 전기적 신호를 입력 받아 예열 및 후열 실행을 제어한다. 입력 신호는 ACC, R1, R2 단자와 온도 센서, 알터네이터 출력 신호는 DC 12V±2V 이상의 전압을 감지한다. 1번 단자는 시동 스위치 ACC 단자에서 컨트롤러로 입력되고, 2번 단자는 알티네이터 R 단자에서 DC 12V±2V 이상의 전압을 감지하여 컨트롤러에서 예열 진행을 정지시킨다.

3) 예열 릴레이

예열 컨트롤러 8번 단자에서 예열 릴레이 코일 단자로 DC 24V를 출력하고, 반대쪽 단자를 통해 접지시켜 예열 릴레이를 구동시킨다. 축전지 릴레이에서 공급받은 전원을 예열 릴레이에 내장된 100A 퓨즈를 통해 예열 매니폴드로 보내 공기 히터를 가동한다.

(2) 예열 회로 점검 방법

① 예열 릴레이의 커넥터를 점검한다.
② F10 30A 연료 히터 퓨즈의 단선을 점검한다.
③ R13 연료히터 릴레이를 점검한다.
④ 예열 컨트롤러의 커넥터를 점검한다.
⑤ 흡기히터의 접지선 연결 상태를 확인하고, 흡기히터를 점검한다.

▶ 예열 릴레이 커넥터 점검

▶ F30 15A 퓨즈 단선 점검

▶ 예열 컨트롤러 커넥터 점검

실기시험 답안지 작성방법

A. 요구사항

※ 주어진 건설기계에서 시동 및 예열장치 회로를 점검하여 고장 부분이 있으면 내용을 기록표에 기록하고 정비하여 작동 시험을 하시오.

[전기1 시험결과 기록표]

비 번호		감독위원 확 인	

측정 항목	① 측정(또는 점검)		② 판정 및 정비(또는 조치) 사항		득점
	고장부분	내용 및 상태	판정(□에 "✔" 표시)	정비 및 조치할 사항	
시동 및 예열 회로	F10 35A 퓨즈	단선	□ 양호 ☑ 불량	퓨즈 교환 후 재점검	
	예열 컨트롤러 커넥터	탈거		커넥터 삽입 후 재점검	
	흡기 히터 접지선	연결 안됨(탈거)		접지선 연결 후 재점검	

※ 시험위원이 지정하는 부위를 측정하고, 단위가 누락되거나 틀린 경우 오답으로 채점함.

B. 답안지 작성 방법

① **고장부분** : 수검자가 시동·예열 회로를 점검하고 결함이 있는 고장 부분을 기록한다.
　　　　(예 ; F10 35A 퓨즈, 예열 컨트롤러 커넥터, 흡기히터 접지선)

② **내용 및 상태** : 결함이 있는 부분의 상태를 기록한다.
　　　　(예 ; 단선, 탈거, 연결 안됨)

③ **판　　정** : 규정값과 측정값을 비교하여 수검자가 판정하여 표시한다.
　　　　(예 ; □ 양호,　□ 불량에 "✔" 표시)

- 양호 : 시동·예열 회로에 이상이 없는 경우
- 불량 : 시동·예열 회로에 한 부분이라도 고장내용이 있는 경우

④ **정비 및 조치할 사항**
- 양호한 경우 : 정비 및 조치사항 없음
- 불량한 경우 : 고장부분에 대한 조치사항을 기록
　　　　(예 ; F10 35A 퓨즈 교환, 예열 컨트롤러 커넥터 삽입,
　　　　　흡기히터 접지선 연결 후 재점검)

6 에어컨 회로 점검

(1) 에어컨 순환

① 냉매(R134a)는 컴프레서에서 약 15kg/cm² 정도로 압축이 된다.
② 압축된 냉매는 고온(약 80℃) 상태로 콘덴서로 들어간다.
③ 콘덴서에서 냉매는 콘덴서 팬에 의해 약 60℃ 정도로 냉각이 된다. 이때, 온도는 80℃에서 60℃로 20℃ 정도밖에 내려가지 않지만 냉매는 가스 상태에서 액체 상태로 변화하게 된다.
④ 액체 상태의 냉매는 팽창 밸브를 거쳐서 이배퍼레이터로 분사된다. 이 순간 압력은 약 2kg/cm² 정도로 떨어지고 온도도 내려간다. 이에 따라 주위의 열을 흡수하면서 냉방 효과가 생기게 되고 냉매는 액체 상태에서 기체 상태로 변하게 된다.

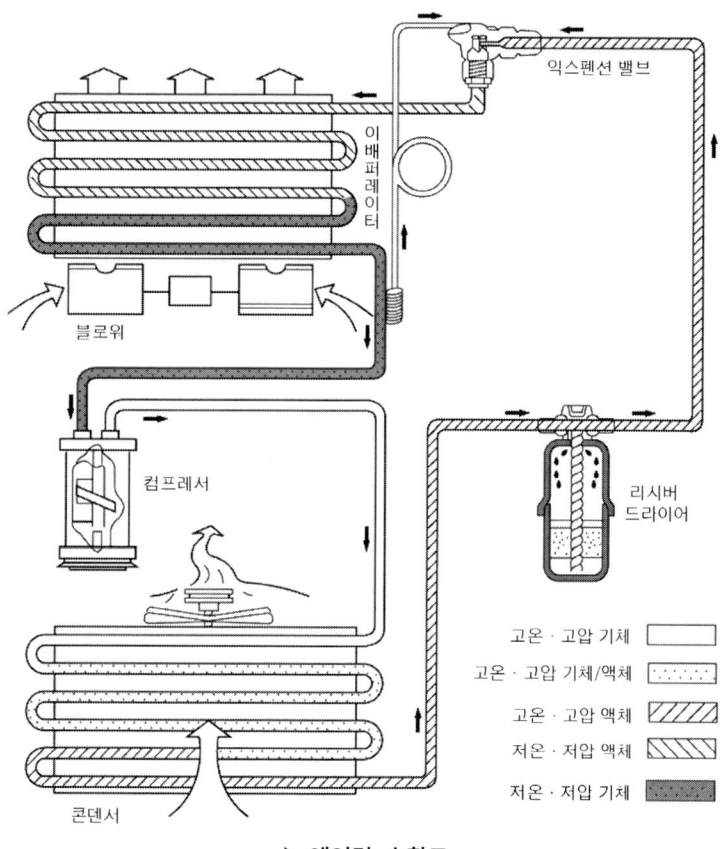

▶ 에어컨 순환도

(2) 에어컨 작동회로

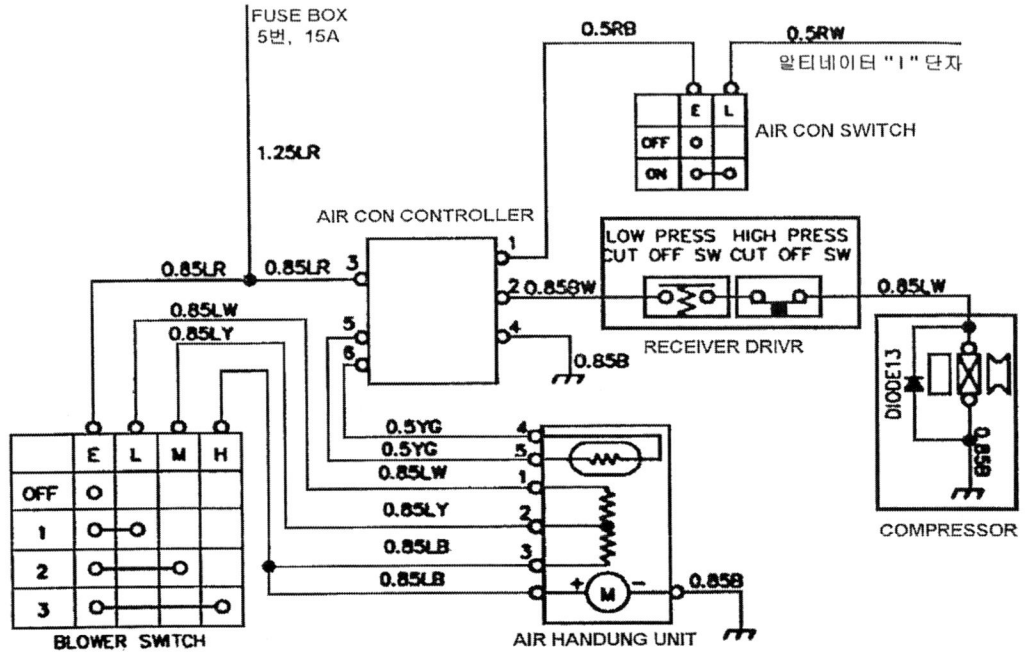

▶ 에어컨 회로도

1) 컴프레서 동작

에어컨 스위치를 ON 위치로 전환하면, 에어컨 컨트롤러는 에어컨 유닛 내부의 서미스터 온도를 감지하여 4℃ 이상시(하강시 1℃까지), 전류는 Fuse → 에어컨 컨트롤러 3번 단자 → 에어컨 컨트롤러 2번 단자 → 리시버 드라이어의 로우, 하이 컷오프 스위치 → 마그네트 클러치(컴프레서) → 접지를 통하여 컴프레서를 동작시킨다.

2) 에어컨 유닛 동작

① 에어컨 유닛의 동작은 블로워 스위치에 의한 동작으로, 블로워 스위치를 1단에 놓으면 전류는 Fuse Box 5번 Fuse → 에어컨 스위치 E 단자 → 에어컨 스위치 L 단자 → 에어컨 유닛 3번 단자 → 블로워 모터 → 접지를 통해 블로워 모터를 저속 회전시킨다.

② 또한 블로워 스위치를 2단 위치에 놓으면, 전류는 Fuse → 블로워 스위치 E단자 블로워 M단자 → 에어컨 유닛 2번 단자, 에어컨 유닛 3번 단자 → 블로워 모터

→ 접지를 통해 블로워 모터를 중속 회전시키며, 블로워 스위치를 3단 위치에 놓으면 전류는 Fuse → 블로워 스위치 E 단자 → 블로워 스위치 H 단자 → 블로워 모터 → 접지를 통하여 블로워 모터를 고속 회전시킨다.

③ 에어컨 스위치는 Fuse Box에서 전원을 공급받지 않고 알터네이터 I 단자에서 전원을 공급받아 에어컨 컨트롤러 1번 단자에 신호를 공급함으로써 장비가 정상 가동 중이거나 충전상태를 알 수 있는 장치로 되어 있다.

(3) 에어컨 회로 점검 방법

① 에어컨 컴프레셔의 커넥터를 점검한다.
② 에어컨 F16 20A 퓨즈의 단선을 점검한다.
③ 엔진 룸 좌측의 커버를 열고 리시버 드라이어 커넥터를 점검한다.
④ 블로우 팬 모터 커넥터를 점검한다.
⑤ 파워 트랜지스터 커넥터를 점검한다.

▶ 리시버 드라이어 커넥터 점검

▶ 에어컨 F16 20A 퓨즈 단선 점검

▶ 파워트랜지스터 커넥터 점검

실기시험 답안지 작성방법

A. 요구사항

※ 주어진 건설기계에서 에어컨 회로를 점검하여 고장 부분이 있으면 내용을 기록표에 기록하고 정비하여 작동 시험을 하시오.

[전기1 시험결과 기록표]

비 번호		감독위원 확 인	

| 측정 항목 | ① 측정(또는 점검) | | ② 판정 및 정비(또는 조치) 사항 | | 득점 |
	고장부분	내용 및 상태	판정(□에 "✔" 표시)	정비 및 조치할 사항	
에어컨 회로	리시버 드라이어 커넥터	커넥터 이탈	□ 양호 ✔ 불량	커넥터 삽입 후 재점검	
	팬 모터 커넥터	커넥터 이탈 (커넥터 빠짐)		커넥터 연결 후 재점검	
	에어컨 F16 20A 퓨즈	단선		퓨즈 교환 후 재점검	

※ 시험위원이 지정하는 부위를 측정하고, 단위가 누락되거나 틀린 경우 오답으로 채점함.

B. 답안지 작성 방법

① **고장부분** : 수검자가 에어컨 회로를 점검하고 결함이 있는 고장 부분을 기록한다.
  (예 ; 리시버 드라이어 커넥터)

② **내용 및 상태** : 결함이 있는 부분의 상태를 기록한다.
  (예 ; 커넥터 이탈)

③ **판　정** : 규정값과 측정값을 비교하여 수검자가 판정하여 표시한다.
  (예 ; □ 양호,　□ 불량에 "✔" 표시)

- 양호 : 에어컨 회로에 이상이 없는 경우
- 불량 : 에어컨 회로에 한 부분이라도 고장내용이 있는 경우

④ **정비 및 조치할 사항**
- 양호한 경우 : 정비 및 조치사항 없음
- 불량한 경우 : 고장부분에 대한 조치사항을 기록
  (예 ; 리시버 드라이어 커넥터 삽입 후 재점검)

7 경음기 회로 점검

(1) 경음기 작동회로

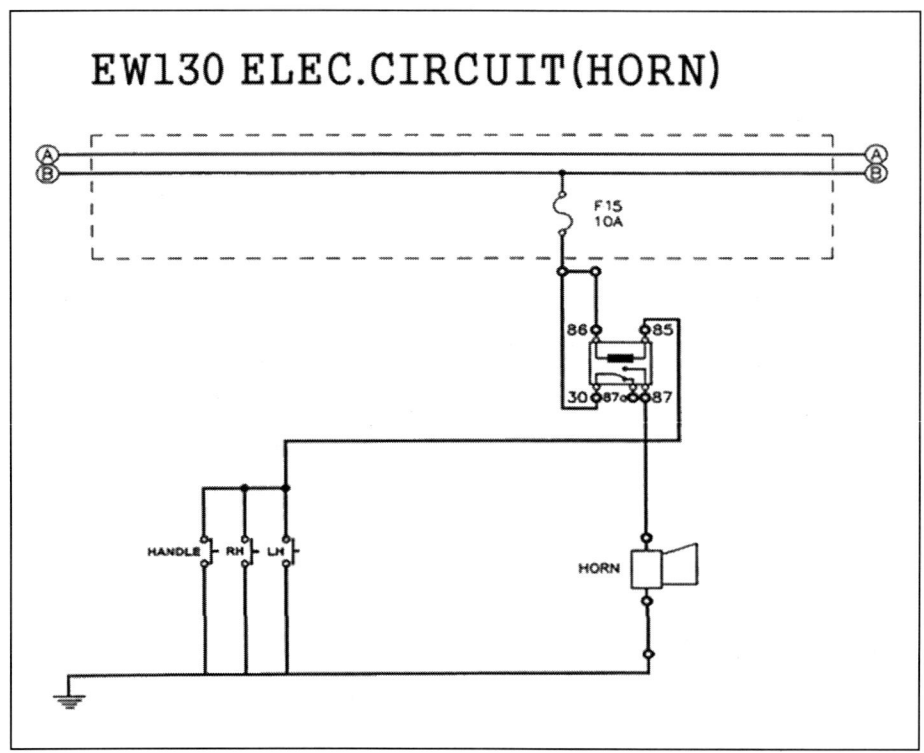

▶ 경음기 회로도

① Fuse Box F15를 통해 공급되는 전류는 릴레이 86번을 통해 85번으로 나오고, 이 전류는 경음기(혼) 스위치에 공급되고 있다가 혼 스위치를 누르면 접점이 어스되어 릴레이가 구동한다. 혼 스위치는 3군데에 병렬로 연결되어 있어 어느 쪽에서나 작동이 가능하다.

② Fuse Box F6을 통해 공급되는 전류는 릴레이 30번을 통해 87번으로 나오고, 이 전류가 혼을 작동시킨다.

(2) 경음기 회로 점검 방법

① 경음기 F15 10A 퓨즈의 단선을 점검한다.

② 경음기 R8 릴레이를 점검한다.

③ 우측 엔진 룸 전면의 커버를 열고 경음기 컴프레서의 커넥터를 점검한다.

▶ R8 경음기 릴레이 점검

▶ 경음기 커넥터 점검

실기시험 답안지 작성방법

A. 요구사항

※ 주어진 건설기계에서 경음기 회로를 점검하여 고장 부분이 있으면 내용을 기록표에 기록하고 정비하여 작동 시험을 하시오.

[전기1 시험결과 기록표]

비 번호		감독위원 확 인	

측정 항목	① 측정(또는 점검)		② 판정 및 정비(또는 조치) 사항		득점
	고장부분	내용 및 상태	판정(□에 "✔" 표시)	정비 및 조치할 사항	
경음기 회로	경음기 퓨즈 F15 10A	단선	□ 양호 ☑ 불량	퓨즈 교환 후 재점검	
	R8 릴레이	불량		릴레이 교환 후 재점검	
	경음기 커넥터	이탈, 탈거		커넥터 연결 후 재점검	

※ 시험위원이 지정하는 부위를 측정하고, 단위가 누락되거나 틀린 경우 오답으로 채점함.

B. 답안지 작성 방법

① **고장부분** : 수검자가 경음기 회로를 점검하고 결함이 있는 고장 부분을 기록한다.
       (예 ; F15 10A 퓨즈, R8 릴레이, 경음기 커넥터)

② **내용 및 상태** : 결함이 있는 부분의 상태를 기록한다.
       (예 ; 단선, 불량, 탈거)

③ **판　정** : 규정값과 측정값을 비교하여 수검자가 판정하여 표시한다.
       (예 ; □ 양호,　□ 불량에 "✔" 표시)

- 양호 : 경음기 회로에 이상이 없는 경우
- 불량 : 경음기 회로에 한 부분이라도 고장내용이 있는 경우

④ **정비 및 조치할 사항**
- 양호한 경우 : 정비 및 조치사항 없음
- 불량한 경우 : 고장부분에 대한 조치사항을 기록
       (예 ; 휴즈 교환, 릴레이 교환, 커넥터 연결 후 재점검)

03 차체 및 유압장치

1. 제동장치
2. 조향장치
3. 동력전달장치
4. 언더캐리지
5. 지게차 검사
6. 굴삭기 검사
7. 로더 유압장치
8. 도저 검사
9. 유압 구성품 점검

1. 제동장치

1 브레이크 라이닝·휠 실린더 교환(모터그레이더 SG-15 기준)

(1) 브레이크 작동

1) 브레이크 페달을 밟으면 부스터 실린더의 피스톤이 작동하여 마스터 실린더 피스톤을 밀어 유압이 형성됨으로써 간단히 마스터 실린더를 작용시켜 준다. 또한 그 이상의 작동에서 어큐뮬레이터가 있어 한 번 더 증폭시켜 휠 실린더의 피스톤이 실린더의 브레이크슈를 밀어 드럼에 밀착됨으로써 브레이크가 작동이 된다. 동력 조정 부스터 계통이 고장이 나도 브레이크는 작동될 수 있다. 그러나 좀 더 큰 힘을 가하여 발로 페달을 밟아주어야 한다.

2) 브레이크 페달 링키지

① 브레이크의 조정은 브레이크 푸시로드 길이를 조정하거나 페달의 높이를 필요에 따라서 스톱 스크루를 조인다.
② 페달의 높이는 플로어 플레이트에서 181.1mm, 페달의 유격은 12.7~19.0mm 이다.

(2) 후륜 분해

① 몰드 보드를 돌려서 바퀴와 수평으로 한 다음, 몰드 보드를 하강시켜 그레이더를 들어 올리고 후륜을 제거할 수 있도록 바퀴를 들어 올린다. 그리고 다른 쪽 몰드 보드의 압력을 낮게 하면 바퀴는 거의 지면에서 1' 정도 떨어진다. 만약 엔진의 가동이 불가능하면 호이스트나 잭으로 그레이더를 올리고 메인 프레임 아래 적당한 곳에 고이고 작업위치로 한다.
② 코터핀 너트 조임 와셔를 휠 샤프트로부터 제거한다.

③ 분해 공구를 설치하고 휠을 잡아당긴다.
④ 슬링 로프는 타이어 링 바퀴를 그레이더에서 제거하는데 쓰이며 축에서 키를 제거한다.

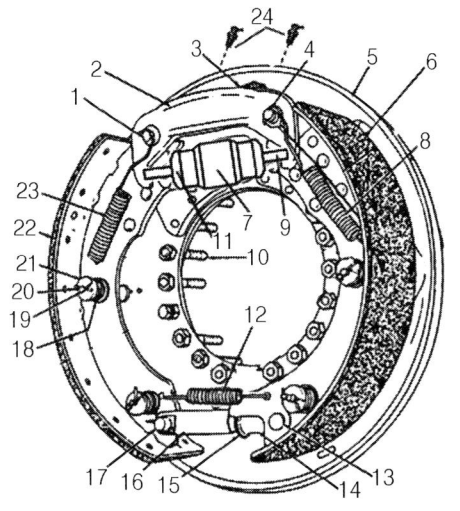 

1. 앵커 핀(전면)
2. 가이드 플레이트
3. 리트랙팅 스프링(상부)
4. 와셔
5. 후판
6. 후면(리어) 슈
7. 휠 실린더
8. 리어 리트랙팅 스프링(흑색)
9. 요크
10. 스터드 볼트
11. 휠 실린더 고무 덮개
12. 슈 리트랙팅 스프링
13. 소켓 리봇 핀
14. 소켓
15. 조정 스크루
16. 조정 너트
17. 너트 리봇 핀
18. 슈 리테이닝 스프링
19. 슈 리테이닝 핀
20. 코터 핀
21. 리테이닝 스프링 덮개
22. 전면 슈
23. 전면 리트랙팅 스프링(적색)
24. 휠 실린더 고정 볼트

▶ 휠 브레이크 분해도

(3) 라이닝 및 휠 실린더 분해

① 휠을 분해한다.
② 휠 실린더에서 브레이크 파이프를 분리하고 브레이크 액이 흐르지 않도록 유압 라인의 끝을 막는다.
③ (-) 드라이버 또는 레버를 이용하여 2개의 리트랙팅 스프링(8, 23)을 분해하고, 와셔(4)와 가이드 플레이트(2)를 분해한다.

▶ 리트랙팅 스프링 분해

④ 브레이크슈를 고정하고 있는 슈 리테이닝 핀(20)에서 코터핀(19)을 분해하고, 2개의 슈 리테이닝 스프링 덮개(21), 슈 리테이닝 스프링(18)을 분해하며, 슈 리테이닝 핀(20)을 분해한다. 4군데의 슈 리테이닝 스프링을 모두 분해한다.

▶ 슈 리테이닝 스프링 분해

⑤ 브레이크슈의 하단을 고정하는 리트랙팅 스프링(12)을 분해한다.

▶ 리트랙팅 스프링 분해

⑥ 후판에서 브레이크슈 상부의 리트랙팅 스프링(3)과 함께 전면 슈(22), 후면 슈(6)를 분해한다.

▶ 브레이크 슈 분해

⑦ 휠 실린더에서 2개의 요크(9)를 분해한다.

⑧ 후판에서 휠 실린더를 고정하는 2개의 볼트(24)를 풀고 휠 실린더를 분해한다.

▶ 2개의 요크 분해

▶ 휠 실린더 분해

(4) 검사

1) 브레이크 라이닝

만약 라이닝이 리벳에서 8~12mm 이내 또는 이에 가깝게 닳았거나, 리벳이 풀어지고 브레이크 드럼을 과대 마모할 때는 라이닝을 교환한다.

2) 브레이크 드럼

드럼의 진원도, 테이퍼, 홈에 대하여 검사하여 마찰 면이 기계가공으로 재조정되도록 한다. 적정 표면을 만들기 위해서는 최소 적량의 표면만을 깎아 내도록한다.

3) 스프링

슈 리테이닝 스프링과 슈 리트랙팅 스프링은 브레이크슈가 정적위치에서 최단시간 내에 원레의 위치에 복귀 될 수 있도록 충분한 장력을 가져야 한다. 과도한 열에 작용하였거나 과도하게 늘어난 스프링은 교환한다.

4) 링크, 레버, 핀 등

손상이나 과대 마모에 대한 구성품은 육안 검사에 따라 부품을 교환한다.

(5) 브레이크 공기빼기 방법

① 2명이 1조로 작업한다.

② 마스터 실린더에 브레이크 오일을 가득 채우고, 휠 실린더에서 공기빼기 나사(에어 블리더)에 호스를 연결하여 브레이크액이 누출되지 않도록 한다.

③ 1명은 운전석에서 브레이크 페달을 수회 밟아 마스터 실린더에 압력을 채운다.

④ 1명은 브레이크의 휠 실린더에서 공기빼기 나사(에어 블리더)를 돌려서 공기빼기를 실시한다. 이때 운전석에서 페달을 놓으면 안 된다.

⑤ 공기빼기 나사를 돌리면 공기와 함께 브레이크액이 흘러나오므로 즉시 공기빼기 나사를 잠가야 한다.

⑥ 공기가 다 빠질 때까지 위 동작(3) ~ (5)를 반복한다.

▶ 마스터 실린더 브레이크액 주입

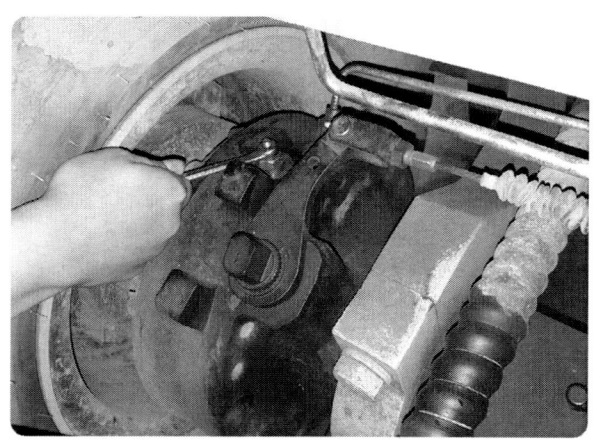

▶ 휠 실린더 공기빼기

2 페달 유격 및 작동거리 점검

(1) 클러치 페달 유격

클러치 페달의 유격은 릴리스 베어링이 릴리스 레버에 닿을 때까지 페달이 이동한 거리를 말한다. 유격이 너무 크면 동력의 차단이 잘 되지 않아 기어를 변속할 때 소음이 발생하며, 유격이 너무 작으면 클러치가 미끄러지거나 클러치판과 플라이휠의 마멸을 초래하게 된다.

(2) 브레이크 페달 유격 및 작동거리

브레이크 페달의 유격은 페달에 연결된 푸시로드가 마스터 실린더의 피스톤 컵을 작동하기 전까지 움직인 거리를 말한다. 또 브레이크 페달의 작동거리는 타이로드가 마스터 실린더의 피스톤 컵을 작동하기 시작하여 브레이크 페달이 바닥면까지 최대로 움직인 거리이다.

(3) 브레이크 페달 유격 및 작동거리 측정

브레이크 페달의 유격과 작동거리의 측정은 곧은 자를 이용하여 측정한다.

1) 바닥면이 수평인 경우(그레이더)

① 바닥면에 곧은 자를 수직으로 세우고 페달 위치의 눈금을 확인한다.
② 페달을 살짝 눌러서 마스터 실린더의 타이로드가 피스톤 컵을 작동하기 전까지 움직일 때까지의 거리를 측정한다. 이 거리가 유격이다.
③ 페달을 계속 밟아서 마스터 실린더의 피스톤 컵이 움직이기 시작하여 페달이 바닥까지 최대로 움직인 거리를 측정한다.

▶ 그레이더 브레이크 페달 유격 측정

이 거리가 페달의 작동거리이다.
④ 페달이 전체 움직인 거리에서 유격을 제외한 거리가 작동거리이다.
⑤ 브레이크 페달의 유격 및 작동거리는 푸시로드의 길이를 조정하여 수정할 수 있다.
⑥ 그레이더 SG-15의 경우, 페달은 플로어 플레이트에서 181.1mm 높이로 하고 페달의 유격은 12.7 ~ 19.0mm로 한다.

▶ 그레이더 브레이크 작동거리 측정

2) 바닥면이 경사진 경우(지게차)

① 운전석 바닥에 깔려있는 고무 패드를 제거한다.
② 페달의 바닥면에 곧은 자를 직각으로 세우고 곧은 자의 끝부분이 바닥에 닿도록 설치한다.
③ 페달을 살짝 눌러서 마스터 실린더의 푸시로드가 피스톤 컵을 작동하기 전까지 움직일 때까지의 거리를 측정한다. 이 거리가 유격이다.
④ 페달을 계속 밟아서 마스터 실린더의 피스톤 컵이 움직이기 시작하여 페달이 바닥까지 최대로 움직인 거리를 측정한다. 이 거리가 페달의 작동거리이다.
⑤ 페달의 유격 및 작동거리는 스톱퍼 볼트의 길이를 조정하여 수정할 수 있다.

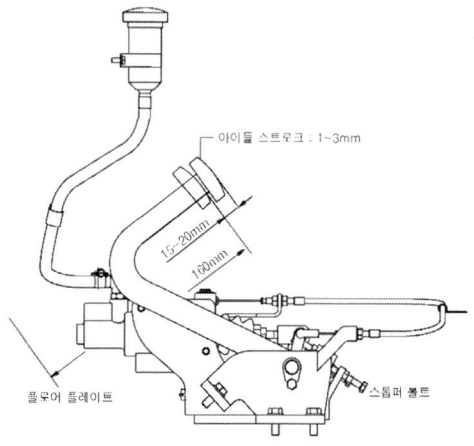

▶ 지게차 브레이크 페달 유격 측정

실기시험 답안지 작성방법

A. 요구사항

※ 타이어식 건설기계에서 클러치 페달 유격과 작동거리를 측정하여 기록표에 기록하시오.

[차체2 시험결과 기록표]

측정 항목	① 측정(또는 점검)		② 판정 및 정비(또는 조치) 사항		득점
	측정값	규정(정비한계)값	판정(□에 "✔" 표시)	정비 및 조치할 사항	
페달유격	25mm	20~30mm	□ 양호 ☑ 불량	푸시로드 길이 조정 후 재점검	
작동거리	152mm	160~170mm			

비 번호 / 감독위원 확 인

※ 시험위원이 지정하는 부위를 측정하고, 단위가 누락되거나 틀린 경우 오답으로 채점함.

B. 답안지 작성 방법

① **측정값** : 수검자가 직정규로 측정한 측정값을 기록한다. 이때 반드시 단위를 기록해야 한다. (예 ; 25mm, 152mm)

② **규정값** : 제시된 기준에 맞는 규정값을 기록한다.
　　　　　(예 ; 20~30mm, 160~170mm)

③ **판 정** : 규정값과 측정값을 비교하여 수검자가 판정하여 표시한다.
　　　　　(예 ; □ 양호, □ 불량에 "✔" 표시)

- 양호 : 측정값이 제시된 규정값의 범위에 있는 경우
- 불량 : 측정값이 제시된 규정값의 범위를 벗어난 경우

④ **정비 및 조치할 사항**

- 양호한 경우 : 정비 및 조치사항 없음
- 불량한 경우 : 결함 원인에 대한 조치사항을 기록한다.
　　　　　(예 ; 모터그레이더 : 푸시로드 길이 조정 후 재점검
　　　　　　　지게차 : 스톱퍼 볼트 길이 조정 후 재점검)

※ 정비 및 조치사항에 결함 내용을 해결(기록)한 다음에는, 반드시 이상 유무를 확인해야 하므로 재점검(재측정)을 기록하여야 한다.

2. 조향장치

1 지게차 조향장치의 특성

① 지게차의 조향장치는 후륜 조향 방식으로 조향 휠, 조향 유닛, 조향 실린더, 조향 액슬 및 파이프로 구성되어 있다.

② 조향 휠을 돌리면 조향력은 조향 칼럼을 통해 조향 유닛으로 전달된다. 필요한 오일의 흐름은 조향 유닛의 컨트롤부에 의해 감지되며, 유압 펌프로부터 토출된 유압 오일은 조향 실린더로 공급된다.

③ 조향 실린더에서 발생된 힘은 중간 연결부를 거쳐 조향 휠의 너클을 움직이게 된다. 액슬 몸체는 킹 핀에 의해 양 끝부분에 조향 너클이 장착된 구조이다. 허브와 휠은 베어링을 통해 너클 스핀들에 장착되어 있다.

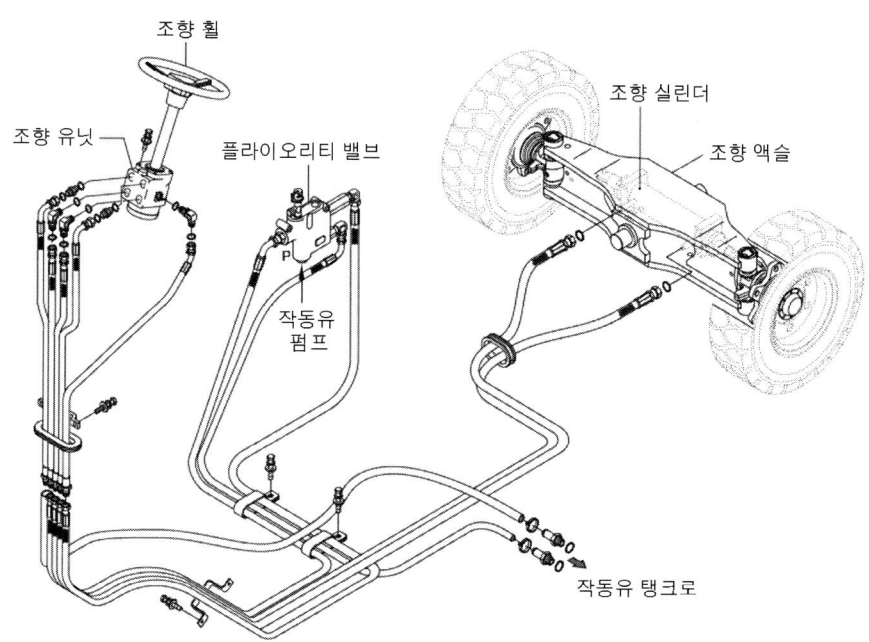

▶ 동력 조향장치 회로도

2 지게차 핸들 유격 점검

① 유압식 동력 조향장치의 핸들 유격을 점검할 때는 엔진을 저속 공회전으로 유지한 상태에서 측정한다.
② 지게차를 평탄한 지면에 세운 뒤 조향 핸들을 좌·우로 돌려 직진 위치가 되도록 후륜을 똑바로 앞으로 향하도록 한다.
③ 조향 휠의 바깥쪽에 곧은 자를 세우고 후륜이 움직이기 전까지 조향 휠을 좌 또는 우측으로 돌린다.
④ 곧은 자와 조향 휠의 임의의 위치에 표시를 한다.
⑤ 조향 휠을 반대로 돌려 후륜이 움직이기 시작할 때의 조향 휠의 움직임 범위를 측정한다. 조향 휠의 가장자리에서의 움직임의 범위는 30~60mm 이내여야 한다.
⑥ 만약 유격이 너무 크면 조향 밸브(조향 유닛)를 점검하고 교환한다.

▶ 조향 핸들 유격 점검

실기시험 답안지 작성방법

A. 요구사항

※ 타이어식 건설기계(지게차)에서 조향 핸들의 유격을 측정하여 기록표에 기록하시오.

[차체 2 시험결과 기록표]

측정 항목	① 측정(또는 점검)		② 판정 및 정비(또는 조치) 사항		득점
	측정값	규정(정비한계)값	판정(□에 "✔" 표시)	정비 및 조치할 사항	
핸들 유격	20mm	10~15mm	□ 양호 ☑ 불량	조향 밸브(조향 유닛) 교환 후 재점검	

비 번호		감독위원 확 인	

※ 시험위원이 지정하는 부위를 측정하고, 단위가 누락되거나 틀린 경우 오답으로 채점함.

B. 답안지 작성 방법

① **측정값** : 수검자가 측정한 측정값을 기록한다. 이때 반드시 단위를 기록해야 한다.
  (예 ; 20mm)

② **규정값** : 제시된 기준에 맞는 규정값을 기록한다.
  (예 ; 10 ~ 15mm)

③ **판 정** : 규정값과 측정값을 비교하여 수검자가 판정하여 표시한다.
  (예 ; □ 양호, □ 불량에 "✔" 표시)

 • 양호 : 측정값이 제시된 규정값의 범위에 있는 경우
 • 불량 : 측정값이 제시된 규정값의 범위를 벗어난 경우

④ **정비 및 조치할 사항**

 • 양호한 경우 : 정비 및 조치사항 없음
 • 불량한 경우 : 결함 원인에 대한 조치사항을 기록한다.
   (예 ; 조향 밸브 교환 후 재점검)

※ 정비 및 조치사항에 결함 내용을 해결(기록)한 다음에는, 반드시 이상 유무를 확인해야 하므로 재점검(재측정)을 기록하여야 한다.

3. 동력전달장치

1 차축 검사

(1) 액슬 분해 결합 방법

① 조립 지그에 액슬을 단단히 고정한다.

▶ 액슬 고정

② 플러그 나사를 풀어 액슬 케이스에서 오일을 빼낸다.

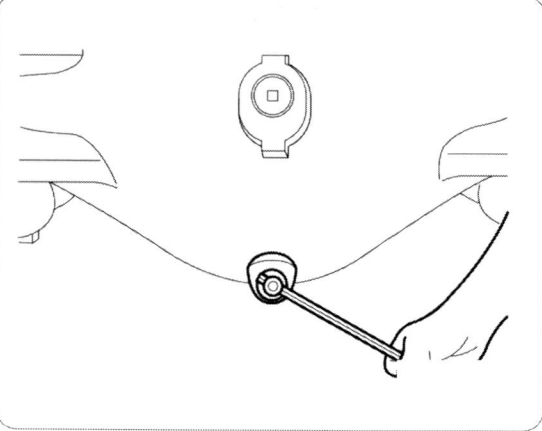

▶ 오일 배출

③ 리프팅 슬링으로 유성기어 하우징을 고정한 다음 고정나사를 푼다.

▶ 유성기어 하우징 고정나사 분해

④ 유성기어 하우징을 액슬 케이스에서 분리한다.

▶ 유성기어 하우징 분리

⑤ 선 기어를 분해하고 구동축을 차동기어에서 뽑아낸다.
(심 파손 주의)

▶ 구동축 분해

⑥ 차동장치 고정나사를 분해한다.
(차동장치 캐리어와 액슬 하우징에 위치표시)

▶ 차동장치 고정나사 분해

⑦ 리프팅 체인을 이용해 차동장치 캐리어를 액슬 케이스에서 들어 올린다.

▶ 차동장치 분해

(2) 백래시 점검

백래시란 기어의 맞물림 상태에서 접하고 있는 상대 잇면과의 사이에 틈새가 생기는데 그 틈새를 말한다. 종감속기에서는 구동 피니언 기어와 링 기어 사이의 틈새를 백래시라고 한다.

1) 링 기어의 백래시를 점검하는 방법

① 차동기어 장치가 움직이지 않도록 고정한다.
② 다이얼 게이지의 스핀들을 링 기어 잇면에 직각으로 설치한 다음 움직이지 않도록 마그네트로 고정한다.
③ 구동 피니언 기어가 회전하지 않도록 고정시키고 링 기어를 전후로 가볍게 움직이면서 백래시를 측정한다. 이때 다이얼 게이지의 스핀들이 다른 기어에 닿지 않도록 주의하여야 한다.

▶ 링 기어의 백래시 점검

2) 링 기어와 구동 피니언 기어의 접촉상태 점검

① 링 기어의 잇면을 3~4개 정도 깨끗하게 닦는다.
② 링 기어의 잇면에 광명단을 바른다.
③ 링 기어를 회전시켜 광명단을 바른 잇면이 구동 피니언 기어와 맞물리도록 한다.
④ 구동 피니언 기어가 움직이지 않도록 고정하고 링 기어를 전·후로 수차례 움직여 준다.
⑤ 링 기어의 광명단을 바른 잇면이 노출되도록 회전한다.
⑥ 링 기어에서 광명단이 접촉된 부분을 확인한다.

▶ 링 기어 접촉면 점검

3) 접촉상태 판정 및 수정 방법

① **정상 접촉** : 링 기어와 구동 피니언 기어의 접촉이 링 기어의 중심부 쪽으로 50 ~ 70% 정도 물리는 접촉

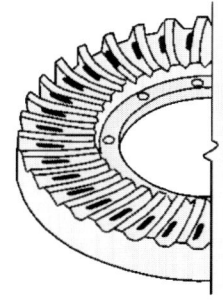

▶ 정상 접촉

② **토우(toe) 접촉** : 구동 피니언 기어가 링 기어의 소단부(기어 이의 폭이 좁은 안쪽 부분)에 접촉하는 형태로, 수정 방법은 구동 피니언 기어를 바깥쪽으로 이동시키거나 링 기어를 안쪽으로 이동시켜 조정한다.

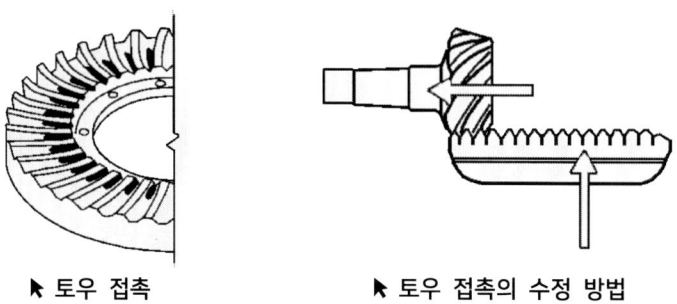

▶ 토우 접촉　　　　　　▶ 토우 접촉의 수정 방법

③ **힐(heel) 접촉** : 구동 피니언 기어가 링 기어의 대단부(기어 이의 폭이 넓은 바깥쪽 부분)에 접촉하는 형태로, 수정 방법은 구동 피니언 기어를 안쪽으로 이동시키거나 링 기어를 바깥쪽으로 이동시켜 조정한다.

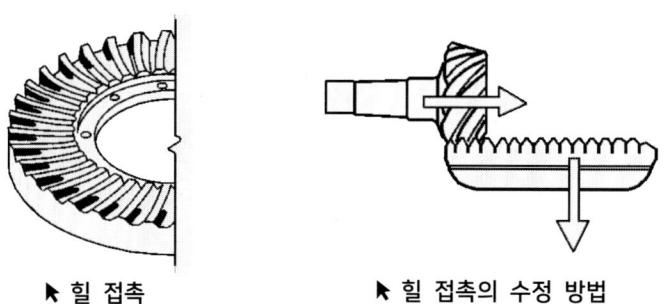

▶ 힐 접촉　　　　　　▶ 힐 접촉의 수정 방법

④ **페이스(face) 접촉** : 링 기어 잇면의 끝에 구동 피니언 기어가 접촉하는 형태로, 수정 방법은 구동 피니언 기어를 안쪽으로 이동시키거나 링 기어를 바깥쪽으로 이동시켜 조정한다.

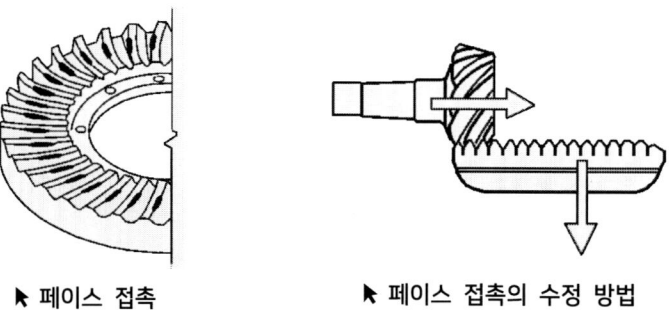

▶ 페이스 접촉　　　　　　▶ 페이스 접촉의 수정 방법

⑤ **플랭크(flank) 접촉** : 링 기어의 이뿌리(골짜기) 부분에 구동 피니언 기어가 접촉하는 형태로, 수정 방법은 구동 피니언 기어를 바깥쪽으로 이동시키거나 링 기어를 안쪽으로 이동시켜 조정한다.

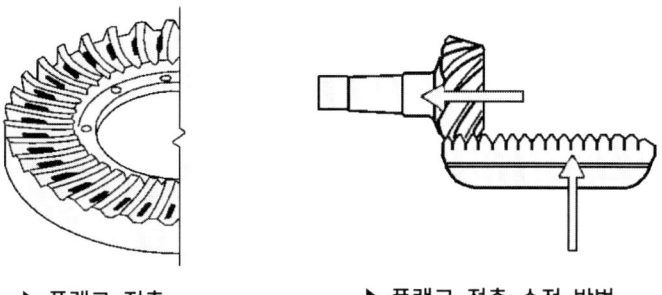

▶ 플랭크 접촉   ▶ 플랭크 접촉 수정 방법

▶ 백래시 조정

실기시험 답안지 작성방법

A. 요구사항

※ 주어진 로더(Loader)의 종감속 기어 및 차동장치에서 구동 피니언 기어와 링 기어의 백래시 및 접촉면 상태를 점검하여 기록표에 기록하시오.

[차체2 시험결과 기록표]

측정 항목	① 측정(또는 점검)		② 판정 및 정비(또는 조치) 사항		득점
	측정값	규정(정비한계)값	판정(□에 "✔" 표시)	정비 및 조치할 사항	
백래시	0.28mm	0.05~0.08mm	□ 양호 ☑ 불량	링 기어를 바깥쪽으로 이동하거나, 구동 피니언 기어를 안쪽으로 이동 후 재점검	
접촉면	힐 접촉				

비 번호: 　　　　감독위원 확인:

※ 시험위원이 지정하는 부위를 측정하고, 단위가 누락되거나 틀린 경우 오답으로 채점함.

B. 답안지 작성 방법

① **측정값** : 수검자가 측정한 측정값을 기록한다.
　　　　(예 ; 0.28mm)

② **규정값** : 제시된 기준에 맞는 규정값을 기록한다. 이때 반드시 단위를 기록해야 한다.
　　　　(예 ; 0.05 ~ 0.08mm)

③ **판　정** : 규정값과 측정값을 비교하여 수검자가 판정하여 표시한다.
　　　　(예 ; □ 양호,　□ 불량에 "✔" 표시)
　• 양호 : 측정값이 제시된 규정값의 범위에 있는 경우
　• 불량 : 측정값이 제시된 규정값의 범위를 벗어난 경우

④ **정비 및 조치할 사항**
　• 양호한 경우 : 정비 및 조치사항 없음
　• 불량한 경우 : 결함 원인에 대한 조치사항을 기록한다.
　(예 ; 링 기어를 바깥쪽으로 이동하거나, 구동 피니언 기어를 안쪽으로 이동 후 재점검)

Body & Hydraulic

4. 언더캐리지

1 트랙 장력 점검

(1) 트랙 장력(유격)

① 트랙의 유격은 프런트 아이들러와 1번 상부 롤러 사이에 트랙의 처짐 정도를 말하며, 건설기계의 종류에 따라 다소 차이는 있으나 일반적으로 20~40mm 정도이다.
② 유격이 규정 값보다 크면 트랙이 주행 중 벗겨지기 쉽고 롤러 및 트랙 링크의 마모가 촉진된다.
③ 반대로 유격이 너무 적으면 암석지 작업을 할 때 트랙이 절단되기 쉬우며, 각종 롤러 및 트랙 구성품의 마모가 촉진된다.

(2) 트랙 장력 점검 시 주의사항

① 굴삭기의 트랙 장력을 점검할 때에는 안전을 위해 반드시 2인이 작업을 실시하며, 다음의 정비 지침을 준수하여야 한다.
② 한 사람은 운전석에서 제어장치들을 조작하여 한쪽 프레임을 공중에 띄운 상태를 유지하는 동안 한 사람은 치수 확인을 해야 한다.
③ 정비를 하는 동안 장비가 움직이거나 사이드 프레임이 내려앉지 않도록 모든 주의를 기울여야 한다.
④ 비정상적으로 엔진이 정지하는 것을 방지하기 위하여 엔진을 충분히 예열 후 실시한다.
⑤ 장비는 편평하고 지면이 균일한 지역에 세워두거나 필요한 경우 블록들을 받쳐두고 실시한다.

⑥ 트랙 조정 장치는 매우 높은 압력이 걸려 있으므로 갑자기 압력을 배출해서는 안된다. 트랙 장력 조정 그리스 밸브는 완전히 체결된 상태에서 한 바퀴 이상 풀어서는 안된다. 압력을 천천히 배출시키고 항상 밸브에서 몸을 멀리 유지하고 작업을 하여야 한다. 그리스 밸브의 나사산에 문제가 있으면 밸브 자체가 고속으로 분출되어 사망 혹은 중상을 당할 수도 있으므로 밸브를 천천히 풀어서 압력이 완전히 빠져나갈 때까지 그리스 피팅을 풀거나 제거해서는 안된다.

⑦ 트랙 슈의 링크 핀과 부싱들은 정상적인 사용으로도 마모가 되므로 트랙 장력이 감소한다. 따라서 마모를 보정하기 위해서는 정기적인 트랙의 장력 조정이 필요하며, 또한 작업 지반 등 작업조건에 따라서 조정이 필요할 수도 있다.

⑧ 트랙의 장력을 점검하기 전에 트랙에 진흙, 먼지 또는 이물질이 너무 많으면, 측정값이 부정확해질 수 있으므로 장력을 측정하기 전에 트랙을 깨끗이 청소하여야 한다.

(3) 도저(FD-20A)의 트랙 유격(장력) 점검

① 도저를 평탄한 지반 위에 후진으로 이동하여 브레이크를 작동하지 않고 정지시킨다.
② 1.5m 철자와 30cm 철자를 가지고 트랙 위로 올라간다.(트랙에 균등한 힘을 가하기 위해 60kg의 무게로 눌러준다. 1인의 몸무게)
③ 전부 유동륜과 1번 상부 롤러 사이의 트랙 그라우저 중앙부분에 1.5m 철자를 세로로 세운다.
④ 1.5m 철자의 하단 부분에 30cm 철자를 수직으로 세워서 트랙의 가장 낮은 부분에 있는 트랙 슈의 그라우저 사이의 거리를 측정한다.
⑤ 적당한 트랙 유격은 38 ~ 50mm 이다.
⑥ 장력이 규정보다 적으면(느슨하면) 그리스 건을 이용하여 장력 조절 실린더의 그리스 피팅(주입 밸브)에 그리스를 주입한다.
⑦ 트랙을 앞뒤로 움직여 그리스가 골고루 분포되게 만든 다음 필요한 경우 장력을 다시 조정한다.

▶ 도저 트랙 유격 점검

▶ 장력 조절 실린더 그리스 주입

4. 언더캐리지

(4) 굴삭기 트랙 유격 점검 방법

① 굴삭기를 회전시켜 트랙 방향으로 직각이 되게 한 다음 붐을 하강하여 장비의 한쪽을 지면에서 들어 올린다. 장력을 측정하는 동안 프레임 하부에 받침대 등 블로킹을 설치하여 안전대책을 강구한다.

▶ 굴삭기 트랙 잭 업

② 러버(고무) 트랙의 경우에는 트랙 패드의 이음매(∞)가 축의 중심선(상부롤러 상단)에 위치하도록 주행레버를 당겨 트랙을 회전시킨다.

③ 러버(고무) 트랙이 장착된 장비의 경우에는 사이드 프레임의 하단과 가장 낮은 크롤러 슈 상단 사이의 거리(A)를 측정한다. 대부분의 지형에서 운전하기 알맞은 권장 장력은 15 ~ 20mm이다.

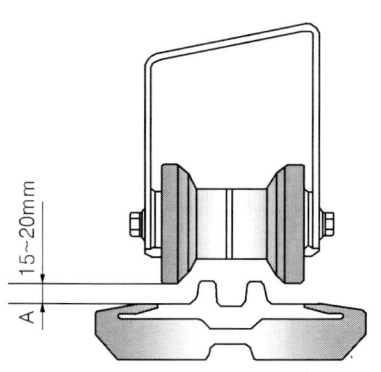

▶ 고무 트랙 장력 점검

④ 스틸 트랙이 장착된 장비의 경우에는 사이드 프레임의 하단과 가장 낮은 크로울러 슈 상단 사이의 거리(A)를 측정한다. 대부분의 일반 지형에서 운전하기 알맞은 권장 장력은 10톤 이하는 125 ~ 130mm, 10톤 이상은 250 ~ 300mm 정도이다. 진흙이나 모래 또는 적설 지면 조건에서는 조금 더 크게 한다.

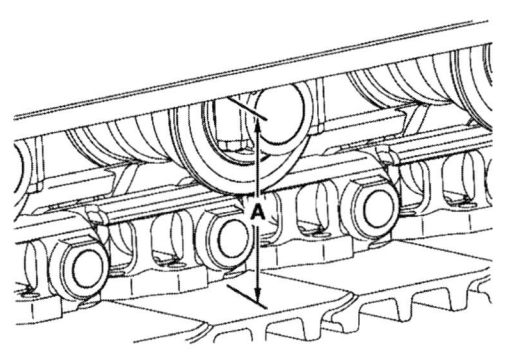 

▶ 스틸 트랙 장력 점검

(5) 유격(장력)을 조정하는 방법

① 장력이 규정보다 적으면(느슨하면) 그리스 건을 이용하여 장력 조절 실린더의 그리스 피팅(주입 밸브)에 그리스를 주입한다.

▶ 장력 조절 실린더 그리스 주입

② 트랙을 앞뒤로 움직여 그리스가 골고루 분포되게 만든 다음 필요한 경우 장력을 다시 조정한다.

③ 트랙의 장력이 조정되지 않는 경우에는 핀과 부싱을 교환하여야 한다. 고무 트랙의 경우에는 장력 조절 실린더 시일과 트랙을 교환한다.

④ 트랙 장력이 많을 때는(팽팽하면) 장력 조정 그리스 밸브를 풀면 그리스가 배출되어 트랙 장력이 감소한다. 밸브를 최대 1바퀴까지 천천히 풀어준다.

⑤ 트랙의 장력이 정확하게 조정된 경우에는 트랙 장력 조정 그리스 밸브를 6~9 kg·m의 토크로 조인다.

⑥ 트랙을 앞뒤로 움직여 트랙에 균일한 장력이 유지되도록 한다.

⑦ 장력을 다시 점검하고 필요한 경우 재조정한다.

실기시험 답안지 작성방법

A. 요구사항

※ 주어진 무한궤도식 건설기계에서 하부 구동체(under carriage)의 트랙 장력을 점검하여 기록표에 기록하시오.

[차체2 시험결과 기록표]

측정 항목	① 측정(또는 점검)		② 판정 및 정비(또는 조치) 사항		득점
	측정값	규정(정비한계)값	판정(□에 "✔" 표시)	정비 및 조치할 사항	
트랙 장력	30mm	15~20mm	□ 양호 ☑ 불량	장력 조정 실린더에 그리스 주입 후 재측정	

비 번호		감독위원 확 인	

※ 시험위원이 지정하는 부위를 측정하고, 단위가 누락되거나 틀린 경우 오답으로 채점함.

B. 답안지 작성 방법

① **측정값** : 수검자가 측정한 측정값을 기록한다. 이때 반드시 단위를 기록해야 한다.
  (예 ; 30mm)

② **규정값** : 제시된 기준에 맞는 규정값을 기록한다.
  (예 ; 15 ~ 20mm)

③ **판 정** : 규정값과 측정값을 비교하여 수검자가 판정하여 표시한다.
  (예 ; □ 양호, □ 불량에 "✔" 표시)
  • 양호 : 측정값이 제시된 규정값의 범위에 있는 경우
  • 불량 : 측정값이 제시된 규정값의 범위를 벗어난 경우

④ **정비 및 조치할 사항**
  • 양호한 경우 : 정비 및 조치사항 없음
  • 불량한 경우 : 결함 원인에 대한 조치사항을 기록한다.
    (예 ; 장력 조정 실린더에 그리스 주입 후 재측정)

2 상부 롤러(캐리어 롤러) 교환

(1) 상부 롤러 교환 방법

① 굴삭기를 편평하고 지면이 균일한 지역에 세워 두고 작업을 실시한다.
② 장력 조절 실린더의 덮개를 풀고 그리스 밸브를 풀어 그리스를 주입구를 제거한다. 이때 많은 양의 그리스가 흘러나오므로 티슈나 헝겊을 받쳐 그리스를 제거한다.
③ 트랙 위에 힘을 가하거나 굴삭기를 시동하여 브릿지 자세를 취하면 자중에 의해 그리스가 쉽게 배출된다. 그리스가 배출되면 굴삭기를 지면에 내려놓고 엔진의 시동을 끈다.
④ 프레임 위에 유압잭을 설치하여 트랙을 상부 롤러 위에서 약간 들어 올린다. 러버(고무) 트랙이 장착된 장비의 경우에는 유압잭 레버를 이용하여도 트랙을 들어 올릴 수 있다.
⑤ 상부 롤러의 고정 볼트를 풀어 분리한 다음, 상부 롤러를 제거한다.
⑥ 상부 롤러를 교환한 다음에는 트랙 장력 점검 방법에 의해 트랙의 장력을 조정한다.

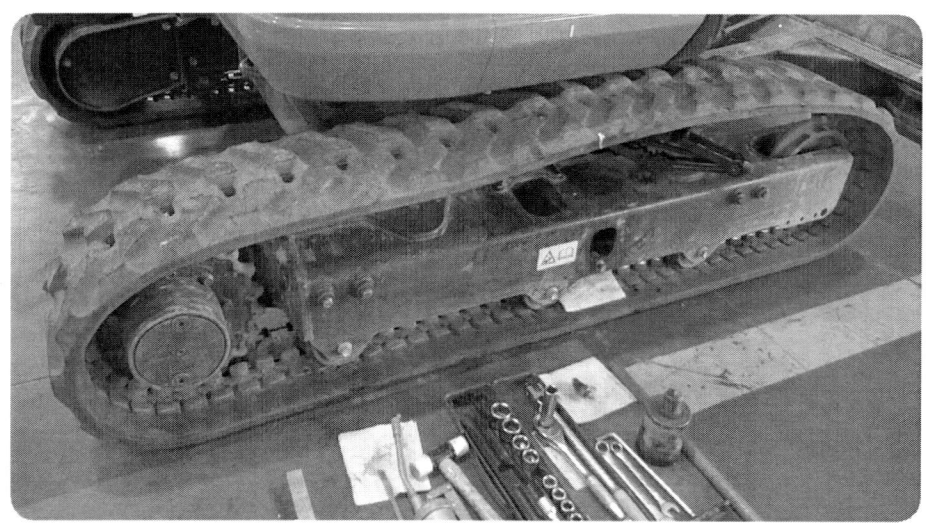

▶ 고무 패드형 상부 롤러 교환

▶ 스틸 궤도형 상부 롤러 교환

▶ 장력조절실린더 그리스 주입

5. 지게차 검사

1 마스트 전경사각 · 후경사각 검사

(1) 검사 방법

① 지게차를 평탄한 지면 위에 주차시키고 각도계를 준비한다.
② 각도계의 눈금을 "0"에 일치시킨다.
③ 각도계를 마스트에 수직으로 세우거나 리프트에 수평으로 부착시킨다. 각도계는 자석이 부착되어 있으므로 지게차의 어느 곳에도 부착이 가능하다.
④ 지게차의 시동을 건 다음, 리프트를 지면에서 30~50cm 정도 들어 올리고 틸트 레버를 앞으로 밀고 마스트를 앞쪽으로 완전히 기울인다(전경사각).
⑤ 각도계의 물방울(수포)을 수평으로 맞춘 다음 각도계의 눈금을 읽는다.
⑥ 후경사각의 측정은 전경사각 측정과 동일하며, 마스트를 뒤쪽으로 완전히 기울인 다음 측정한다.

▶ 각도계 위치 및 눈금 확인

(2) 조정 방법

① 좌·우 틸트 실린더의 피스톤 로드에 로드 아이 헤드를 고정시키는 볼트를 푼다.
② 렌치를 이용하여 피스톤 로드를 돌리면 로드 아이 헤드와의 길이가 조정되어 경사각을 조정할 수 있다.
③ 좌·우의 틸트 실린더를 동시에 조정하여 마스트는 같은 경사각으로 조정되어야 한다.

▶ 틸트 실린더 로드 길이 조정

실기시험 답안지 작성방법

A. 요구사항

※ 지게차의 마스트 전경사각(후경사각)을 측정하여 기록표에 기록하시오.

[차체2 시험결과 기록표]

측정 항목	① 측정(또는 점검)		② 판정 및 정비(또는 조치) 사항		득점
	측정값	규정(정비한계)값	판정(□에 "✔" 표시)	정비 및 조치할 사항	
전 경사각 (후 경사각)	8°	5 ~ 6°	□ 양호 ☑ 불량	틸트 실린더 로드 길이 조정 후 재측정	

비 번호: 　　　　감독위원 확 인:

※ 시험위원이 지정하는 부위를 측정하고, 단위가 누락되거나 틀린 경우 오답으로 채점함.

B. 답안지 작성 방법

① **측정값** : 수검자가 각도계로 측정한 측정값을 기록한다. 이때 반드시 단위를 기록해야 한다.   (예 ; 8 °)

② **규정값** : 제시된 기준에 맞는 규정값을 기록한다.
　　　　　(예 ; 5 ~ 6 °)

③ **판　정** : 규정값과 측정값을 비교하여 수검자가 판정하여 표시한다.
　　　　　(예 ; □ 양호,　□ 불량에 "✔" 표시)

　• 양호 : 측정값이 제시된 규정값의 범위에 있는 경우
　• 불량 : 측정값이 제시된 규정값의 범위를 벗어난 경우

④ **정비 및 조치할 사항**
　• 양호한 경우 : 정비 및 조치사항 없음
　• 불량한 경우 : 결함 원인에 대한 조치사항을 기록한다.
　　　　　(예 ; 틸트 실린더 로드 길이 조정 후 재측정)

2 포크 최대 상승높이 점검

(1) 점검 방법

① 지게차의 '**최대 상승높이**'란 기준 무부하 상태에서 지면과 수평상태로 쇠스랑을 가장 높이 올렸을 때 지면에서 쇠스랑 윗면까지의 높이를 말하며, 컨테이너 핸들러의 경우에는 회전 잠금장치 하단부까지의 높이를 말한다.

② 지게차를 지면이 단단하고 평탄한 장소에 세우고, 조향 핸들을 돌려 조향 바퀴를 차체와 나란히 일치시킨 후 주차 브레이크를 작동한다. 이때 모든 타이어의 공기압은 규정값으로 주입되어야 한다.

③ 각도계를 아우터 레일 앞쪽에 부착시키고 틸트 각도가 "0°"가 되도록 한다.

④ 줄자를 리프트의 안쪽 상단부분에 고정(부착)시킨 다음 리프트를 지면에 수평으로 내려놓는다.

⑤ 리프트 레버를 작동하여 포크를 최대로 상승시킨다.

⑥ 줄자로 포크와 지면과의 거리를 측정한다.

⑦ 표준값은 장비의 제원에 따라 다르다. 측정값이 표준값이면 양호하며 표준값보다 많거나 적으면 불량이다.

▶ 포크와 지면과의 거리 측정

(2) 조정 방법

① 체인장착 더블 너트를 풀거나 조여서 조정한다.

▶ 체인 유격 조정

실기시험 답안지 작성방법

A. 요구사항

※ 주어진 지게차를 시동한 후 포크의 상승(올림) 높이를 측정하여 기록표에 기록·판정하시오.

[차체2 시험결과 기록표]

측정 항목	① 측정(또는 점검)		② 판정 및 정비(또는 조치) 사항		득점
	측정값	규정(정비한계)값	판정(□에 "✔" 표시)	정비 및 조치할 사항	
포크 상승높이	2,905mm	2,990~3,000mm	□ 양호 ☑ 불량	체인 유격 조정나사 길이 조정 후 재측정	

비 번호 / 감독위원 확 인

※ 시험위원이 지정하는 부위를 측정하고, 단위가 누락되거나 틀린 경우 오답으로 채점함.

B. 답안지 작성 방법

① **측정값** : 수검자가 측정한 측정값을 기록한다. 이때 반드시 단위를 기록해야 한다.
  (예 ; 2,905mm)

② **규정값** : 제시된 기준에 맞는 규정값을 기록한다.
  (예 ; 2,990~3,000mm)

③ **판 정** : 규정값과 측정값을 비교하여 수검자가 판정하여 표시한다.
  (예 ; □ 양호, □ 불량에 "✔" 표시)
  - 양호 : 측정값이 제시된 규정값의 범위에 있는 경우
  - 불량 : 측정값이 제시된 규정값의 범위를 벗어난 경우

④ **정비 및 조치할 사항**
  - 양호한 경우 : 정비 및 조치사항 없음
  - 불량한 경우 : 결함 원인에 대한 조치사항을 기록한다.
    (예 ; 체인 유격 조정나사 길이 조정 후 재측정)

③ 지게차 유압 점검

지게차를 지면이 단단하고 평탄한 장소에 세우고, 조향 핸들을 돌려 조향바퀴를 차체와 나란히 일치시킨 다음 주차 브레이크를 작동한다.

(1) 메인 컨트롤 압력(포크 리프팅 압력) 측정

① 엔진 덮개를 들어 올린 다음 압력 게이지를 메인 릴리프 밸브 압력 측정 포트(연결 포트가 위쪽 방향으로 설치)에 연결한다.

▶ 지게차 메인 압력 측정 포트

② 압력 게이지의 유압 호스를 엔진 덮개의 조정 레버 홈으로 빼내고 엔진 덮개를 내려놓는다. 유압 호스를 엔진 덮개의 조정 레버 홈으로 빼내지 않으면 엔진 덮개에 유압 호스가 눌려 호스가 파손될 수 있으므로 주의하여야 한다.
③ 엔진을 시동하고 마스트 작동 레버를 당겨 마스트가 최대 위치로 상승하도록 한다.
④ 마스트가 상승되면 가속 페달을 밟아 엔진을 최대속도로 작동하고 마스트 레버를 최대로 당겨 압력 게이지의 측정값을 읽는다.

⑤ 측정이 끝나면 마스트를 천천히 내려놓는다.
⑥ 엔진 시동을 끄고 압력 게이지를 압력 측정 포트에서 분리하고 덮개를 조립한다.
⑦ 측정값이 규정값을 초과하거나 부족하면 메인 릴리프 밸브의 압력을 조정한 다음 재 측정한다.

▶ 지게차 포크 리프팅 압력 측정

실기시험 답안지 작성방법

A. 요구사항

※ 주어진 지게차에서 컨트롤 밸브 릴리프 압력(포크 리프팅 압력)을 측정하여 기록하시오.

[차체 및 유압 3 시험결과 기록표]

측정 항목	① 측정(또는 점검)		② 판정 및 정비(또는 조치) 사항		득점
	측정값	규정(정비한계)값	판정(□에 "✔" 표시)	정비 및 조치할 사항	
컨트롤 릴리프 압력	210kgf/cm²	230~240kgf/cm²	□ 양호 ☑ 불량	메인 릴리프 밸브 압력 조정 후 재측정	

비 번호: 　　　　감독위원 확인:

※ 시험위원이 지정하는 부위를 측정하고, 단위가 누락되거나 틀린 경우 오답으로 채점함.

B. 답안지 작성 방법

① **측정값** : 수검자가 압력계로 측정한 측정값을 기록한다.
　　　(예 ; 210kgf/cm²)

② **규정값** : 제시된 기준에 맞는 규정값을 기록한다. 이때 반드시 단위를 기록해야 한다.
　　　(예 ; 230~240kgf/cm²)

③ **판 정** : 규정값과 측정값을 비교하여 수검자가 판정하여 표시한다.
　　　(예 ; □ 양호, □ 불량에 "✔" 표시)
　• 양호 : 측정값이 제시된 규정값의 범위에 있는 경우
　• 불량 : 측정값이 제시된 규정값의 범위를 벗어난 경우

④ **정비 및 조치할 사항**
　• 양호한 경우 : 정비 및 조치사항 없음
　• 불량한 경우 : 결함 원인에 대한 조치사항을 기록한다.
　　　(예 ; 메인 릴리프 밸브 압력 조정 후 재측정)

(2) 틸트 압력 측정

① 틸트 압력을 측정할 때 준비 방법은 메인 압력 측정 방법과 동일하며, 압력 게이지를 틸트 릴리프 밸브 압력 측정 포트(진행 방향으로 볼 때 연결 포트가 좌측 방향으로 설치)에 연결한다.

▶ 지게차 틸트 압력 측정 포트

② 압력 게이지의 유압 호스를 엔진 덮개의 조정 레버 홈으로 빼내고 엔진 덮개를 내려놓는다. 유압 호스를 엔진 덮개의 조정 레버 홈으로 빼내지 않으면 엔진 덮개에 유압 호스가 눌려 호스가 파손될 수 있으므로 주의하여야 한다.
③ 엔진을 시동하고 마스트 작동 레버를 당겨 마스트가 지면에서 30cm 정도 상승하도록 한다.
④ 틸트 작동 레버를 앞으로 밀어 마스트가 앞쪽으로 최대한 기울어지도록 한다.
⑤ 가속 페달을 밟아 엔진을 최대속도로 작동하고 틸트 레버를 최대로 작동하여 압력 게이지의 측정값을 읽는다.
⑥ 측정이 끝나면 마스트를 수직으로 세우고 천천히 내려놓는다.

⑦ 엔진 시동을 끄고 압력 게이지를 압력 측정 포트에서 분리하고 덮개를 조립한다.
⑧ 측정값이 규정값을 초과하거나 부족하면 틸트 릴리프 밸브의 압력을 조정한 다음 재 측정한다.

▶ 지게차 틸트 압력 측정

실기시험 답안지 작성방법

A. 요구사항

※ 주어진 지게차에서 틸트 릴리프 압력을 측정하여 기록하시오.

[차체 및 유압 3 시험결과 기록표]

측정 항목	① 측정(또는 점검)		② 판정 및 정비(또는 조치) 사항		득점
	측정값	규정(정비한계)값	판정(□에 "✔" 표시)	정비 및 조치할 사항	
틸트 압력	180kgf/cm²	190~200kgf/cm²	□ 양호 ☑ 불량	틸트 릴리프 밸브 압력 조정 후 재측정	

비 번호: 　　　　감독위원 확인: 　

※ 시험위원이 지정하는 부위를 측정하고, 단위가 누락되거나 틀린 경우 오답으로 채점함.

B. 답안지 작성 방법

① **측정값** : 수검자가 압력계로 측정한 측정값을 기록한다.
　　　　(예 ; 180kgf/cm²)

② **규정값** : 제시된 기준에 맞는 규정값을 기록한다. 이때 반드시 단위를 기록해야 한다.
　　　　(예 ; 190~200kgf/cm²)

③ **판　정** : 규정값과 측정값을 비교하여 수검자가 판정하여 표시한다.
　　　　(예 ; □ 양호, 　□ 불량에 "✔" 표시)
　• 양호 : 측정값이 제시된 규정값의 범위에 있는 경우
　• 불량 : 측정값이 제시된 규정값의 범위를 벗어난 경우

④ **정비 및 조치할 사항**
　• 양호한 경우 : 정비 및 조치사항 없음
　• 불량한 경우 : 결함 원인에 대한 조치사항을 기록한다.
　　　　(예 ; 틸트 릴리프 밸브 압력 조정 후 재측정)

(3) 조향 압력 측정

① 조향 압력을 측정할 때 준비 방법은 메인 압력 측정 방법과 동일하며, 압력 게이지를 조향 릴리프 밸브 압력 측정 포트(진행 방향으로 볼 때 연결 포트가 진행 방향으로 설치)에 연결한다.

▶ 지게차 조향 압력 측정 포트

② 압력 게이지의 유압 호스를 엔진 덮개의 조정 레버 홈으로 빼내고 엔진 덮개를 내려놓는다. 유압 호스를 엔진 덮개의 조정 레버 홈으로 빼내지 않으면 엔진 덮개에 유압 호스가 눌려 호스가 파손될 수 있으므로 주의하여야 한다.

③ 엔진을 시동하고 핸들을 우측으로 돌려 조향 바퀴가 최대로 작동되도록 한다.

④ 가속 페달을 밟아 엔진을 최대속도로 작동하고, 핸들을 최대로 작동한 상태에서 압력 게이지의 측정값을 읽는다.

⑤ 측정이 끝나면 핸들을 바르게 위치시킨다.

⑥ 엔진 시동을 끄고 압력 게이지를 압력 측정 포트에서 분리하고 덮개를 조립한다.

⑦ 측정값이 규정값을 초과하거나 부족하면 조향 릴리프 밸브의 압력을 조정한 다음 재 측정한다.

▸ 지게차 조향 압력 측정

실기시험 답안지 작성방법

A. 요구사항

※ 주어진 지게차에서 조향시 조향 밸브 압력을 측정하여 기록표에 기록하시오.

[차체 및 유압 3 시험결과 기록표]

측정 항목	① 측정(또는 점검)		② 판정 및 정비(또는 조치) 사항		득점
	측정값	규정(정비한계)값	판정(□에 "✔" 표시)	정비 및 조치할 사항	
조향시 조향밸브 압력	160kgf/cm²	180~190kgf/cm²	□ 양호 ☑ 불량	조향 릴리프 밸브 압력 조정 후 재측정	

비 번호: 　　　　감독위원 확 인:

※ 시험위원이 지정하는 부위를 측정하고, 단위가 누락되거나 틀린 경우 오답으로 채점함.

B. 답안지 작성 방법

① **측정값** : 수검자가 압력계로 측정한 측정값을 기록한다.
　　　　(예 ; 160kgf/cm²)

② **규정값** : 제시된 기준에 맞는 규정값을 기록한다. 이때 반드시 단위를 기록해야 한다.
　　　　(예 ; 180~190kgf/cm²)

③ **판 정** : 규정값과 측정값을 비교하여 수검자가 판정하여 표시한다.
　　　　(예 ; □ 양호, □ 불량에 "✔" 표시)
  • 양호 : 측정값이 제시된 규정값의 범위에 있는 경우
  • 불량 : 측정값이 제시된 규정값의 범위를 벗어난 경우

④ **정비 및 조치할 사항**
  • 양호한 경우 : 정비 및 조치사항 없음
  • 불량한 경우 : 결함 원인에 대한 조치사항을 기록한다.
　　　　(예 ; 조향 릴리프 밸브 압력 조정 후 재측정)

6. 굴삭기 검사

Body & Hydraulic

1 굴삭기 메인 압력 측정

(1) 검사 방법

① 엔진을 정지시킨다.
② 에어 블리더를 눌러 내압을 제거한다.
③ 메인 유압 펌프의 게이지 포트(G1, G2)에 커넥터와 압력 게이지를 연결한다.
  - 붐과 버킷 실린더의 메인 압력은 G1 포트에서
  - 암 실린더와 선회 압력은 G2 포트에서 실시
④ 엔진을 시동하고 포트의 누유를 점검한다. 작동유 온도는 50±5℃를 유지한다.
⑤ 작업/주행 선택 스위치(W/P/T)가 작업(W) 위치에 있는지 확인한다.
⑥ 붐 작동 레버를 천천히 당겨 붐이 최대 상승 위치에 오도록 한다.
⑦ 엔진 회전속도 조절 다이얼을 최대 위치로 작동시킨다.
⑧ 붐 레버를 실린더의 최대 행정까지 작동시켜 압력 게이지에 나타나는 메인 릴리프 압력을 측정한다.

(2) 조정 방법

① 측정값이 규정값을 초과하거나 부족할 때는 메인 릴리프 밸브의 압력을 조정하고 재 측정한다.

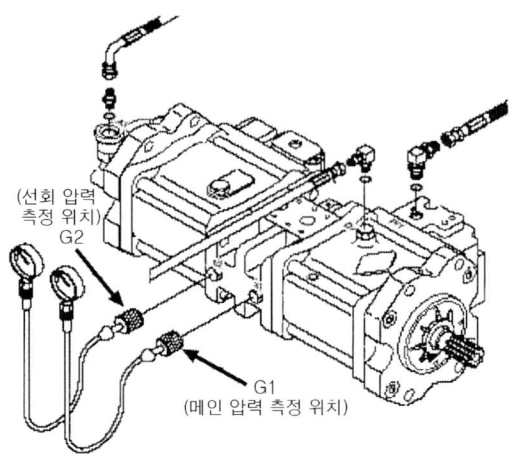

▶ 압력 게이지 연결 위치

▶ 커넥터에 압력 게이지 연결

▶ 굴삭기 메인 압력 측정

실기시험 답안지 작성방법

A. 요구사항

※ 굴삭기에서 메인 펌프 릴리프 압력을 측정하여 기록표에 기록하시오.

[차체 및 유압 3 시험결과 기록표]

측정 항목	① 측정(또는 점검)		② 판정 및 정비(또는 조치) 사항		득점
	측정값	규정(정비한계)값	판정(□에 "✔" 표시)	정비 및 조치할 사항	
릴리프 압력	320kgf/cm²	330~350kgf/cm²	□ 양호 ☑ 불량	메인 릴리프 밸브 압력 조정 후 재측정	

비 번호		감독위원 확 인	

※ 시험위원이 지정하는 부위를 측정하고, 단위가 누락되거나 틀린 경우 오답으로 채점함.

B. 답안지 작성 방법

① **측정값** : 수검자가 측정한 측정값을 기록한다.
　　　　　(예 ; 320kgf/cm²)

② **규정값** : 제시된 기준에 맞는 규정값을 기록한다. 이때 반드시 단위를 기록해야 한다.
　　　　　(예 ; 330~350kgf/cm²)

③ **판　정** : 규정값과 측정값을 비교하여 수검자가 판정하여 표시한다.
　　　　　(예 ; □ 양호, □ 불량에 "✔" 표시)
　• 양호 : 측정값이 제시된 규정값의 범위에 있는 경우
　• 불량 : 측정값이 제시된 규정값의 범위를 벗어난 경우

④ **정비 및 조치할 사항**
　• 양호한 경우 : 정비 및 조치사항 없음
　• 불량한 경우 : 결함 원인에 대한 조치사항을 기록한다.
　　　　　(예 ; 메인 릴리프 밸브 압력 조정 후 재측정)

2 굴삭기 버킷 실린더 오므림(IN) 압력 측정

(1) 검사 방법

① 엔진을 정지시키고 에어 블리더를 눌러 내압을 제거한다.

② 버킷 실린더의 게이지 포트(5G)에 커넥터와 압력 게이지를 연결한다.
  - IN(오므림) 압력은 G5 포트에서
  - OUT(펼침) 압력은 G6 포트에서 실시

③ 엔진을 시동시키고 포트의 누유를 점검한다. 작동유 온도는 50±5℃를 유지한다.

④ 붐 레버를 당겨 버킷의 발톱(투스) 부분이 지면에서 0.5m 정도 떨어지도록 들어올리고, 암은 수직상태가 되도록 한다.

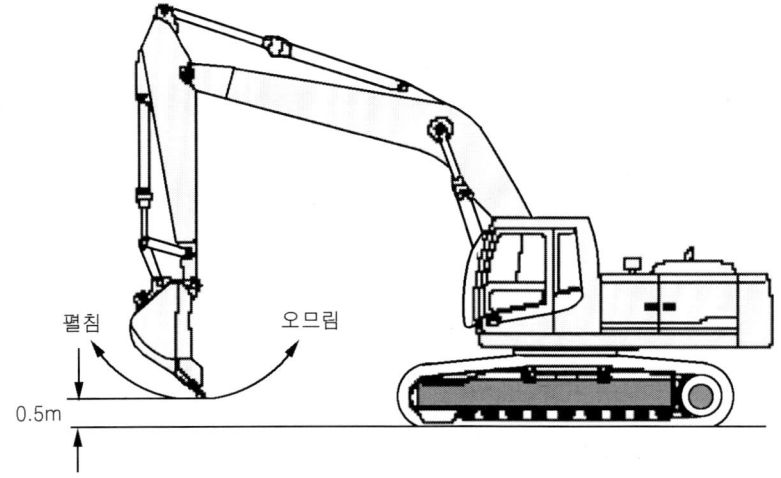

▶ 굴삭기 버킷 실린더 점검 상태

⑤ 작업/주행 선택 스위치(W/P/T)가 주행(W) 위치에 있는지 확인한다.

⑥ 엔진 회전속도 조절 다이얼을 최대 위치로 작동시킨다.

⑦ 버킷 오므림 레버를 실린더의 최대 행정까지 작동시켜 릴리프 압력을 측정한다.

⑧ 압력 측정이 끝나면 버킷을 지면에 내려놓고, 엔진 시동을 끈 후 압력 게이지를 압력 측정 포트에서 분리하고 덮개를 조립한다.

(2) 조정 방법

① 측정값이 규정값을 초과하거나 부족할 때는 버킷 실린더 IN(오므림) 릴리프 밸브의 압력을 조정하고 재 측정한다.

▶ 굴삭기 버킷 실린더 오므림 압력 측정

실기시험 답안지 작성방법

A. 요구사항

※ 굴삭기에서 버킷 실린더 IN(오므림) 압력을 측정하여 기록표에 기록하시오.

[차체 및 유압 3 시험결과 기록표]

측정 항목	① 측정(또는 점검)		② 판정 및 정비(또는 조치) 사항		득점
	측정값	규정(정비한계)값	판정(□에 "✔" 표시)	정비 및 조치할 사항	
버킷실린더 IN(오므림)압력	310kgf/cm²	330~340kgf/cm²	□ 양호 ☑ 불량	버킷 오므림 릴리프 밸브 압력 조정 후 재측정	

비 번호:
감독위원 확인:

※ 시험위원이 지정하는 부위를 측정하고, 단위가 누락되거나 틀린 경우 오답으로 채점함.

B. 답안지 작성 방법

① **측정값** : 수검자가 측정한 측정값을 기록한다.

    (예 ; 310kgf/cm²)

② **규정값** : 제시된 기준에 맞는 규정값을 기록한다. 이때 반드시 단위를 기록해야 한다.

    (예 ; 330~340kgf/cm²)

③ **판 정** : 규정값과 측정값을 비교하여 수검자가 판정하여 표시한다.

    (예 ; □ 양호, □ 불량에 "✔" 표시)

- 양호 : 측정값이 제시된 규정값의 범위에 있는 경우
- 불량 : 측정값이 제시된 규정값의 범위를 벗어난 경우

④ **정비 및 조치할 사항**

- 양호한 경우 : 정비 및 조치사항 없음
- 불량한 경우 : 결함 원인에 대한 조치사항을 기록한다.

    (예 ; 버킷 오므림 릴리프 밸브 압력 조정 후 재측정)

7. 로더 유압장치

1 로더 메인 압력 점검

(1) 검사 방법

① 로더를 지면이 단단하고 평탄한 장소에 세우고 주차 브레이크를 작동한다.
② 로더의 조향 방지 레버(안전 바)를 설치하여 로더가 회전하지 않도록 한다.
③ 엔진을 정지하고 에어 블리더를 눌러 내압을 제거한다.
④ 붐 실린더 상승 유압 파이프의 게이지 포트(1G)에 커넥터와 압력 게이지를 연결한다.
⑤ 압력 게이지를 운전석으로 가지고 온다.
⑥ 작동유 온도는 50±5℃를 유지한다.
⑦ 엔진을 시동하고 붐 레버를 당겨 붐을 최대로 상승시킨다.
⑧ 엔진 가속 페달을 최대로 작동시킨다.
⑨ 붐 레버를 실린더의 최대 상승 행정까지 작동시켜 메인 릴리프 압력을 측정한다.
⑩ 붐을 천천히 하강하여 버킷을 지면에 접촉시킨다.
⑪ 시동을 끄고 유압의 잔압을 제거한 다음 압력 게이지를 제거한다.

(2) 조정 방법

① 측정값이 규정값 범위를 벗어나면 메인 릴리프 밸브의 압력을 조정한 다음 재측정한다.

▶ 로더 메인 압력 측정

실기시험 답안지 작성방법

A. 요구사항

※ 로더(loader)에서 메인 릴리프 밸브 압력을 점검하여 기록하시오.

[차체 및 유압 3 시험결과 기록표]

측정 항목	① 측정(또는 점검)		② 판정 및 정비(또는 조치) 사항		득점
	측정값	규정(정비한계)값	판정(□에 "✔" 표시)	정비 및 조치할 사항	
메인 릴리프 압력	215kgf/cm²	190~200kgf/cm²	□ 양호 ☑ 불량	메인 릴리프 밸브 압력 조정 후 재측정	

비 번호: 　　　　감독위원 확인: 　

※ 시험위원이 지정하는 부위를 측정하고, 단위가 누락되거나 틀린 경우 오답으로 채점함.

B. 답안지 작성 방법

① 측정값 : 수검자가 압력계로 측정한 측정값을 기록한다. 이때 반드시 단위를 기록해야 한다.

   (예 ; 215kgf/cm²)

② 규정값 : 제시된 기준에 맞는 규정값을 기록한다.

   (예 ; 190~200kgf/cm²)

③ 판　정 : 규정값과 측정값을 비교하여 수검자가 판정하여 표시한다.

   (예 ; □ 양호,　□ 불량에 "✔" 표시)

• 양호 : 측정값이 제시된 규정값의 범위에 있는 경우
• 불량 : 측정값이 제시된 규정값의 범위를 벗어난 경우

④ 정비 및 조치할 사항

• 양호한 경우 : 정비 및 조치사항 없음
• 불량한 경우 : 결함 원인에 대한 조치사항을 기록한다.

   (예 ; 메인 릴리프 밸브 압력 조정 후 재측정)

2 로더 틸트 압력 점검

(1) 검사 방법

① 로더를 지면이 단단하고 평탄한 장소에 세우고 주차 브레이크를 작동한다.
② 로더의 조향 방지 레버(안전 바)를 설치하여 로더가 회전하지 않도록 한다.
③ 엔진을 정지하고 에어 블리더를 눌러 내압을 제거한다.
④ 로더의 버켓 실린더 오므림 유압 파이프의 게이지 포트(2G)에 커넥터와 압력 게이지를 연결한다.
⑤ 압력 게이지를 운전석으로 가지고 온다.
⑥ 작동유 온도는 50±5℃를 유지한다.
⑦ 엔진을 시동하고 붐을 지면에서 50cm 정도 들어 올린다.
⑧ 틸트 레버를 당겨 버켓을 최대로 상승(오므림)시킨 다음 엔진 가속 페달을 최대로 작동시킨다.
⑨ 틸트 레버를 실린더의 최대 상승 행정까지 작동시켜 틸트 릴리프 압력을 측정한다.

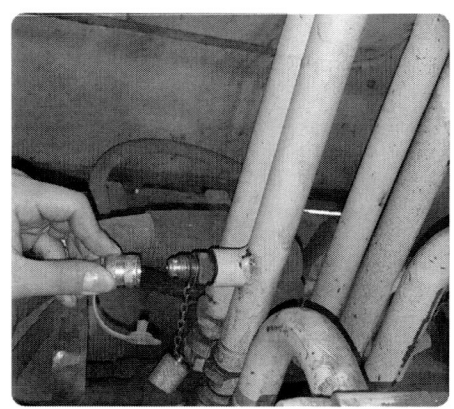

(2) 조정 방법

① 측정값이 규정값 범위를 벗어나면 틸트 릴리프 밸브의 압력을 조정한 다음 재측정한다.

▶ 로더 틸트 압력 측정

실기시험 답안지 작성방법

A. 요구사항

※ 로더(loader)에서 틸트 회로의 안전 밸브 압력을 측정하여 기록표에 기록하시오.

[차체 및 유압 3 시험결과 기록표]

측정 항목	① 측정(또는 점검)		② 판정 및 정비(또는 조치) 사항		득점
	측정값	규정(정비한계)값	판정(□에 "✔" 표시)	정비 및 조치할 사항	
안전 밸브 압력	210kgf/cm²	180~190kgf/cm²	□ 양호 ☑ 불량	틸트 릴리프 밸브 압력 조정 후 재점검	

비 번호: / 감독위원 확 인:

※ 시험위원이 지정하는 부위를 측정하고, 단위가 누락되거나 틀린 경우 오답으로 채점함.

B. 답안지 작성 방법

① 측정값 : 수검자가 압력계로 측정한 측정값을 기록한다. 이때 반드시 단위를 기록해야 한다. (예 ; 210kgf/cm²)

② 규정값 : 제시된 기준에 맞는 규정값을 기록한다.
(예 ; 180~190kgf/cm²)

③ 판 정 : 규정값과 측정값을 비교하여 수검자가 판정하여 표시한다.
(예 ; □ 양호, □ 불량에 "✔" 표시)

- 양호 : 측정값이 제시된 규정값의 범위에 있는 경우
- 불량 : 측정값이 제시된 규정값의 범위를 벗어난 경우

④ 정비 및 조치할 사항

- 양호한 경우 : 정비 및 조치사항 없음
- 불량한 경우 : 결함 원인에 대한 조치사항을 기록한다.
(예 ; 틸트 릴리프 밸브 압력 조정 후 재측정)

3 로더 조향 압력 점검

(1) 검사 방법

① 로더를 지면이 단단하고 평탄한 장소에 세우고 주차 브레이크를 작동한다.
② 로더의 조향 방지 레버(안전 바)를 설치하여 로더가 회전하지 않도록 한다.
③ 엔진을 정지하고 에어 블리더를 눌러 내압을 제거한다.
④ 조향 실린더의 유압 파이프의 게이지 포트(3G)에 커넥터와 압력 게이지를 연결한다.
⑤ 압력 게이지를 운전석으로 가지고 온다.
⑥ 작동유 온도는 50±5℃를 유지한다.
⑦ 엔진을 시동하고 붐을 지면에서 50cm 정도 들어 올린다.
⑧ 조향 핸들을 좌 또는 우로 최대로 작동시킨 다음 엔진 가속 페달을 최대로 작동시킨다.
⑨ 조향 핸들을 좌 또는 우측으로 최대로 회전시켜 조향 릴리프 압력을 측정한다.
⑩ 핸들을 바르게 하고 붐을 천천히 하강하여 버킷을 지면에 접촉시킨다.
⑪ 시동을 끄고 유압의 잔압을 제거한 다음 압력 게이지를 제거한다.

(2) 조정 방법

① 측정값이 규정값 범위를 벗어나면 조향 릴리프 밸브의 압력을 조정한 다음 재측정한다.

▶ 로더 조향 압력 측정 포트

▶ 로더 조향 압력 측정

실기시험 답안지 작성방법

A. 요구사항

※ 로더(loader)에서 조향시 조향 밸브 압력을 점검하여 기록하고 규정 압력으로 조정하여 기록표에 기록하시오.

[차체 및 유압 3 시험결과 기록표]

측정 항목	① 측(또는 점검)		② 판정 및 정비(또는 조치) 사항		득점
	측정값	규정(정비한계)값	판정(□에 "✔" 표시)	정비 및 조치할 사항	
조향시 압력	260kgf/cm²	280~300kgf/cm²	□ 양호 ☑ 불량	조향 릴리프 밸브 압력 조정 후 재측정	

비 번호		감독위원 확 인	

※ 시험위원이 지정하는 부위를 측정하고, 단위가 누락되거나 틀린 경우 오답으로 채점함.

B. 답안지 작성 방법

① **측정값** : 수검자가 압력계로 측정한 측정값을 기록한다. 이때 반드시 단위를 기록해야 한다. (예 ; 260kgf/cm²)

② **규정값** : 제시된 기준에 맞는 규정값을 기록한다.
   (예 ; 280~300kgf/cm²)

③ **판 정** : 규정값과 측정값을 비교하여 수검자가 판정하여 표시한다.
   (예 ; □ 양호, □ 불량에 "✔" 표시)
   - 양호 : 측정값이 제시된 규정값의 범위에 있는 경우
   - 불량 : 측정값이 제시된 규정값의 범위를 벗어난 경우

④ **정비 및 조치할 사항**
   - 양호한 경우 : 정비 및 조치사항 없음
   - 불량한 경우 : 결함 원인에 대한 조치사항을 기록한다.
     (예 ; 조향 릴리프 밸브 압력 조정 후 재측정)

8. 도저 검사

1 도저 유압 회로도

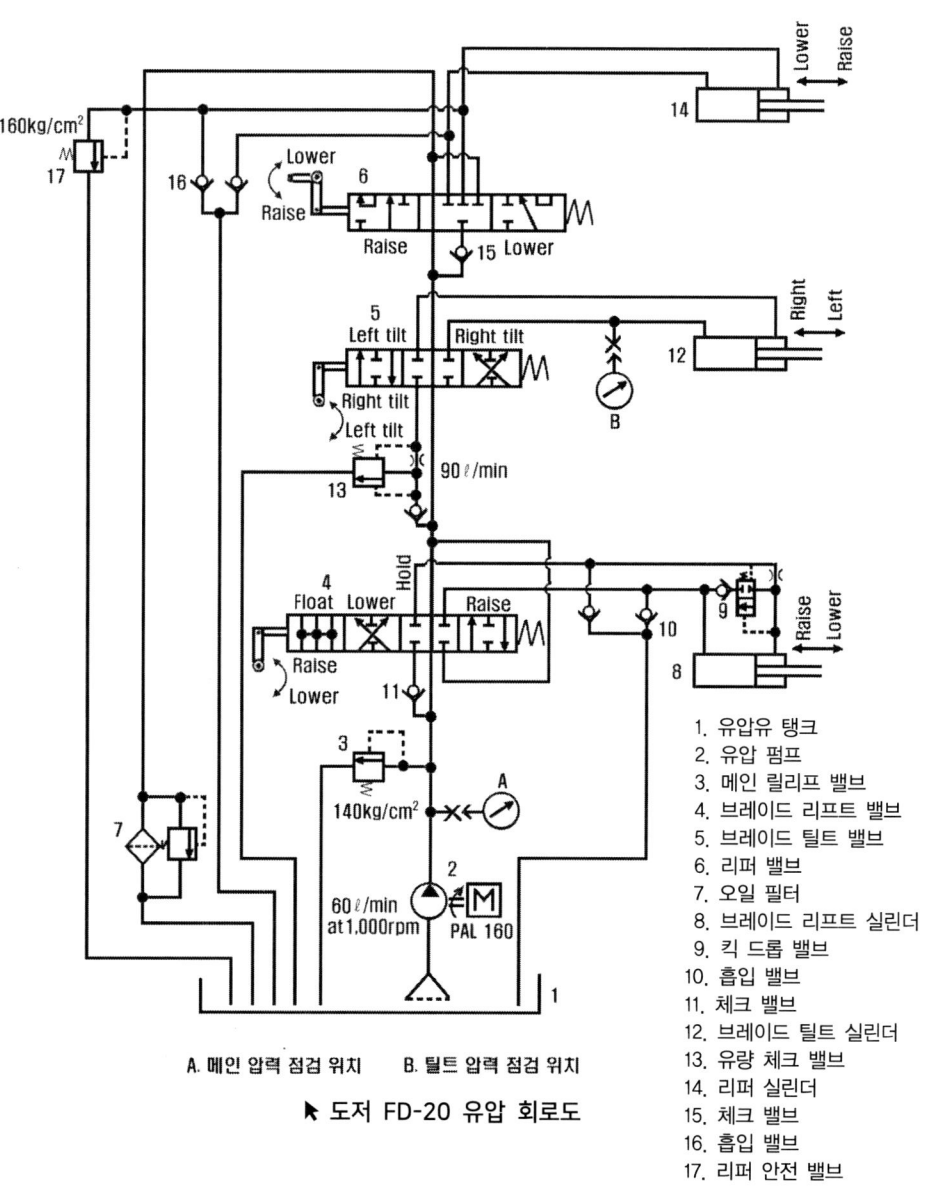

A. 메인 압력 점검 위치   B. 틸트 압력 점검 위치

▶ 도저 FD-20 유압 회로도

1. 유압유 탱크
2. 유압 펌프
3. 메인 릴리프 밸브
4. 브레이드 리프트 밸브
5. 브레이드 틸트 밸브
6. 리퍼 밸브
7. 오일 필터
8. 브레이드 리프트 실린더
9. 킥 드롭 밸브
10. 흡입 밸브
11. 체크 밸브
12. 브레이드 틸트 실린더
13. 유량 체크 밸브
14. 리퍼 실린더
15. 체크 밸브
16. 흡입 밸브
17. 리퍼 안전 밸브

2 도저 메인 압력 점검

(1) 점검 방법

① 도저를 지면이 단단하고 평탄한 장소에 세우고 주차 브레이크를 작동한다.
② 엔진은 충분히 웜업된 상태로 작동유의 온도는 50±5℃를 유지하여야 한다.
③ 압력 게이지를 메인 릴리프 밸브 압력 측정 포트(A)에 연결한다.
④ 압력 게이지를 운전석으로 가지고 온다. 이때 압력 게이지의 유압 호스가 레버나 회전 물체에 접촉되는지 주의하여야 한다.
⑤ 엔진을 시동하고 블레이드 작동 레버를 당겨 블레이드가 최대 위치로 상승하도록 한다.
⑥ 블레이드가 상승되면 가속 레버를 엔진 최대속도로 작동하고 블레이드 레버를 최대로 당겨 압력 게이지의 측정값을 읽는다.
⑦ 측정이 끝나면 블레이드를 천천히 내려놓는다.
⑧ 시동을 끄고 유압의 잔압을 제거한 다음 압력 게이지를 제거한다.

(2) 조정 방법

① 측정값이 규정값을 초과하거나 부족하면 메인 릴리프 밸브의 압력을 조정한 다음 재 측정한다.

▶ 도저 메인 압력 측정

실기시험 답안지 작성방법

A. 요구사항

※ 도저(Dozer)에서 컨트롤 밸브 릴리프 압력을 측정하여 기록표에 기록하시오.

[차체 및 유압 3 시험결과 기록표]

측정 항목	① 측정(또는 점검)		② 판정 및 정비(또는 조치) 사항		득점
	측정값	규정(정비한계)값	판정(□에 "✔" 표시)	정비 및 조치할 사항	
릴리프 압력	170kgf/cm²	180~200kgf/cm²	□ 양호 ☑ 불량	메인 릴리프 밸브 압력 조정 후 재측정	

비 번호: 　　　　감독위원 확인:

※ 시험위원이 지정하는 부위를 측정하고, 단위가 누락되거나 틀린 경우 오답으로 채점함.

B. 답안지 작성 방법

① **측정값** : 수검자가 측정한 측정값을 기록한다.

　　　　(예 ; 170kgf/cm²)

② **규정값** : 제시된 기준에 맞는 규정값을 기록한다. 이때 반드시 단위를 기록해야 한다.

　　　　(예 ; 180~200kgf/cm²)

③ **판　정** : 규정값과 측정값을 비교하여 수검자가 판정하여 표시한다.

　　　　(예 ; □ 양호,　□ 불량에 "✔" 표시)

  • 양호 : 측정값이 제시된 규정값의 범위에 있는 경우
  • 불량 : 측정값이 제시된 규정값의 범위를 벗어난 경우

④ **정비 및 조치할 사항**

  • 양호한 경우 : 정비 및 조치사항 없음
  • 불량한 경우 : 결함 원인에 대한 조치사항을 기록한다.

　　　　(예 ; 메인 릴리프 밸브 압력 조정 후 재측정)

3 도저 틸트 압력 점검

(1) 점검 방법

① 틸트 압력을 측정할 때 준비 방법은 메인 압력 측정 방법과 동일하며, 압력 게이지를 틸트 압력 측정 포트(B)에 연결한다.
② 엔진을 시동하고 블레이드를 지면에서 0.5 ~ 1m 정도 상승하도록 한 다음, 틸트 레버를 우측으로 당겨 틸트 실린더가 최대 위치로 상승하도록 한다.
③ 가속 레버를 엔진 최대속도로 작동하고 틸트 레버를 우측으로 최대로 당겨 압력게이지의 측정값을 읽는다.
④ 측정이 끝나면 틸트 실린더를 바르게 한 다음 블레이드를 천천히 내려놓는다.
⑤ 시동을 끄고 유압의 잔압을 제거한 다음 압력게이지를 제거한다.

(2) 조정 방법

① 측정값이 규정값을 초과하거나 부족하면 틸트 릴리프 밸브의 압력을 조정한 다음 재 측정한다.

▶ 도저 틸트 압력 측정

실기시험 답안지 작성방법

A. 요구사항

※ 도저(Dozer)에서 틸트 릴리프 압력을 측정하여 기록표에 기록하시오.

[차체 및 유압 3 시험결과 기록표]

측정 항목	① 측정(또는 점검)		② 판정 및 정비(또는 조치) 사항		득점
	측정값	규정(정비한계)값	판정(□에 "✔" 표시)	정비 및 조치할 사항	
틸트 압력	160kgf/cm²	180~200kgf/cm²	□ 양호 ☑ 불량	틸트 릴리프 밸브 압력 조정 후 재측정	

비 번호: / 감독위원 확 인:

※ 시험위원이 지정하는 부위를 측정하고, 단위가 누락되거나 틀린 경우 오답으로 채점함.

B. 답안지 작성 방법

① **측정값** : 수검자가 측정한 측정값을 기록한다.
  (예 ; 160kgf/cm²)

② **규정값** : 제시된 기준에 맞는 규정값을 기록한다. 이때 반드시 단위를 기록해야 한다.
  (예 ; 180~200kgf/cm²)

③ **판 정** : 규정값과 측정값을 비교하여 수검자가 판정하여 표시한다.
  (예 ; □ 양호, □ 불량에 "✔" 표시)

  • 양호 : 측정값이 제시된 규정값의 범위에 있는 경우
  • 불량 : 측정값이 제시된 규정값의 범위를 벗어난 경우

④ **정비 및 조치할 사항**

  • 양호한 경우 : 정비 및 조치사항 없음
  • 불량한 경우 : 결함 원인에 대한 조치사항을 기록한다.
      (예 ; 틸트 릴리프 밸브 압력 조정 후 재측정)

9. 유압 구성품 점검

1 액시얼 피스톤 펌프 검사

(1) 피스톤 펌프의 구성품

① 피스톤 펌프는 한 개의 실린더 블록으로부터 두 개의 포트로 오일이 배출되는 용량 조정형 더블 피스톤 펌프이다. 단일 로터리 그룹인 이 장치에는 한 개의 흡입 포트가 있다. 작동 오일은 커버의 제어판에 의해 두 부분으로 나뉘어져 두 개의 방출 포트로 배출된다.

② 배출 압력은 제어 밸브에 의해 결정되며, 경사판은 스프링 복원력에 의해 결정된다. 피스톤 행정이 경사각에 따라 변하므로 배출 유량이 변할 수 있다.

③ 동시에 이 방법은 경사각의 일정한 출력을 조절하기 위해 사용된다.

④ 세 번째 펌프와 파일럿 펌프는 커플링을 사용하여 동일한 각도로 연결된다.

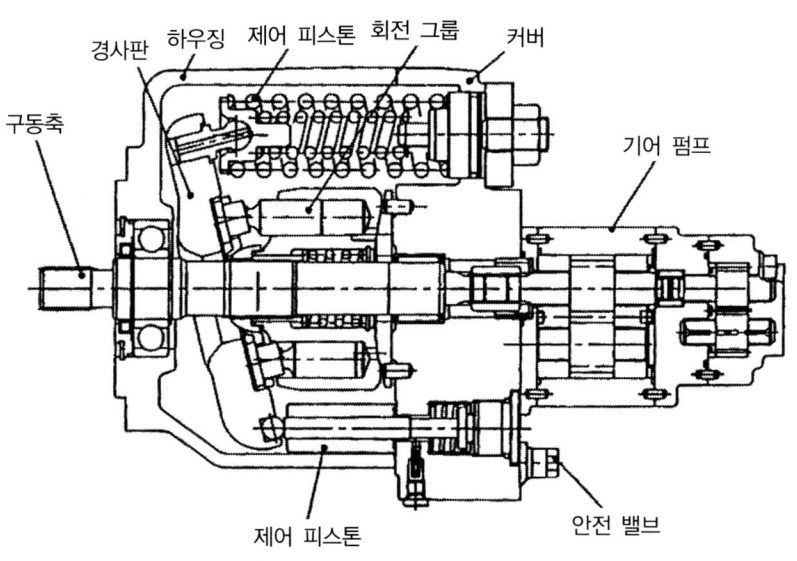

▶ 피스톤 펌프

(2) 피스톤 펌프의 작동

① 실린더 블록은 키 홈에 의해 결합되며, 구동축을 따라 회전한다.
② 피스톤은 경사판 표면에 따라 반대 방향으로 작동하는 실린더 안에 조립되어 있다.
③ 피스톤은 배출되는 오일량이 증가하는 방향으로 하단 경사점에서 상단 경사점으로 움직인다(흡입 과정).
④ 피스톤 행정이 상단 경사점에서 하단 경사점으로 움직이는 동안 피스톤은 배출 오일량이 감소되는 방향으로 움직인다. 작동 오일이 방출 포트로 배출된다(방출 과정).
⑤ 배출 오일량은 경사판의 경사각에 따라 변한다.
⑥ 실린더 블록의 포트로 들어온 작동 오일은 밸브 판의 방출 포트로 배출된다.
⑦ 실린더 블록의 외부 포트로 들어온 작동 오일은 밸브 판 바깥의 방출 포트로 배출된다.

(3) 유압장치 구성품 분해 시 주의사항

① 액추에이터의 압력이 가득 차지 않는 상태로 만든 후 엔진을 정지시켜야 한다. 압력이 가득 찬 상태에서 분해하면 고압유가 분출되거나 부품이 빠져나갈 수 있어 위험하다.
② 탱크 내의 에어 압력을 빼야 한다. 탱크 내에 압력이 있으면 분해 시에 기름이 분출되어 위험하다.
③ 분해하는 부위 주변을 잘 세척해 분해 시 이물질이 밸브 내에 들어가지 않도록 한다.
④ 분해한 부품은 재조립 위치를 알 수 있도록 꼬리표를 달아 보관해야 한다.
⑤ 분해한 실 종류(O-링, 백업 링, 와이퍼)는 신품으로 교환해야 한다.

(4) 피스톤 펌프 분해

> ※ 유압장치 구성품을 분해할 때는 면장갑을 착용하지 않는다. 면장갑의 실밥과 불순물들이 구성품 내부에 혼입하게 되면 유압장치의 고장발생 원인이 된다. 라텍스(니트릴) 장갑은 사용해도 된다.

① 피스톤 펌프 어셈블리를 받침대에 올려놓거나 바이스에 고정시킨다.
② 하우징(2)과 헤드 커버(26)를 고정하는 4개의 볼트(30)를 탈거한 다음 헤드 커버(26)를 분해한다.

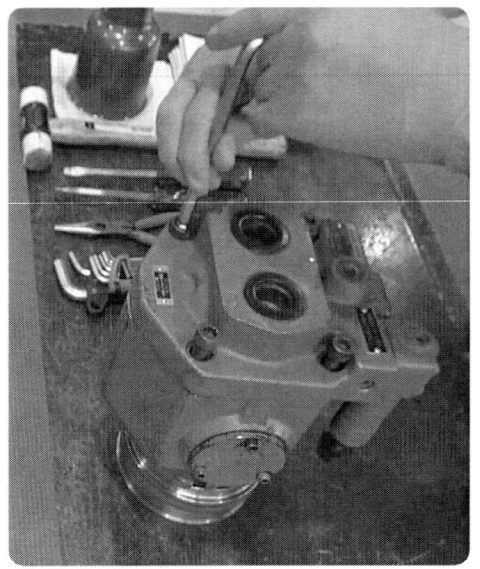
▶ 헤드 커버 볼트 탈거

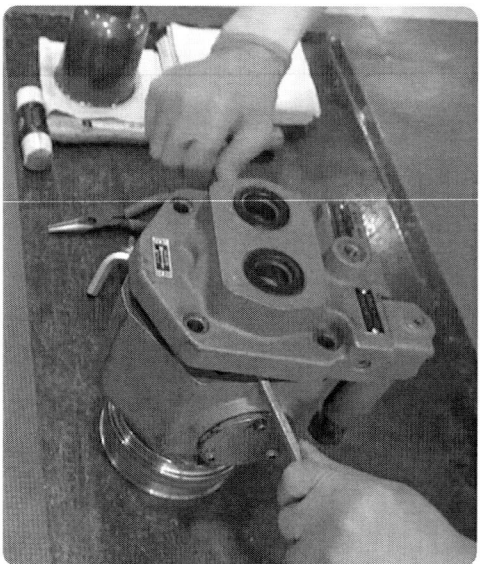
▶ 헤드 커버 분해

③ 헤드 커버(26)에서 가스켓(23), 피스톤(24), 체크 밸브(26), 밸브 플레이트(27)를 분해한다.
④ 스톱퍼(17), 스프링(16), 볼 플레이트(15)를 분해한다.

▶ 헤드 구성품 분해

⑤ 하우징(2)을 눕힌 상태에서 실린더 블록 어셈블리(22)를 분해한다. 하우징(2)을 눕히지 않고 분해하면 플레이트(19)와 피스톤 어셈블리(18)가 분해되어 작업이 어려워진다. 특히 조립할 때 피스톤 어셈블리가 쏟아져 나와 조립이 되지 않으므로 주의하여야 한다.

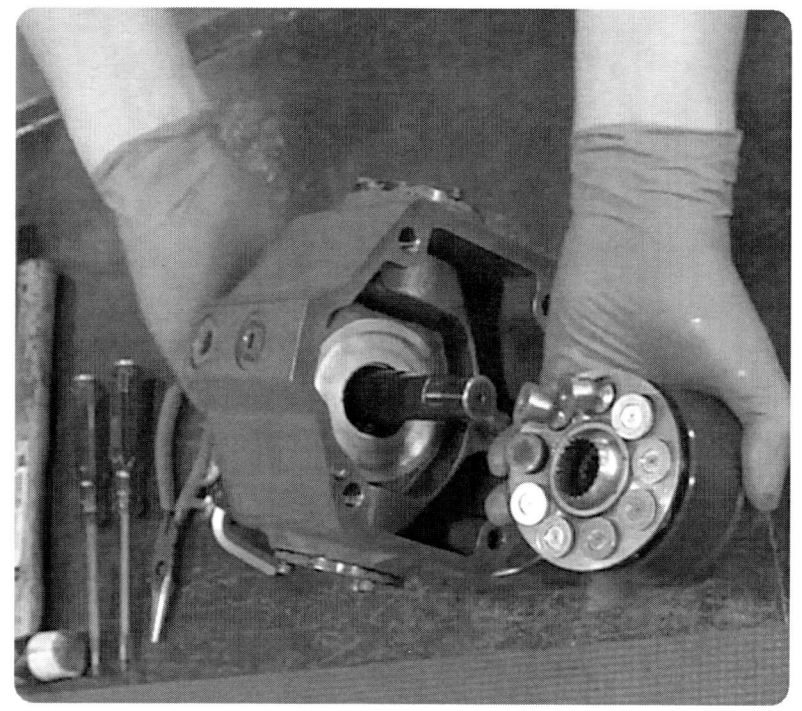

▶ 실린더 어셈블리 분해

⑥ 실린더 블록 어셈블리(22)에서 플레이트(19), 피스톤 어셈블리(18), 부싱(20), 핀(21)을 순서대로 분해한다. 특히 핀(21)은 크기가 작으므로 분실되지 않도록 주의한다.

▶ 실린더 어셈블리 분해 부품

⑦ 하우징(2)을 똑바로 세우고 액슬 축(6)을 고정하는 볼트(5)를 풀고, 2개의 액슬 축(6)과 O-링(7)을 분해한다.

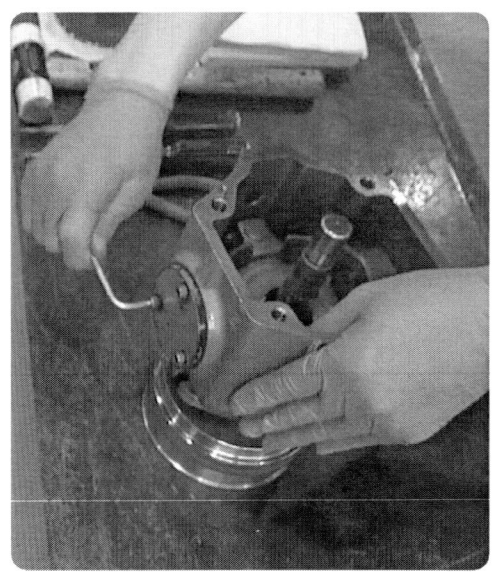 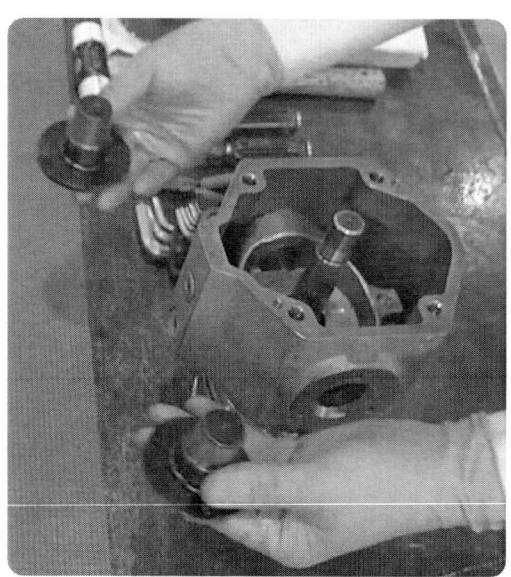

▶ 액슬 축 고정 볼트 탈거　　　　　　　　　▶ 액슬 축 분해

⑧ 하우징(2)에서 경사판(14)을 분해한다.

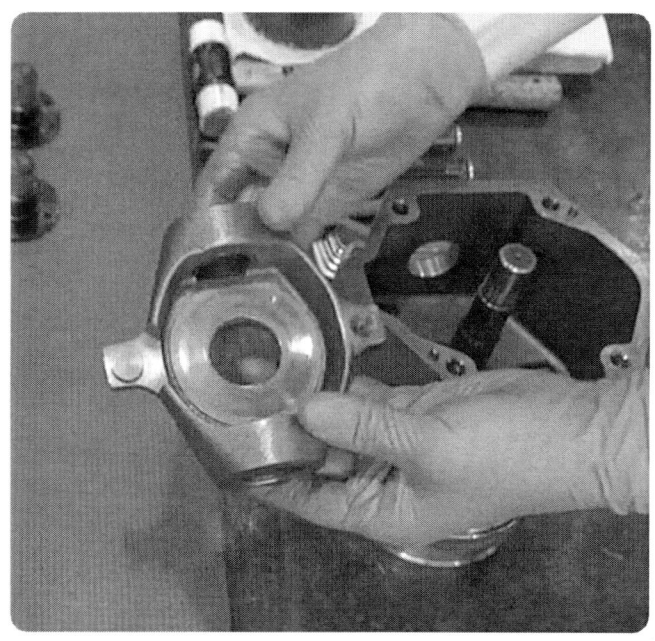

▶ 경사판 분해

⑨ 하우징(2)에서 커넥팅 축(13), 스냅 링(12), 베어링(11)은 분해하지 않는다.
⑩ 분해도와 목록 표를 확인하여 없는 부품을 확인한다.

▶ 피스톤 펌프 분해 부품

(5) 피스톤 펌프 조립

※ 조립은 분해의 역순으로 실시한다.
※ 조립은 분해순서의 역순이지만 다음의 항목에 주의하여 실시한다.

① 분해할 때는 손상된 부분은 반드시 보수하고 교환부품은 미리 준비하여야 한다.
② 각 부품은 세정액으로 충분히 세정하고 압축공기로 건조시켜야 한다.
③ 섭동부분, 베어링 등에는 반드시 깨끗한 작동유를 도포하고 조립하여야 한다.
④ O-링, 오일 실(seal) 등의 실 부품은 원칙대로 교환하여야 한다.
⑤ 각 부의 조립 및 볼트, 플러그 종류의 체결은 토크 렌치를 이용하고 규정된 토크로 체결하여야 한다.

(6) 피스톤 펌프 분해도

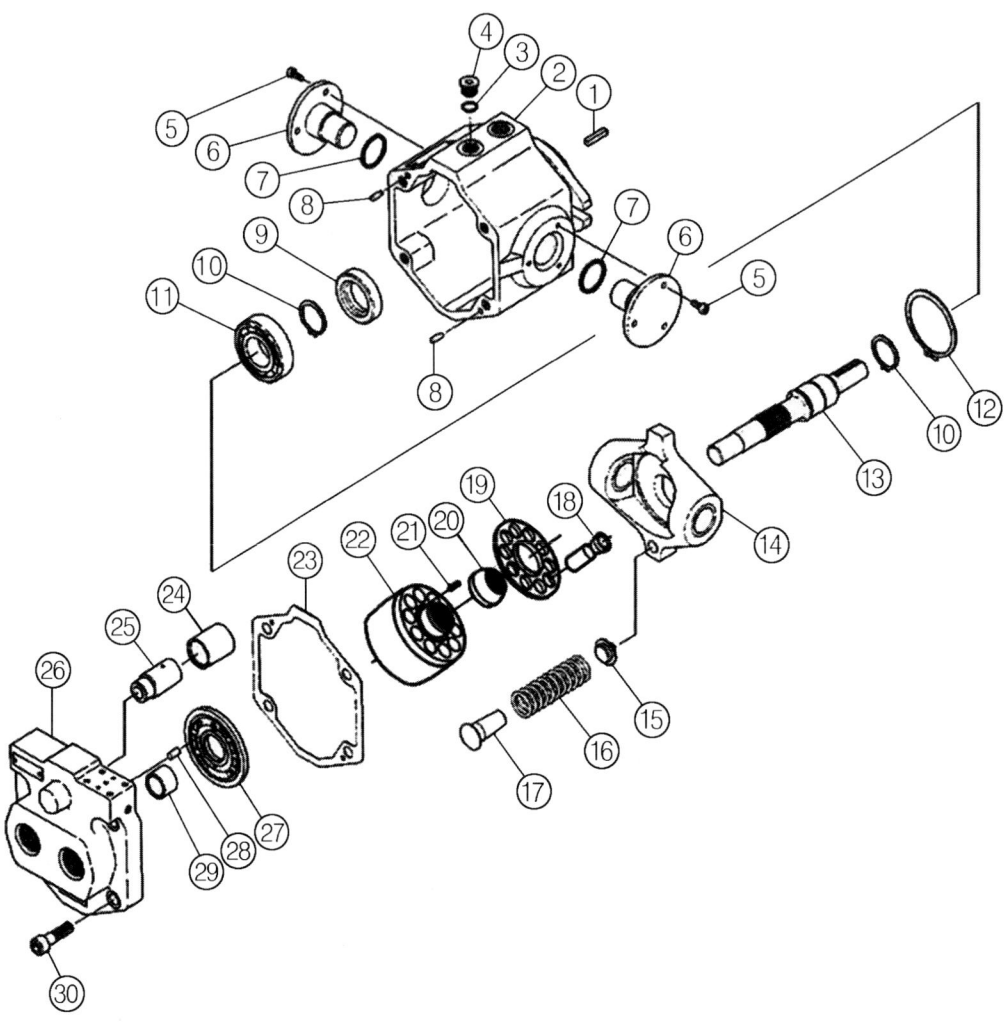

▶ 피스톤 펌프 분해 도면

(7) 피스톤 펌프 부품 목록표

순번 ITEM	부품번호 PART. NO	부 품 명	DESCRIPTION	수량 Q'TY	비고 REMARKS	호환 킷 I KT
1	00796425	커터 핀	·PIN-CUTER	1		
2	00785061	하우징	·HOUSING	1		
3	00791619	O-링	·O-RING	1		
4	00563242	플러그	·PLUG	1		
5	00288064	볼트	·BOLT	6		
6	00795027	액슬 축	·AXLE SHAFT	2		
7	00790619	O-링	·O-RING	2		
8	00396597	다웰 핀	·PIN-DOWEL	2		
9	00298262	샤프트 실	·SEAL-SHAFT	1		
10	00788064	스냅 링	·RING-SNAP	2		
11	00799251	베어링	·BEARING	1		
12	00789365	스냅 링	·RING-SNAP	1		
13	00785066	커넥팅 축	·SHAFT-CONNECTING	1		
14	00565642	경사판	·SWASH PLATE	1		
15	40012883	볼 플레이트	·BALL PLATE	1		
16	00792651	스프링	·SPRING	1		
17	00753052	스톱퍼	·STOPPER	1		
18	00143010	피스톤 어셈블리	·PISTON ASSY'	9		
19	00769013	플레이트	·PALTE	1		
20	00753030	부싱	·BUSHING	1		
21	00396543	핀	·PIN	3		
22	00143010	실린더 블록	·CYLINDER BLOCK	1		
23	00769013	가스켓	·GASKET	1		
24	00143510	피스톤	·PISTON	1		
25	00392743	체크 밸브	·CHECK VALVE	1		
26	00790517	헤드 커버	·HEAD COVER	1		
27	00769223	밸브 플레이트	·VALVE PALTE	1		
28	00396693	핀	·PIN	1		
29	00782517	부시	·BUSH	1		
30	00288066	볼트	·BOLT	4		

실기시험 답안지 작성방법

A. 요구사항

※ 주어진 액시얼 피스톤 유압 펌프를 분해하여 점검하고, 이상부분이 있으면 이상내용을 기록표에 기록 · 판정하시오.

[차체 및 유압 4 시험결과 기록표]

① 진단 또는 점검		② 정비(또는 조치) 사항	득점
이상부위(또는 부품)	내용 및 상태		
7번 O-링	1개 없음	O-링 1개 삽입 후 재점검	
15번 볼 플레이트	1개 없음	볼 플레이트 1개 삽입 후 재점검	
21번 핀	1개 없음	핀 3개 삽입 후 재점검	

비 번호: 　　　　감독위원 확인:

B. 답안지 작성 방법

① 진단 또는 점검

　㉮ 이상부위 또는 부품 : 플런저형 펌프를 분해한 후 분해도와 비교하여, 실물이 없는 부품의 색인번호와 부품명을 기록한다.

　　(예 ; 7번 O-링, 15번 볼 플레이트, 21번 핀)

　㉯ 내용 및 상태 : 플런저형 펌프를 분해한 후 분해도와 비교하여 없는 부품의 수량과 상태를 기록한다.

　　(예 ; 1개 없음, 1개 없음, 3개 없음)

② 정비(또는 조치) 사항 : 진단 또는 점검 내용에 대한 정비(또는 조치) 사항을 기록한다.

　　(예 ; O-링 1개 삽입, 볼 플레이트 1개 삽입, 핀 3개 삽입 후 재점검)

> ※ 유압 구성품 답안지 작성 방법
> – 분해 도면에는 있으나 실제 부품이 없는 경우에는 '망실'도 맞는 용어이지만 '없음'이라고 기록한다.
> – 정비 및 조치사항에는 '삽입'이라고 기록한다. '교환'이라는 용어는 서로 주고받는 개념이므로, 없는 부품을 끼워 넣기 때문에 '삽입' 용어를 사용한다.

2 기어 펌프 검사

(1) 기어 펌프의 특징

① 기어 펌프는 1조의 기어와 이것을 내장하는 케이스, 4개의 베어링 및 기어 측판 등이 주요 부품이며, 부품수가 다른 펌프에 비해 적은 것이 특징이다.

② 하우징 내에 2개의 기어가 회전하고 기어의 끝 부분과 하우징 내면과의 틈 사이는 아주 적은 간극을 유지하면서 회전한다. 기어가 회전하면 기어의 치차와 치차 사이의 홈에 오일이 채워지고, 이 홈에 채워진 오일은 기어의 회전에 의해 토출구 쪽으로 이동된다.

③ 토출구 측으로 이송된 오일은 다시 흡입구 쪽으로는 되돌아오지 못하고 유압회로로 공급된다. 이 때 치차의 물리는 부분에 폐입부의 아주 적은 량의 오일은 흡입쪽으로 되돌려진다. 내부 누유는 하우징 내면과 기어의 틈 사이를 통해 고압측에서 저압측으로 누유 된다. 내부 누유 오일은 펌프의 내부 윤활 오일로 사용된다.

④ 기어 펌프는 축에 수직한 방향으로 불평형력이 작용하므로 펌프가 고압이 될 수록 베어링 하중이 증대된다. 그러나 기어의 크기에 따라 축의 굵기가 제한되므로 압력, 용량 및 회전속도에 한계가 있게 된다.

(2) 기어 펌프 분해

① 기어 펌프를 받침대에 올려놓거나 바이스에 고정시킨다.

② 기어 펌프를 분해하기 전에 하우징에 위치 표시를 한다.

▶ 위치 표시

③ 기어 펌프 하우징(17)과 헤드(12), 엔드 커버(4)를 체결하는 스터드 볼트(18)에서 고정 너트(20)를 분해한다.

▶ 고정 너트 분해

④ 플라스틱 해머로 기어 펌프 하우징(17)을 가볍게 타격하거나, (-) 드라이버로 분리 홈에 끼워 넣고 기어 펌프 하우징(17)을 분리한다.

▶ 하우징 분해

⑤ 스러스트 플레이트(8)를 분해한다. O-링(6)은 스러스트 플레이트(8)와 함께 분해된다.

▶ 스러스트 플레이트

⑥ 기어 하우징(12)에서 구동축 및 기어(9)를 분해한다.

▶ 구동축 및 기어 분해

⑦ (-) 드라이버를 이용하여 중간 부분의 기어 하우징(12)을 분해한다.
⑧ 스러스트 플레이트(5)를 분해한다. 플레이트 실(7)과 O-링(10)은 스러스트 플레이트(5)와 함께 분해된다.

▶ 중간 하우징 분해

▶ 스러스트 플레이트 분해

⑨ 기어 펌프 하우징(17)에서 실(7)과 O-링(6)을 분해한다.
⑩ 스러스트 플레이트(8)에서 O-링(6)을 분해한다.
⑪ 스러스트 플레이트(5)에서 O-링(10)을 분해한다.
⑫ 엔드 커버(4)에서 플레이트 실(7)과 O-링(10)을 분해한다.

▶ 플레이트 실 분해

⑬ 분해도와 목록표를 확인하여 없는 부품을 확인한다.

▶ 기어 펌프 분해 부품

(3) 기어 펌프 조립

① 조립은 분해의 역순으로 실시한다.

② 조립할 때는 엔드 커버(4)와 플레이트(5), 기어 하우징(12)의 위치 표시 홈을 확인하고 조립하여야 한다. 또한 기어 하우징(12)과 플레이트(8), 기어 펌프 하우징(17)도 위치 표시 홈을 확인하고 조립하여야 한다.

③ 구동축 및 기어(9)의 위치가 바뀌지 않도록 주의한다.

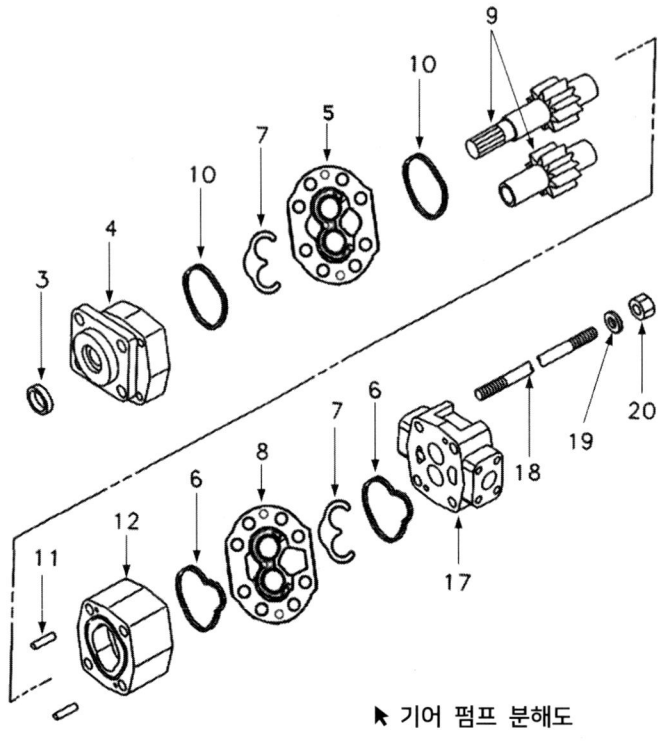

▶ 기어 펌프 분해도

■ 기어 펌프 부품 목록표

순번 ITEM	부품번호 PART. NO	부품명	DESCRIPTION	수량 Q'TY
*	2042-00331	유압펌프 어셈블리	PUMP ASSY-HYD	1
3	391 2883 052	실	·SEAL	1
4	------------	축 엔드 커버	·COVER-SHAFT END	1
5	391 2185 054	스러스트 플레이트	·PLATE-THRUST	1
6	391 2884 052	O-링	·O-RING	2
7	391 2885 064	플레이트 실	·SEAL-PLATE	2
8	391 2185 055	스러스트 플레이트	·PLATE-THRUST	1
9	------------	구동축 및 기어	·D/SHAFT & GEAR	1
10	391 2884 052	O-링	·O-RING	2
11	391 2082 062	다웰 핀	·PIN-DOWEL	2
12	------------	기어 하우징	·HOUSING-GEAR	1
13	------------	베어링 캐리어	·CARRIER-BEARING	1
17	------------	기어 펌프 하우징	·HOUSING - GEAR PUMP	1
18	391 1425 017	스터드 볼트	·STUD-BOLT	8
19	391 3784 028	와셔	·WASHER	8
20	391 1451 076	너트	·NUT	8

실기시험 답안지 작성방법

A. 요구사항

※ 주어진 기어 형식의 유압 펌프를 분해하여 점검하고 이상부분이 있으면 기록표에 기록하고 조립하시오.

[차체 및 유압 4 시험결과 기록표]

| 비 번호 | | 감독위원 확 인 | |

① 진단 또는 점검		② 정비(또는 조치) 사항	득점
이상부위(또는 부품)	내용 및 상태		
5번 O-링	1개 없음	O-링 1개 삽입 후 재점검	
6번 핀	1개 없음	핀 1개 삽입 후 재점검	
10번 백업링	1개 없음	백업링 1개 삽입 후 재점검	

B. 답안지 작성 방법

① **진단 또는 점검**
  ㉮ 이상부위 또는 부품 : 기어 펌프를 분해한 후 분해도와 비교하여, 실물이 없는 부품의 색인번호와 부품명을 기록한다.
   (예 ; 5번 O-링, 6번 핀, 10번 백업링)
  ㉯ 내용 및 상태 : 기어 펌프를 분해한 후 분해도와 비교하여 없는 부품의 수량과 상태를 기록한다. (예 ; 1개 없음, 1개 없음, 1개 없음)

② **정비(또는 조치) 사항** : 진단 또는 점검내용에 대한 정비(또는 조치) 사항을 기록한다.
   (예 ; O-링 1개 삽입, 핀 1개 삽입, 백업링 1개 삽입 후 재점검)

3 유압 실린더 검사

(1) 유압 실린더의 특징

① 유압 실린더는 작동 방식에 따라 유압을 피스톤의 한쪽에만 공급하여 한 방향으로만 작용시키는 **단동식**(single action type)과 피스톤의 양쪽에 유압을 교대로 공급하여 양 방향으로 힘을 작동하는 **복동식**(double action type) 및 여러 단의 실린더형을 갖는 **다단식**(multistage type)으로 분류된다.

② 실린더의 장치와 지지하는 방법에 의하여 분류하면 풋형(foot type), 플랜지형(flange type), 트러니언형(trunnion type), 클레비스형(clevis type) 및 볼형(ball type)이 있다.

③ 유압 실린더는 피스톤이 커버와 충돌했을 경우 발생되는 충격을 흡수하기 위하여 쿠션(cushion) 기구를 내장하여야 한다. 쿠션 기구는 피스톤이 스트로크(Stroke) 끝까지 오면 쿠션 링이 포트에 들어가 기름은 쿠션 조정 밸브에서 교축 되므로 피스톤의 속도가 줄어든다.

(2) 유압 실린더의 구조

유압 실린더는 실린더 튜브(cylinder tube), 피스톤과 피스톤 로드(piston and rod), 엔드 캡(end cap), 유압유 출입구 및 실(seal)로 구성되어 있다.

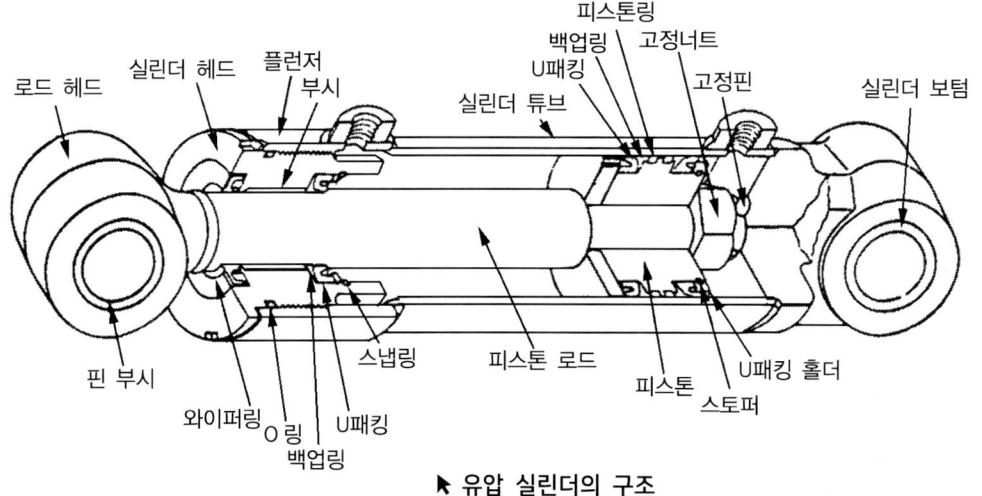

▶ 유압 실린더의 구조

(3) 유압 실린더 분해

① 유압 실린더 호스가 연결되는 브래킷에서 4개의 볼트를 풀고 덮개를 탈거한다. 탈거하지 않으면 잔압으로 실린더가 분해되지 않을 수 있다.

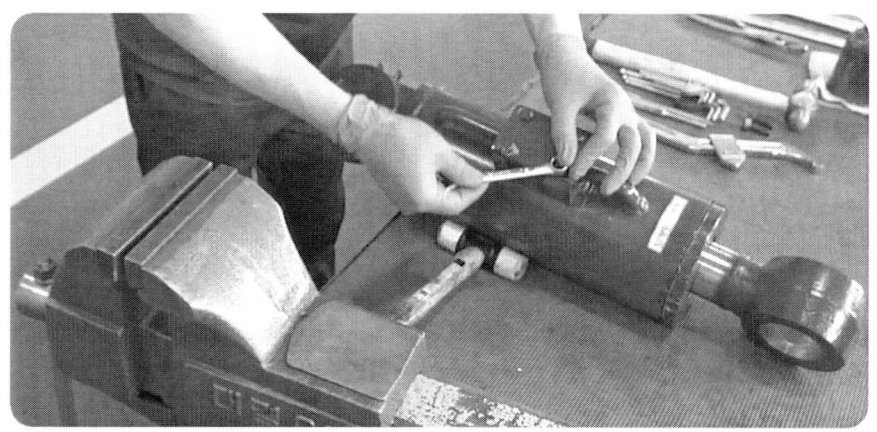

▶ 덮개 탈거

② 유압 실린더를 바이스에 단단하게 고정한다.

▶ 유압 실린더 고정

③ 렌치(스패너) 또는 에어 임팩트를 사용하여 파이프 및 밸브 뭉치의 고정 볼트를 분해한 후 탈거한다. 실린더를 분해하기 전에 실린더 내부의 작동유를 제거하여야 한다. 하단부에 기름받이 용기를 설치하고 로드를 신장시켜 작동유를 제거한다.

④ 후크 스패너를 사용하여 실린더 헤드 커버를 분해한다. 최초에는 큰 토크로 체결되어 있으므로 후크 스패너에 파이프를 연결하여 천천히 분해한다. 일반적으로 헤드 커버의 체결 토크는 50 ~ 70Kgf·m 정도이다. 특히 분해 작업 시 로드가 손상되지 않도록 주의한다.

▶ 헤드 커버 분해

▶ 로드 어셈블리 분해

⑤ 실린더 튜브에서 헤드 커버를 분리한 다음 실린더 어셈블리에서 로드 어셈블리를 분해한다. 특히 로드의 중량이 헤드 커버부에 집중적으로 걸려 있으므로 주의한다.

⑥ 바이스 또는 기타 공구를 사용하여 로드 조립품을 고정하고 헤드 커버를 피스톤 쪽으로 완전히 밀착시킨다. 침목 등을 사용하여 로드가 손상되지 않도록 주의한다.

▶ 로드 어셈블리 바이스 고정

⑦ 피스톤 너트 풀림 방지용 세트 스크루를 6mm 렌치를 사용하여 분해한다.

⑧ 피스톤 너트는 규정된 토크로 체결이 되어 있으므로 후크 스패너를 사용하여 분해한다. 일반적으로 피스톤 너트의 체결 토크는 75kgf·m이며 후크 스패너로 분해가 어려울 경우에는 정을 사용하여 분해한다.

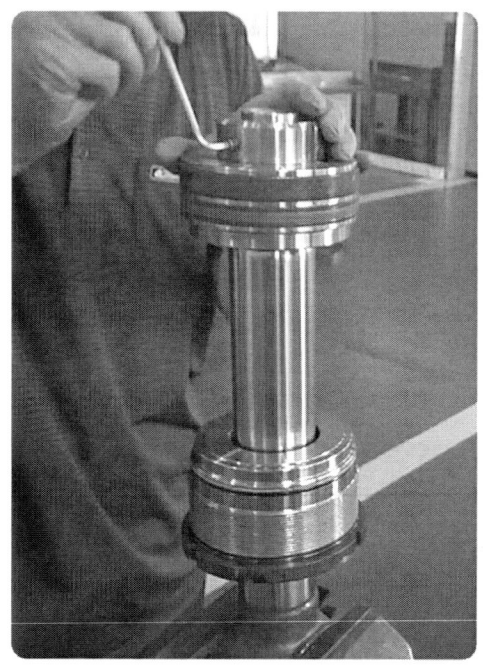
▶ 피스톤 스크루 분해

▶ 피스톤 너트 분해

⑨ 피스톤 헤드부에 피스톤 분해 지그를 설치하고, 2개의 볼트를 조립하여 피스톤을 분해한다. 분해할 때 피스톤 내부에 조립되는 O-링의 손상에 주의하여야 한다.

▶ 피스톤 분해(1)

▶ 피스톤 분해(2)

⑩ 헤드 커버 조립품을 로드에서 분리한다. 분해할 때 로드 나사부에 헤드 커버 내부의 실(seal)이 손상되지 않도록 주의하여야 한다.

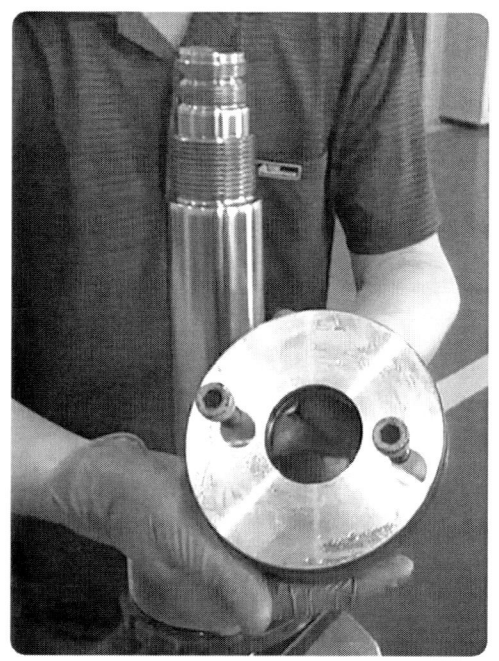
▶ 피스톤 헤드 분리

▶ 커버 조립품 분리

⑪ 적당한 분해 지그를 사용하여 헤드 커버 내·외부에 조립된 패킹류를 제거한다. 패킹을 조립할 때는 그리스 등을 도포하여 조립하며, 특히 조립 방향에 주의하여야 한다. 조립 후에는 구겨짐 등의 영구 변형 및 완전 안착 여부를 재확인하여야 한다.(더스트 와이퍼, U-패킹, 버퍼 실, DU-부시 등)

▶ 유압 실린더 분해

(3) 유압 실린더 조립

① 조립은 분해의 역순으로 실시한다.

② 유압 실린더의 실(seal)은 분해할 때 손상이 되므로 반드시 신품으로 실 킷을 교환하여야 한다.

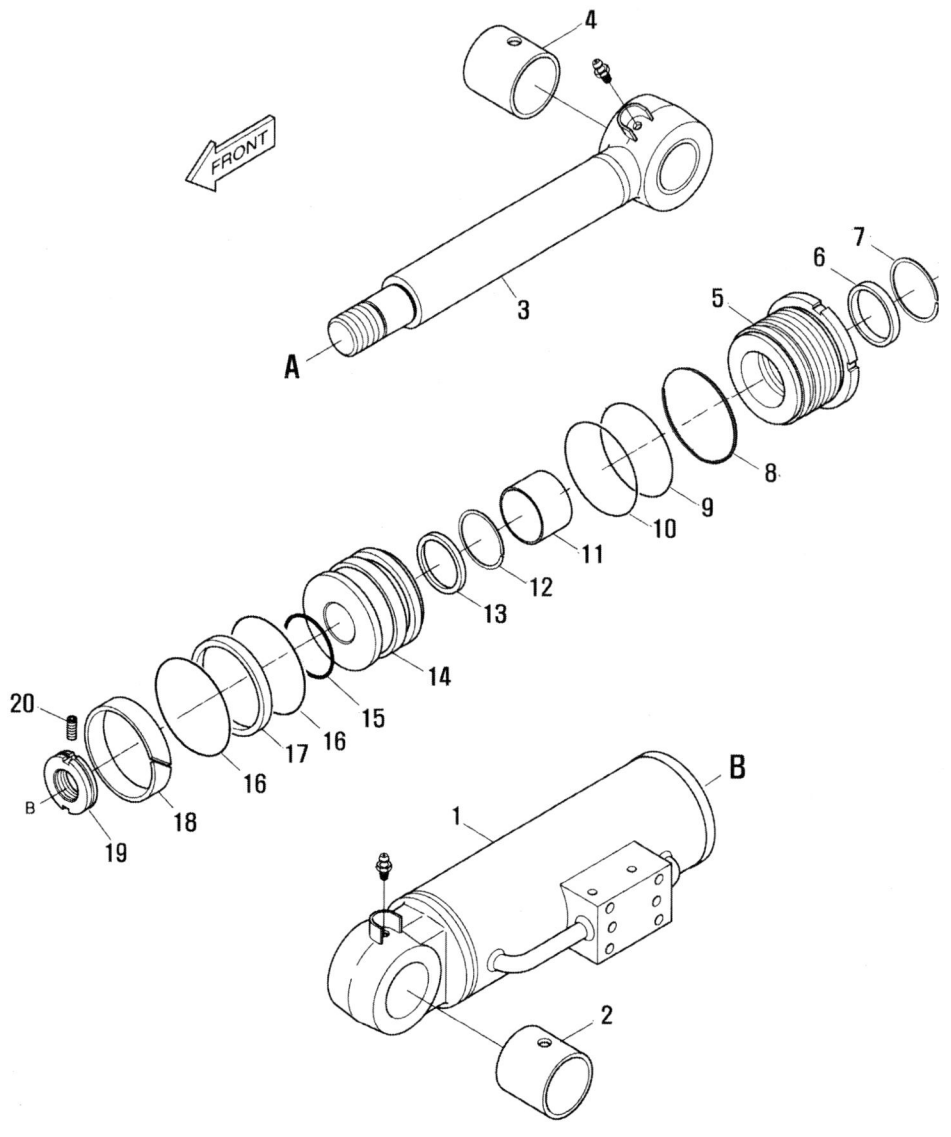

▶ 유압 실린더 분해도

■ 유압 실린더 부품 목록표

순번 ITEM	부품번호 PART. NO	부 품 명	DESCRIPTION	수량 Q'TY	비고 REMARKS
4310-	K1025326	실린더	·CYLINDER ; DOZER	1	
1	K9005866	튜브 조립품	·TUBE ASSY	1	
2	1.110-00052	부시	·BUSH	1	
3	K9005867	로드 조립품	·ROD ASSY	1	
4	1.110-00052	부시	·BUSH	1	
5	K9005874	로드 커버	·COVER ; ROD	1	
6	115-00107	더스트 와이퍼	·WIPER ; DUST	1	
7	1.409-00153	키	·KEY	1	
8	115-00104	O-링	·O-RING	1	
9	S8011051	백업 링	·RING-BACK UP	1	
10	115-00115	O-링	·O-RING	1	
11	S8011059	부싱	·BUSHING	1	
12	S8011062	백업 링	·RING-BACK UP	1	
13	110-00114	웨어링	·RING ; WEAR	1	
14	1.180-00223	피스톤	·PISTON	1	
15	215-03104	O-링	·O-RING	1	
16	180-00255	슬리퍼 실	·SEAL ; SLIPPER	2	
17	1.180-00224	더스트 와이퍼	·WIPER ; DUST	1	
18	1.180-00383	웨어링	·RING ; WEAR	1	
19	1.121-00038	고정너트	·NUT ; LOCK	1	
20	S6710041	고정 스크루	·LOCK SCREW	1	
*	2440-9201KIT	실린더 실 키트	·CYLINDER SEAL KIT	1	

실기시험 답안지 작성방법

A. 요구사항

※ 주어진 복동식 유압 실린더를 분해하여 점검하고 이상부분이 있으면 기록표에 기록하고 조립하시오.

[차체 및 유압 4 시험결과 기록표]

① 진단 또는 점검		② 정비(또는 조치) 사항	득점
이상부위(또는 부품)	내용 및 상태		
8번 백업링	1개 없음	실린더 실 키트 교환 후 재점검	
13번 O-링	1개 없음		
18번 슬리퍼 실	1개 없음		

비 번호: 　　　감독위원 확인:

B. 답안지 작성 방법

① 진단 또는 점검
  ㉮ 이상부위 또는 부품 : 유압 실린더를 분해한 후 분해도와 비교하여, 실물이 없는 부품의 색인번호와 부품명을 기록한다.
    (예 ; 8번 백업링, 13번 O-링, 18번 슬리퍼 실)
  ㉯ 내용 및 상태 : 유압 실린더를 분해한 후 분해도와 비교하여 없는 부품의 수량과 상태를 기록한다.
    (예 ; 1개 없음, 1개 없음, 1개 없음)
② 정비(또는 조치) 사항 : 진단 또는 점검내용에 대한 정비(또는 조치) 사항을 기록한다.
  (예 ; 실린더 실 키트 교환 후 재점검)

※ 만약 제공된 목록표에 실린더 실 킷으로 표기된 경우에는 정비 및 조치할 사항에 실린더 실 킷 교환으로 작성한다.
※ 현장에서 유압 실린더를 분해 후에는 실린더 실 킷 전체를 교환한다.

4 MCV(Main Control Valve) 검사

(1) MCV 특징

1) MCV는 방향제어 밸브로 유압 회로에서 유압유의 흐름 방향을 제어하고 유압 모터, 유압 실린더 등 액추에이터의 동작 방향을 제어하여 발진, 정지, 가속이나 감속 및 운동방향 등의 변환 등을 정확하게 제어하는 목적으로 사용된다.

2) 릴리프 밸브

릴리프 밸브는 회로내의 압력이 밸브의 설정 압력에 도달하였을 때 유체의 일부 또는 전량을 유압 탱크로 빼돌려서 회로 내의 압력을 설정 값으로 유지시키는 압력제어 밸브로서 직동형과 밸런스 피스톤형이 있다. 주로 MCV에서 설치되어 있다.

3) 릴리프 밸브 압력 조정 방법

릴리프 밸브의 압력 조정은 일반적으로 심으로 조정하는 방법과 조정 스크루로 조정하는 2가지 방법이 있다.

① **심(Shim) 조정 방법** : 릴리프 밸브의 압력을 높이기 위하여 심을 한 장씩 제거하면 스프링의 장력은 높아지고 세트 압력은 증가한다.

② **세트 스크루 조정 방법** : 로크너트를 풀고 조정 스크루를 조이게 되면 장력은 높아지고, 세트 압력은 높아진다. 반대로 풀어 주면 압력은 낮아진다.

③ **파일럿 밸브의 압력 설정 방법**
  - 나사로 릴리프 밸브의 스프링을 조절하는 방법
  - 캠과 롤러를 사용하여 릴리프 밸브 스프링을 순차적으로 조절하는 방법
  - 유압 또는 공압으로 스프링에 압력을 가하여 조절하는 방법

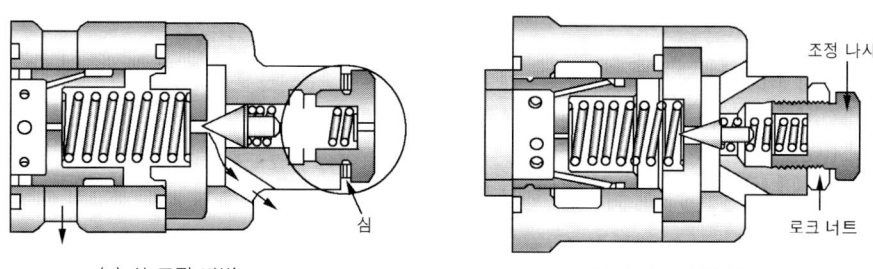

(a) 심 조정 방법 (b) 스크루 조정 방법

▶ 릴리프 밸브 압력 조정 방법

(2) MCV 분해

※ 유압장치 구성품을 분해할 때는 면장갑을 착용하지 않는다. 면장갑의 실밥과 불순물들이 구성품 내부에 혼입하게 되면 유압장치의 고장발생 원인이 된다. 라텍스(니트릴) 장갑은 사용해도 된다.

① MCV의 어셈블리에서 1번 블록의 위치를 확인한다. 서브 블록(3)이 있는 쪽이 1번 블록이다.

② 1번 블록부터 5번 블록이 작업대의 가장자리를 벗어나도록 위치시킨다.

▶ MCV 위치 확인

③ MCV 밸브를 고정하는 긴 볼트(18)에서 4개의 너트(17)를 분해한다.

▶ 고정 너트 분해

④ 1번 블록부터 순서대로 분해하여 정리한다. 이 때 O-링이 분실되거나 파손되지 않도록 주의한다.

▶ 1번 블록 분해

▶ 4번 블록 분해

⑤ 1번 블록을 바이스에 고정하고 메인 릴리프 밸브를 분해하여 점검하고 정돈한다. 이 때, O-링이 바이스에 물려 손상되지 않도록 주의한다.

▶ 1번 블록 릴리프 밸브 분해

▶ 4번 블록 릴리프 밸브 분해

⑥ 순서대로 블록을 바이스에 고정하고 릴리프 밸브와 플러그, 스풀 밸브를 분해하여 점검하고 순서대로 정돈한다. 스풀 밸브와 O-링, 스프링의 형상이 비슷하여도 서로 바뀌지 않도록 표시를 해둔다.

▶ MCV 분해 부품

⑦ 스풀을 꺼낼 때는 타흔, 긁힌 흠 등이 생기지 않도록 똑바로 꺼낸다. 각 스풀은 재조립 시에 위치가 바뀌지 않도록 꼬리표 등을 달아 식별해 두어야 한다.
⑧ 분해도와 목록표를 확인하여 없는 부품을 확인한다.

(3) MCV 검사

① 밸브 하우징의 실(seal) 홈 면이 매끈매끈하고 움푹 패인 곳, 녹 등이 없는지 확인한다.
② 밸브 하우징의 체크 시트 면에 움푹 패인 곳이나 흠 등이 없는지 확인한다.
③ 스프링이 파손 혹은 변형되어 있을 때는 교환한다.
④ 릴리프 밸브의 작동이 나쁠 때는 조립품을 교환한다.
⑤ 실, 와이퍼, O-링은 모두 교환한다.

(4) MCV 조립

※ 조립은 분해의 역순으로 실시하고 특히 O-링(또는 실)을 취급할 때는 다음과 같은 사항에 주의한다.

① O-링에는 성형상의 결함이나 취급 시에 생긴 흠이 없어야 한다.
② O-링과 O-링의 장치부에는 그리스나 작동유 등을 발라 충분히 윤활 한다.
③ O-링이 영구 변형될 정도로 늘리지 않는다.
④ O-링을 끼워 넣을 때 O-링을 굴려서 넣지 않도록 주의한다. 비틀린 O-링은 장치 후 자연스럽게 원상태로 돌아가기 힘들어 기름이 새는 원인이 된다.
⑤ 스풀은 구멍에 대해 똑바로 되도록 해서 천천히 삽입한다. 스풀 삽입 후 손으로 스풀을 움직였을 때 매끄럽지 않거나, 울퉁불퉁한 감이 있는 상태에서 스풀을 삽입하면 스풀의 작동 불량이 발생할 우려가 있다.

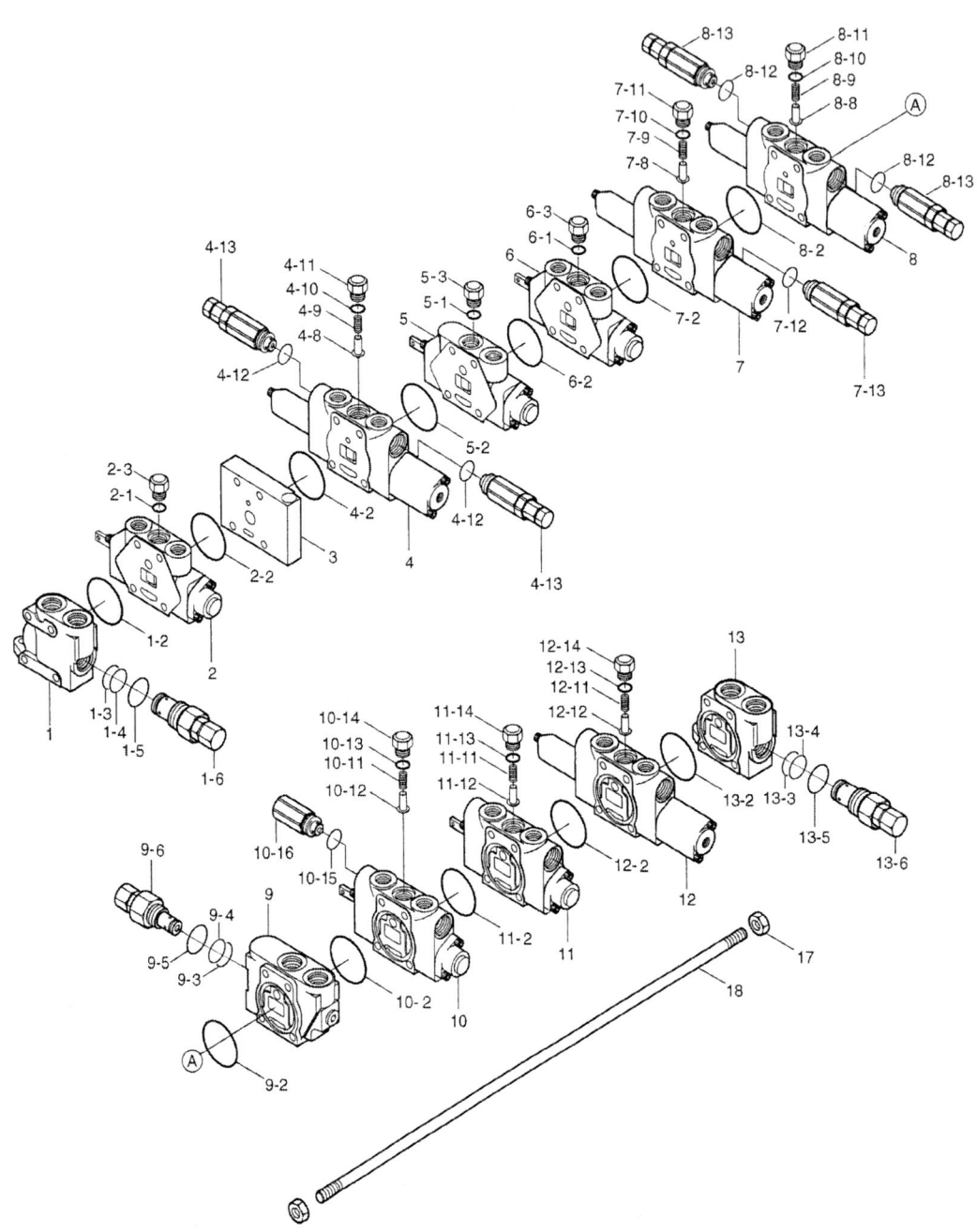

▶ MCV 분해도

■ MCV 목록표 1

순번 ITEM	부품번호 PART. NO	부 품 명 DESCRIPTION	수량 Q'TY	비고 REMARKS
*	426-00207	컨트롤 밸브 조립품	1	
1	4-01-506	인렛 조립품	1	
1-2	1-56-755	·O-링	1	
1-3	1-56-776	·O-링	1	
1-4	2-75-274	·백업링	1	
1-5	1-56-786	·O-링	1	
1-6	4-02-501-200	·메인 릴리프 밸브	1	
2	4-01-50801	주행 블록 조립품	1	
2-1	1-53-014	·O-링	1	
2-2	1-55-755	·O-링	1	
2-3	2-09-504	·플러그	1	
3	4-01-598	서브 블록	1	
4	4-01-51802	암 블록 조립품	1	
4-2	1-56-755	·O-링	1	
4-8	2-05-508	·로드 체크 포핏	1	
4-9	1-51-512	·체크 스프링	1	
4-10	1-53-014	·O-링	1	
4-11	2-09-504	·플러그	1	
4-12	1-56-786	·O-링	2	
4-13	4-02-502-235	·과부하 릴리프 밸브	2	
5	4-01-50802	블록 조립품	1	
5-1	1-53-027	·O-링	2	
5-2	1-55-755	·O-링	1	
5-3	2-09-526	·플러그	2	
6	4-01-51501	주행 블록 조립품	1	
6-1	1-53-014	·O-링	1	
6-2	1-55-755	·O-링	1	
6-3	2-09-504	·플러그	1	
7	4-01-51801	버켓 블록 조립품	1	
7-2	1-56-755	·O-링	1	
7-8	2-05-508	·로드 체크 포핏	1	
7-9	1-51-512	·체크 스프링	1	
7-10	1-53-014	·O-링	1	
7-11	2-09-504	·플러그	1	
7-12	1-56-786	·O-링	1	
7-13	4-02-502-235	·과부하 릴리프 밸브	1	
8	4-01-51803	붐 블록 조립품	1	
8-2	1-56-755	·O-링	1	
8-8	2-05-508	·로드 체크 포핏	1	
8-9	1-51-512	·체크 스프링	1	

■ MCV 목록표 2

순번 ITEM	부 품 번 호 PART. NO	부 품 명 DESCRIPTION	수량 Q'TY	비고 REMARKS
8-10	1-53-014	·O-링	1	
8-11	2-09-504	·플러그	1	
8-12	1-56-786	·O-링	2	
8-13	4-02-502-235	·과부하 릴리프 밸브	2	
9	4-01-53901	인렛 조립품	1	
9-2	1-56-755	·O-링	1	
9-3	1-56-776	·O-링	1	
9-4	2-75-274	·백업링	1	
9-5	1-56-786	·O-링	1	
9-6	4-02-501-200	·메인 릴리프 밸브	1	
9-7	1-56-743	·O-링	1	
9-8	2-09-538	·플러그	1	
10	4-01-51502	붐 스윙 블록 조립품	1	
10-2	1-55-755	·O-링	1	
10-11	1-51-512	·체크 스프링	1	
10-12	2-05-508	·로드 체크 포핏	1	
10-13	1-53-014	·O-링	1	
10-14	2-09-504	·플러그	1	
10-15	1-56-786	·O-링	1	
10-16	4-01-501	·진공 방지 밸브	1	
11	4-01-50803	·도저 블록 조립품	1	
11-2	1-55-755	·O-링	1	
11-11	1-51-512	·체크 스프링	1	
11-12	2-05-508	·로드 체크 포핏	1	
11-13	1-53-014	·O-링	1	
11-14	2-09-504	·플러그	1	
12	4-01-51001	선회 블록 조립품	1	
12-2	1-55-755	·O-링	1	
12-11	1-51-512	·체크 스프링	1	
12-12	2-05-508	·로드 체크 포핏	1	
12-13	1-53-014	·O-링	1	
12-14	2-09-504	·플러그	1	
13	4-01-504	인렛 조립품	1	
13-2	1-56-755	·O-링	1	
13-3	1-56-776	·O-링	1	
13-4	2-75-274	·백업링	1	
13-5	1-56-786	·O-링	1	
13-6	4-02-501-200	·메인 릴리프 밸브	1	
17	S4010503	너트	8	
18	2-20-50201	티 볼트	4	

실기시험 답안지 작성방법

A. 요구사항

※ 주어진 메인 컨트롤 밸브 어셈블리를 분해하여 점검하고 이상부분이 있으면 기록표에 기록하고 조립하시오.

[차체 및 유압 4 시험결과 기록표]

| 비 번호 | | 감독위원 확 인 | |

① 진단 또는 점검		② 정비(또는 조치) 사항	득점
이상부위(또는 부품)	내용 및 상태		
1-4번 백업링	1개 없음	백업링 1개 삽입 후 재점검	
2-2번 O-링	1개 없음	O-링 1개 삽입 후 재점검	
4-12번 O-링	1개 없음	O-링 1개 삽입 후 재점검	

※ 시험위원이 지정하는 부위를 측정하고, 단위가 누락되거나 틀린 경우 오답으로 채점함.

B. 답안지 작성 방법

① **진단 또는 점검**
  ㉮ 이상부위 또는 부품 : MCV(메인 컨트롤 밸브)를 분해한 후 분해도와 비교하여 없는 부품의 색인번호와 부품명을 기록한다.
  (예 ; 1-4번 백업링, 2-2번 O-링, 4-12번 O-링)
  ㉯ 내용 및 상태 : MCV를 분해한 후 분해도와 비교하여 없는 부품의 수량과 상태를 기록한다.
  (예 ; 1개 없음, 1개 없음, 1개 없음)

② **정비(또는 조치) 사항** : 진단 또는 점검내용에 대한 정비(또는 조치) 사항을 기록한다.
  (예 ; 백업링 1개 삽입, O-링 1개 삽입, O-링 1개 삽입 후 재점검)

5 스윙 모터 검사

(1) 메이크업 밸브

① 메이크업 밸브에는 다음과 같은 두 가지 기능이 있다. 하나는 피스톤 모터의 오버런에 의한 캐비테이션의 발생을 방지해 본체 상단의 오버런을 방지하는 것이다. 모터가 본체 상단의 탄성에 의해 회전하여 펌프 작용이 발생함으로써 모터 회전수가 모터에 공급된 오일 양에 해당하는 회전수 이상으로 상승할 경우, 부족한 오일은 외부에서 메이크업 밸브를 통해 모터 메인 회로에 공급되므로 회로 안에서 진공의 발생이 방지된다.

② 두 번째 기능은 메이크업 밸브를 통해 모터 토출량과 밸브 누출량을 보충함으로써 회로 내부의 진공을 방지하며, 제동할 때 컨트롤 밸브와 모터 사이에 폐쇄회로가 형성될 때 정상 회로 상태에서 제공 성능이 제공된다.

(2) 작동 전후 점검

① 시동하기 전 피스톤 모터 하우징에 깨끗한 작동유를 채운다.
② 배관의 모든 부품에서 공기를 제거한다.
③ 낮은 속도로 모터를 구동한 다음 비정상적인 소음이나 진동 여부를 확인한다. 그 다음 속도를 지정 회전수로 올리고 부하를 적용한다.
④ 피스톤 모터를 시동한 후 아래 내용을 확인한다.
- 오일이 누출되지 않는지 확인한다.
- 회전수와 회전 방향이 정확한지 확인한다.
- 오일 온도가 비정상적으로 상승하지 않는지 확인한다.
- 피스톤 모터 하우징의 온도가 비정상적으로 상승하지 않는지 확인한다.
- 비정상적인 소음이나 진동이 발생하지 않는지 확인한다.

(3) 스윙 모터 분해

① 스윙 모터의 외주에 와이어 로프를 감아 기중기로 들어 올리고 세척유로 세정한다. 세정 후 압축 공기로 건조시킨다.

② 드레인 포트에서 케이싱 내의 작동유를 빼낸다.
③ 구동축의 축단을 아래로 하여 분해하기 쉽게 작업대에 고정한다. 이때 케이싱과 밸브 케이싱과의 맞춤부에 맞춤표시를 한다.
④ 릴리프 밸브를 밸브 케이싱에서 분해한다.

▶ 릴리프 밸브 분해

⑤ 플러그를 밸브 케이싱에서 분해한 후 스프링, 플런저를 분해한다.

▶ 플러그 분해　　　　　　　　▶ 플런저 분해

⑥ 밸브 케이싱에서 스풀 밸브 어셈블리를 분해한다.

▶ 스풀 밸브 어셈블리 분해

⑦ 육각 구멍붙이 볼트를 풀고 헤드 커버를 케이싱에서 떼어낸다.(브레이크 스프링 힘에 의해서 볼트를 떼어내면 헤드 커버는 케이싱에서 자동 분리된다.)

▶ 헤드 커버 볼트 탈거

▶ 헤드 커버 분해

⑧ 헤드 커버에서 밸브 플레이트를 분해한다.
⑨ 브레이크 스프링을 브레이크 피스톤에서 분해한다.

▶ 밸브 플레이트 분해   ▶ 브레이크 스프링 분해

⑩ 치구를 이용하여 브레이크 피스톤을 케이싱에서 빼낸다. 브레이크 피스톤의 볼트 구멍을 이용할 때는 똑바로 위로 당겨 올려야 한다. 치구가 없는 경우에는 압축공기를 이용하여 분해한다.

▶ 브레이크 피스톤 분해

⑪ 스윙 모터를 수평으로 놓고 구동축에서 실린더 블록을 빼낸다. 그리고 피스톤 어셈블리, 리테이너, 스러스트 볼, 칼라를 빼낸다. 실린더 블록을 빼낼 때는 롤러가 떨어지기 쉬우므로 주의하여야 한다. 실린더 블록, 스러스트 볼, 슈 등의 섭동 면에 손상이 없도록 주의하여야 한다.(분해한 실린더 블록에서 와셔, 스프링, 스냅 링은 분해하지 않는다.)

⑫ 케이싱에서 마찰판 2개, 분할 플레이트 1개를 떼어낸다.

▶ 실린더 블록 분리

▶ 마찰판 분해

⑬ 실린더 블록에서 피스톤 어셈블리와 스프링, 부시, 플레이트를 분해한다.

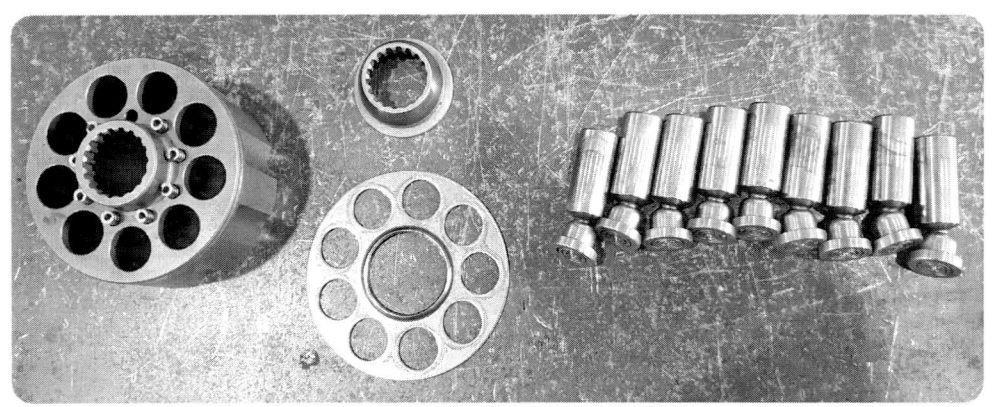

▶ 실린더 블록에서 피스톤 어셈블리 분해

⑭ 스와시 플레이트와 볼 베어링이 조립되어 있는 구동축을 케이싱에서 분해 시 케이싱 축 단면을 플라스틱 해머 등으로 가볍게 때려 분해한다. 구동축을 케이싱에서 분해할 때 오일 실 섭동 면에 손상이 없도록 주의하여야 한다.
⑮ 스윙 모터 각 구성품에 이상이 없는지 점검한다.

▶ 스윙 모터 분해 부품

(4) 스윙 모터 조립

※ 조립은 분해의 역순으로 실시하고 특히 다음과 같은 사항에 주의한다.

① 모든 부품을 취급 오일로 세척한 다음 오일을 완전히 제거해야 한다.
② 세척한 부품에 먼지나 이물질이 없는지 확인한다. 패이거나 손상되지 않도록 부품을 조심스럽게 취급해야 한다.

③ 실, 베어링과 핀은 항상 신품으로 교환해야 한다.
④ 조여야 할 부분은 지정 토크로 조인다.
⑤ 먼저 그리스를 오일 실이나 오링에 바른다.
⑥ 작은 부품을 잃어버리지 않도록 주의해야 한다.

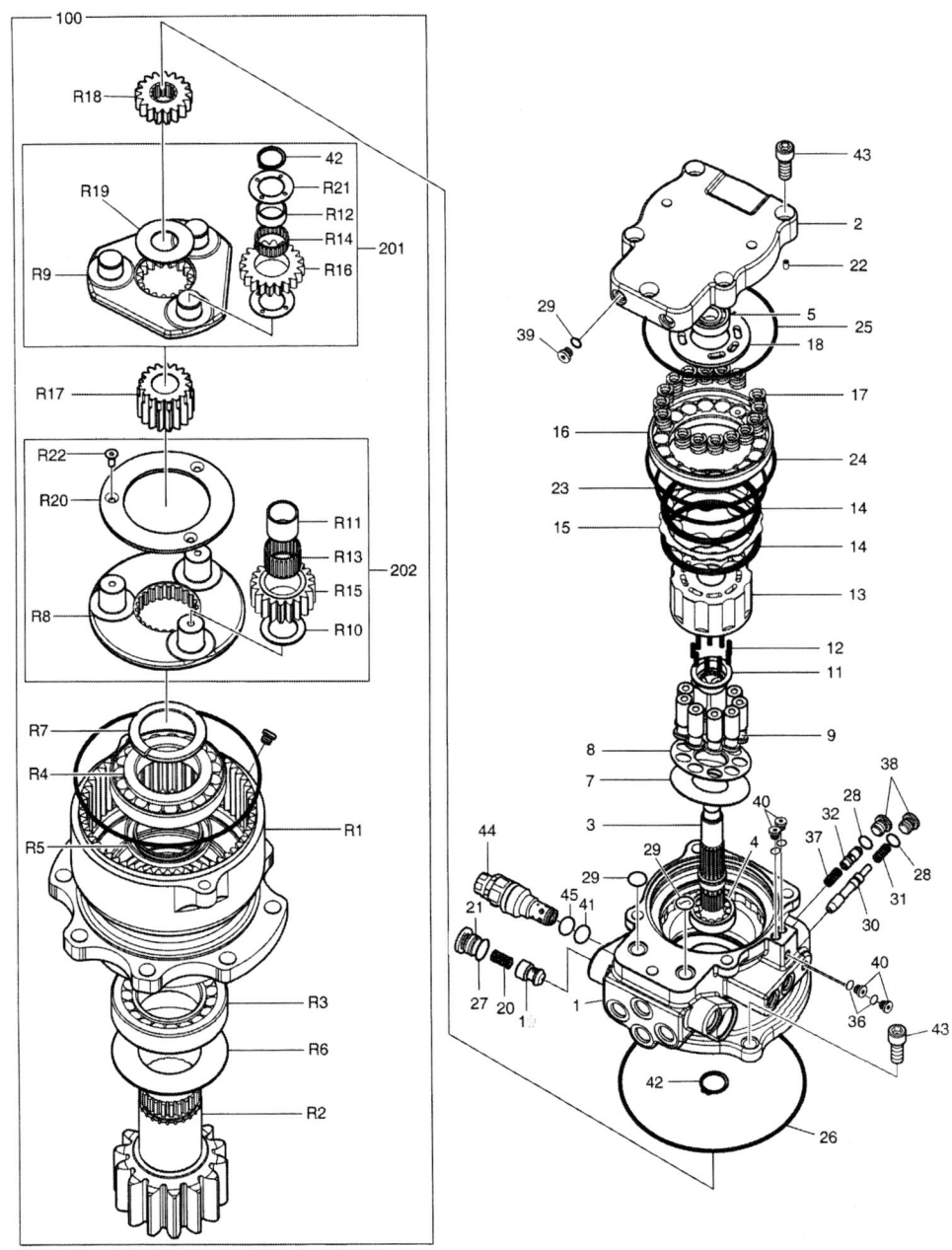

▶ 스윙 모터 분해도

■ 스윙 모터 분해 목록표

순번 ITEM	부품번호 PART. NO	부 품 명 DESCRIPTION		수량 Q'TY	비고 REMARKS
*	MFC80-040	·선회 모터	SWING MOTOR	1	
1	1399-200	·케이싱	·CASHING	1	
2	0722-149	·커버	·COVER	1	
3	3949-676	·구동축	·SHAFT	1	
4	7598-029	·베어링	·BEARING	1	
5	7597-028	·베어링	·BEARING	1	
7	2512-063	·슈판	·PLATE-SHOE	1	
8	3336-126	·리테이너 플레이트	·RETAINING-PLATE	1	
9	3852-023	·피스톤 어셈블리	·PISTON-ASSY	1	
11	4035-039	·부쉬	·BUSH	1	
12	0200-159	·스프링	·SPRING	9	
13	4222-006	·실린더 블록	·CYLINDER-BLOCK	1	
14	2508-124	·마찰판	·PLATE-FRICTION	2	
15	1540-026	·분할판	·PLATE-SEPARATE	1	
16	7077-100	·브레이크 피스톤	·PISTON-BRAKE	1	
17	0200-168	·브레이크 스프링	·SPRING-BRAKE	16	
18	3587-567	·밸브 플레이트	·VALVE-PLATE	1	
19	2549-185	·플런저	·PLUNGER	2	
20	0200-159	·스프링	·SPRING	2	
21	4292-883	·플러그	·PLUG	2	
22	2512-063	·핀	·PIN	2	
23	2508-243	·O-링	·O-RING	1	
24	1296-555	·O-링	·O-RING	1	
25	4195-101	·O-링	·O-RING	1	
26	4187-100	·O-링	·O-RING	1	
27	3336-126	·O-링	·O-RING	2	
28	4035-039	·O-링	·O-RING	2	
29	9227-343	·O-링	·O-RING	4	
30	9239-155	·스풀	·SPOOL	1	
31	0200-159	·스프링	·SPRING	1	
32	7368-146	·플런저 어셈블리	·PLUNGER-ASSY	1	
36	9227-343	·O-링	·O-RING	4	
37	3587-567	·스프링	·SPRING	1	
38	4337-162	·플러그	·PLUG	2	
39	4195-100	·플러그	·PLUG	1	
40	1540-290	·플러그	·PLUG	4	
41	4196-272	·O-링	·O-RING	2	
42	1540-026	·스냅링	·SNAP-RING	2	
43	2508-124	·소켓 볼트	·BOLT-SOCKET	7	
44	2508-240	·릴리프밸브	·RELIEF-VALVE	2	
45	3548-2015	·백업-링	·BACK-RING	2	
100	1296-557	·감속기 어셈블리		1	

실기시험 답안지 작성방법

A. 요구사항

※ 주어진 건설기계의 스윙 모터를 분해하여 점검하고 이상부분이 있으면 기록표에 기록하고 조립하시오.

[차체 및 유압 4 시험결과 기록표]

① 진단 또는 점검		② 정비(또는 조치) 사항	득점
이상부위(또는 부품)	내용 및 상태		
14번 마찰판	1개 없음	마찰판 1개 삽입 후 재점검	
20번 스프링	1개 없음	스프링 1개 삽입 후 재점검	
23번 O-링	1개 없음	O-링 1개 삽입 후 재점검	

비 번호 / 감독위원 확인

B. 답안지 작성 방법

① 진단 또는 점검

  ㉮ 이상부위 또는 부품 : 플런저형 펌프를 분해한 후 분해도와 비교하여, 실물이 없는 부품의 색인번호와 부품명을 기록한다.

  (예 ; 7번 O-링, 15번 볼 플레이트, 21번 핀)

  ㉯ 내용 및 상태 : 플런저형 펌프를 분해한 후 분해도와 비교하여 없는 부품의 수량과 상태를 기록한다.

  (예 ; 1개 없음, 1개 없음, 3개 없음)

② 정비(또는 조치) 사항 : 진단 또는 점검 내용에 대한 정비(또는 조치) 사항을 기록한다.

  (예 ; O-링 1개 삽입, 볼 플레이트 1개 삽입, 핀 3개 삽입 후 재점검)

6 조향 펌프 검사

(1) 조향 펌프의 특징

① 조향 펌프는 건설기계의 동력조향장치에 유압을 공급해주는 펌프로 대부분 기어 형식의 펌프를 사용하고 있으며, 크기와 토출되는 유량에 차이는 있으나 앞에 설명한 기어펌프와 형상 및 작동원리는 동일하다.

② 조향 펌프는 건설기계에 따라서 동력조향장치에 유압을 공급하지만, 동력조향장치에 유압이 필요하지 않을 때는 작업 장치로 유량의 흐름을 전환하여 작업효율을 높이기도 한다.

(2) 조향 펌프 분해

① 조향 펌프 분해 공구를 준비한다.
② 조향 펌프를 받침대에 올려놓거나 바이스에 고정시킨다.
③ 기어 하우징(15)과 축 엔드 커버(1)를 체결하는 고정 볼트(5) 4개를 제거한다.

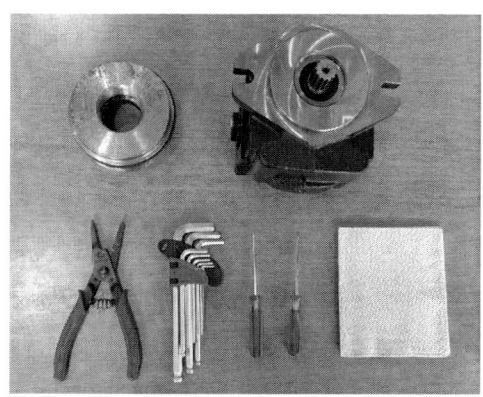
▶ 분해 공구 준비

▶ 고정 볼트 제거

④ 플라스틱 망치로 축 엔드 커버(1)를 가볍게 타격하거나, (-)드라이버로 분리홈에 끼워 넣고 축 엔드 커버(1)를 분리한다.

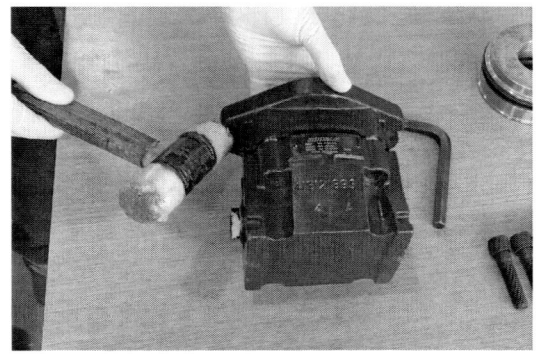 

▶ 기어 하우징과 축 엔드 커버 분해

⑤ 트러스트 플레이트(2)를 분해한다. 플레이트 실(8)과 백업링(12)은 트러스트 플레이트(2)와 함께 분해된다.
⑥ 기어 하우징(15)에서 구동축 및 기어(3)와 피동 기어(4)를 분해한다.

 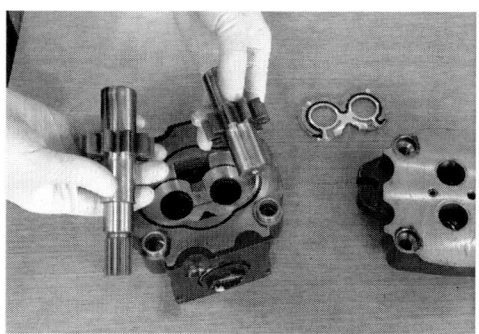

▶ 플레이트 분해 ▶ 구동축 분해

⑦ 기어 하우징(15)의 안쪽에 있는 트러스트 플레이트(2)를 분해한다. 플레이트 실(8)과 백업링(12)은 트러스트 플레이트(2)와 함께 분해된다.

⑧ 기어펌프 하우징(17)에서 실(7)과 O-링(6)을 분해한다.

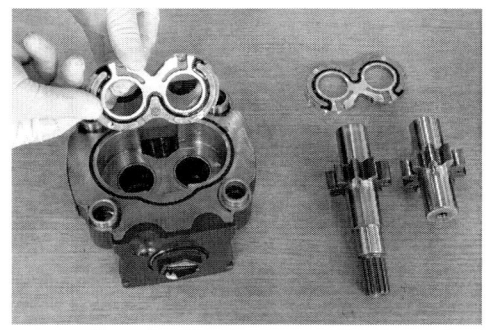

▶ 트러스트 플레이트 분해

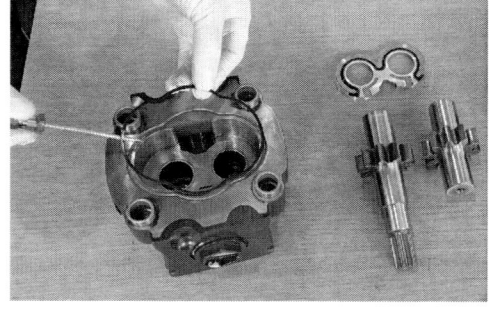

▶ O-링 분해

⑨ 트러스트 플레이트(2)에서 플레이트 실(8)과 백업링(12)을 분해한다.

⑩ 링 플라이어를 이용하여 축 엔드 커버(1)에서 스냅링(11)을 분해한다.

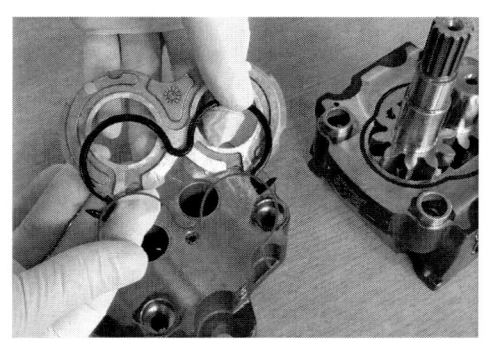

▶ 플레이트 실 분해

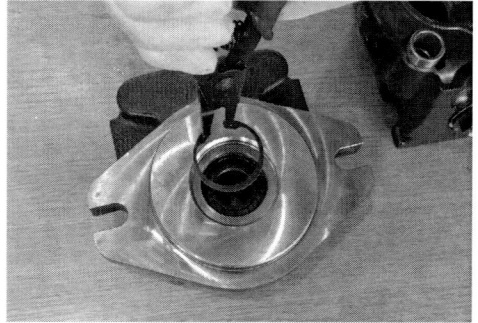

▶ 스냅링 분해

11) 분해도와 목록표를 확인하여 없는 부품을 확인한다.

▶ 조향 펌프 분해 부품

(3) 조향 펌프 조립

① 조립은 분해의 역순으로 실시한다.
② 조립할 때는 트러스트 플레이트(2)의 조립 방향에 주의하여야 한다. 플레이트 실(12)과 백업 링(8)이 설치된 부분이 기어(3)(4)의 반대 방향으로 설치되어야 하며, 플레이트 실(12)의 열린 부분이 기어 하우징(15)의 흡입 포트 방향으로 조립되어야 한다.
③ 구동축 및 기어(3)와 피동 기어(4)의 위치가 바뀌지 않도록 주의한다.

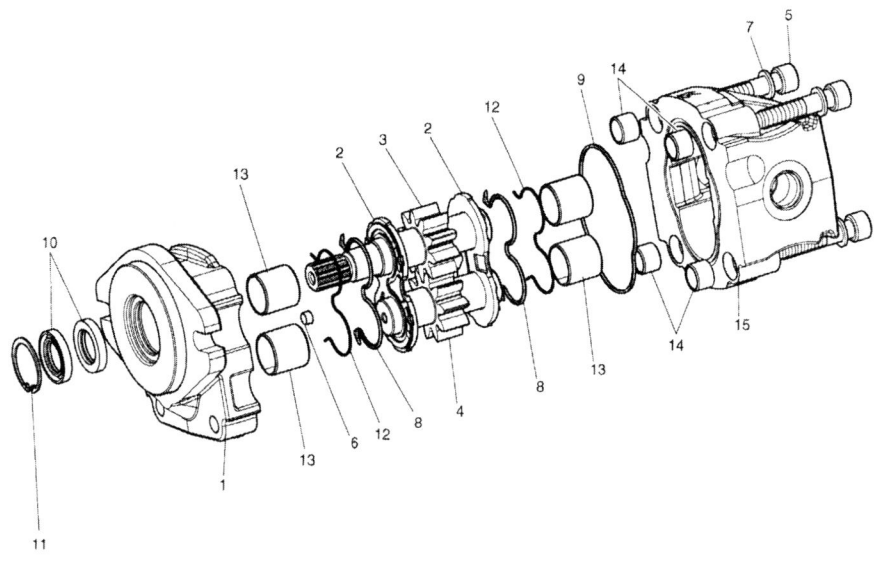

▶ 조향 펌프 분해도

[조향 펌프 부품 목록표]

순번 ITEM	부 품 번 호 PART. NO	부 품 명	DESCRIPTION	수량 Q'TY
*	2001-0331	조향펌프 조립체	PUMP ASSY-HYD	1
1	2873 0522	축 엔드 커버	·COVER-SHAFT END	1
2	2231 6925	트러스트 플레이트	·PLATE-THRUST	2
3	2175 0542	구동축 및 기어	·D/SHAFT & GEAR	1
4	2874 0524	피동 기어	·GEAR	1
5	2875 0646	고정 볼트	·BOLT	4
6	2175 0552	스크루	·SCREW	1
7	2557 3612	와셔	·WASHER	4
8	2634 5290	플레이트 실	·SEAL-PLATE	2
9	2874 0529	O-링	·O-RING	1
10	2572 0291	샤프트 실	·SEAL-SHAFT	2
11	2374 0699	스냅링	·RING-SNAP	1
12	2574 0283	백업링	·BACK-RING	2
13	2834 1269	부시	·BUSH	4
14	1425 0177	캡	·CAP	4
15	2873 0521	기어 하우징	·HOUSING-GEAR	1

실기시험 답안지 작성방법

A. 요구사항

※ 주어진 조향 펌프를 분해하여 점검하고 이상 부분이 있으면 기록표에 기록하고 조립하시오.

[차체 및 유압 4 기록표]
장비번호 :

① 진단 또는 점검		② 정비(또는 조치) 사항	득점
이상부위(또는 부품)	내용 및 상태		
9번 O-링	1개 없음	O-링 1개 (신품) 삽입	
11번 스냅링	1개 없음	스냅링 1개 (신품) 삽입	
12번 백업링	1개 없음	백업링 1개 (신품) 삽입	

비 번호		감독위원 확 인	

B. 답안지 작성 방법

① 진단 또는 점검

㉮ 이상부위 또는 부품 : 조향 펌프를 분해 후 분해도와 비교하여, 실물이 없는 부품의 색인번호와 부품명을 기록한다.
(예 ; 9번 O-링, 11번 스냅링, 12번 백업링)

㉯ 내용 및 상태 : 조향 펌프를 분해 후 분해도와 비교하여 없는 부품의 수량과 상태를 기록한다.
(예 ; 1개 없음, 1개 없음, 1개 없음)

② 정비(또는 조치) 사항 : 진단 또는 점검내용에 대한 정비(또는 조치) 사항을 기록한다.
(예 ; O-링 1개 삽입, 스냅링 1개 삽입, 백업링 1개 삽입 후 재점검)

04 실기문제
(건설기계정비기능사)

국가기술자격검정실기시험문제 ①

자격종목	건설기계정비기능사	작업명	건설기계정비작업

※ 시험시간 : 4시간
- 기관 : 1시간 20분 ● 전기 : 60분 ● 차체 : 1시간 40분
- 시험문제 ①~⑦항의 요구사항에서 [기관, 전기, 차체] 과제 중 세부항목을 조합하여 출제되며, 일부 내용이 변경될 수 있음

1 요구사항

가. 기 관

1) 주어진 디젤기관에서 크랭크축을 탈거하여 기록표의 내용을 측정·판정한 후 조립하시오.
2) 주어진 기관에서 감독위원의 지시에 따라 연료필터를 교환한 후 에어빼기 작업을 하고 시동에 관련된 사항(밸브 간극 및 최초 분사시기 등)을 점검하여 이상이 있으면 조정하고 시동하시오.
3) 주어진 건설기계에서 기관의 라디에이터 캡 압력을 점검하여 기록표에 기록·판정하시오.

나. 전 기

1) 주어진 건설기계에서 충전 회로를 점검하여 고장부분의 내용을 기록표에 기록·판정하고, 정비하여 작동시험을 하시오.
2) 주어진 건설기계의 기동 전동기에서 전압강하 시험을 하여 기록표에 기록·판정하시오.

다. 차 체

1) 주어진 건설기계에서 브레이크 라이닝을 탈거하여 확인 받은 후, 부착(조립)하여 브레이크의 작동상태를 확인하시오.
2) 지게차에서 마스트 후 경사각을 측정하여 기록표에 기록·판정하시오.
3) 로더(loder)에서 조향 시 조향밸브 압력을 점검하여 기록표에 기록·판정하시오.
4) 주어진 기어 형식의 유압펌프를 분해하여 점검하고, 이상 부분이 있으면 기록표에 기록하고 조립하시오.

국가기술자격검정실기시험 결과기록표 ①

자격종목	건설기계정비기능사	작업명	건설기계정비작업

※ 기록표는 문항별 구분 절단하여 배부하고, 각 문항별로 종료시 회수한다.

가. 기 관

1) 주어진 디젤기관에서 크랭크축을 탈거하여 기록표의 내용을 측정·판정한 후 조립하시오.

[기관 1 시험결과 기록표]

기관 번호 :

비 번호		감독위원 확 인	

측정 항목	① 측정(또는 점검)		② 판정 및 정비(또는 조치) 사항		득점
	측 정 값	규정(정비한계)값	판 정 (□에 "√"표시)	정비 및 조치할 사항	
메인저널 오일간극			□ 양호 □ 불량		

※ 시험위원이 지정하는 부위를 측정하고, 단위가 누락되거나 틀린 경우는 오답으로 채점함.

2) 주어진 기관에서 감독위원의 지시에 따라 연료필터를 교환한 후 에어빼기 작업을 하고 시동에 관련된 사항(밸브 간극 및 최초 분사시기 등)을 점검하여 이상이 있으면 조정하고, 시동하시오.

3) 주어진 건설기계에서 기관의 라디에이터 캡 압력을 점검하여 기록표에 기록·판정하시오.

[기관 3 시험결과 기록표]

기관 번호 :

비 번호		감독위원 확 인	

측정 항목	① 측정(또는 점검)		② 판정 및 정비(또는 조치) 사항		득점
	측 정 값	규정(정비한계)값	판 정 (□에 "√"표시)	정비 및 조치할 사항	
라디에이터 캡 압력			□ 양호 □ 불량		

※ 단위가 누락되거나 틀린 경우는 오답으로 채점함.

나. 전 기

1) 주어진 건설기계에서 충전 회로를 점검하여 고장부분의 내용을 기록표에 기록·판정하고, 정비하여 작동시험을 하시오.

[전기 1 시험결과 기록표]
건설기계 번호 :　　　　　　비 번호 　　　　감독위원 확 인

측정 항목	① 측정(또는 점검)		② 판정 및 정비(또는 조치) 사항		득점
	고장부분	내용 및 상태	판 정 (□에 "√" 표시)	정비 및 조치할 사항	
충전회로			□ 양호 □ 불량		

2) 주어진 건설기계의 기동전동기에서 전압강하 시험을 하여 기록표에 기록하시오.

[전기 2 시험결과 기록표]
건설기계 번호 :　　　　　　비 번호 　　　　감독위원 확 인

측정 항목	① 측정(또는 점검)		② 판정 및 정비(또는 조치) 사항		득점
	측정값	규정(정비한계)값	판 정 (□에 "√" 표시)	정비 및 조치할 사항	
전압강하 시험			□ 양호 □ 불량		

※ 단위가 누락되거나 틀린 경우는 오답으로 채점함.

다. 차 체

1) 주어진 건설기계에서 브레이크 라이닝을 탈거하여 확인 받은 후, 부착(조립)하여 브레이크의 작동상태를 확인하시오.
2) 지게차에서 마스트 후 경사각을 측정하여 기록표에 기록·판정하시오.

[차체 1 시험결과 기록표]
건설기계 번호 :

측정 항목	① 측정(또는 점검)		② 판정 및 정비(또는 조치) 사항		득점
	측정값	규정(정비한계)값	판 정 (□에"√"표시)	정비 및 조치할 사항	
마스트 후 경사각			□ 양호 □ 불량		

※ 단위가 누락되거나 틀린 경우는 오답으로 채점함.

3) 로더(loder)에서 조향 시 조향밸브 압력을 점검하여 기록표에 기록·판정하시오.

[차체 3 시험결과 기록표]
건설기계 번호 :

측정 항목	① 측정(또는 점검)		② 판정 및 정비(또는 조치) 사항		득점
	측정값	규정(정비한계)값	판 정 (□에"√"표시)	정비 및 조치할 사항	
조향 시 조향밸브 압력			□ 양호 □ 불량		

※ 단위가 누락되거나 틀린 경우는 오답으로 채점함.

4) 주어진 기어 형식의 유압펌프를 분해하여 점검하고, 이상 부분이 있으면 기록표에 기록하고 조립하시오.

[차체 4 시험결과 기록표]
▲ 기어형식 유압펌프   작업대 번호 :

① 점검(또는 측정)		② 정비(또는 조치) 사항	득점
이상부위(또는 부품)	내용 및 상태		

국가기술자격검정실기시험문제 ②

자격종목	건설기계정비기능사	작업명	건설기계정비작업

※ 시험시간 : 4시간
- 기관 : 1시간 20분   • 전기 : 60분   • 차체 : 1시간 40분
- 시험문제 ①~⑦항의 요구사항에서 [기관, 전기, 차체] 과제 중 세부항목을 조합하여 출제되며, 일부 내용이 변경될 수 있음

1 요구사항

가. 기 관

1) 주어진 디젤기관에서 캠축을 탈거하여 기록표의 내용을 측정·판정한 후, 조립하시오.
2) 주어진 기관에서 감독위원의 지시에 따라 연료필터를 교환한 후 에어빼기 작업을 하고 시동에 관련된 사항(밸브 간극 및 최초 분사시기 등)을 점검하여 이상이 있으면 조정하고, 시동하시오.
3) 주어진 건설기계에서 기관의 압축압력을 측정하여 기록표에 기록·판정하시오.

나. 전 기

1) 주어진 건설기계에서 전조등 회로를 점검하여 고장부분이 있으면 내용을 기록표에 기록·판정하고, 정비하여 작동시험을 하시오.
2) 주어진 건설기계의 기동 전동기에서 전류 소모 시험을 하여 기록표에 기록·판정하시오.

다. 차 체

1) 무한궤도형식 건설기계의 하부 구동체에서 캐리어 롤러(상부 롤러)를 탈거하여 확인받은 후, 부착(조립)하여 롤러의 상태를 확인하시오.
2) 타이어식 건설기계에서 브레이크 페달 유격과 작동거리를 측정하여 기록표에 기록·판정하시오.
3) 지게차에서 컨트롤 밸브 릴리프 압력을 점검하여 기록·판정하시오.
4) 주어진 조향 실린더를 분해하여 점검하고, 이상 부분이 있으면 기록표에 기록하고 조립하시오.

국가기술자격검정실기시험 결과기록표 ②

자격종목	건설기계정비기능사	작업명	건설기계정비작업

※ 기록표는 문항별 구분 절단하여 배부하고, 각 문항별로 종료시 회수한다.

가. 기 관

1) 주어진 디젤기관에서 캠축을 탈거하여 기록표의 내용을 측정·판정한 후 조립하시오.

[기관 1 시험결과 기록표]
기관 번호 :

비 번호		감독위원 확 인	

측정 항목	① 측정(또는 점검)		② 판정 및 정비(또는 조치) 사항		득점
	측 정 값	규정(정비한계)값	판 정 (□에 "√" 표시)	정비 및 조치할 사항	
캠 양정			□ 양호 □ 불량		

※ 시험위원이 지정하는 부위를 측정하고, 단위가 누락되거나 틀린 경우는 오답으로 채점함.

2) 주어진 기관에서 감독위원의 지시에 따라 연료필터를 교환한 후 에어빼기 작업을 하고 시동에 관련된 사항(밸브 간극 및 최초 분사시기 등)을 점검하여 이상이 있으면 조정하고, 시동하시오.

3) 주어진 건설기계에서 기관의 압축압력을 측정하여 기록표에 기록·판정하시오.

[기관 3 시험결과 기록표]
건설기계 번호 :

비 번호		감독위원 확 인	

측정 항목	① 측정(또는 점검)		② 판정 및 정비(또는 조치) 사항		득점
	측 정 값	규정(정비한계)값	판 정 (□에 "√" 표시)	정비 및 조치할 사항	
( )번 실린더			□ 양호 □ 불량		
( )번 실린더					

※ 단위가 누락되거나 틀린 경우는 오답으로 채점함.

나. 전 기

1) 주어진 건설기계에서 전조등 회로를 점검하여 고장부분이 있으면 내용을 기록표에 기록·판정하고, 정비하여 작동시험을 하시오.

[전기 1 시험결과 기록표]
건설기계 번호 :

비 번호		감독위원 확 인	

측정 항목	① 측정(또는 점검)		② 판정 및 정비(또는 조치) 사항		득점
	고장부분	내용 및 상태	판 정 (□에"√"표시)	정비 및 조치할 사항	
전조등 회로			□ 양호 □ 불량		

2) 주어진 건설기계의 기동 전동기에서 전류 소모 시험을 하여 기록표에 기록·판정하시오.

[전기 2 시험결과 기록표]
건설기계 번호 :

비 번호		감독위원 확 인	

측정 항목	① 측정(또는 점검)		② 판정 및 정비(또는 조치) 사항		득점
	측정값	규정(정비한계)값	판 정 (□에"√"표시)	정비 및 조치할 사항	
전류소모 시험			□ 양호 □ 불량		

※ 단위가 누락되거나 틀린 경우는 오답으로 채점함.

다. 차 체

1) 무한궤도형식 건설기계의 하부 구동체에서 캐리어 롤러(상부 롤러)를 탈거하여 확인 받은 후, 부착(조립)하여 롤러의 상태를 확인하시오.

2) 타이어식 건설기계에서 브레이크 페달 유격과 작동거리를 측정하여 기록표에 기록·판정하시오.

[차체 2 시험결과 기록표]
지게차 번호 :   비 번호   감독위원 확인

측정 항목	① 측정(또는 점검)		② 판정 및 정비(또는 조치) 사항		득점
	측정값	규정(정비한계)값	판 정 (□에"√"표시)	정비 및 조치할 사항	
페달 유격			☐ 양호		
작동 거리			☐ 불량		

※ 단위가 누락되거나 틀린 경우는 오답으로 채점함.

3) 지게차에서 컨트롤 밸브 릴리프 압력을 점검하여 기록·판정하시오.

[차체 3 시험결과 기록표]
로더 번호 :   비 번호   감독위원 확인

측정 항목	① 측정(또는 점검)		② 판정 및 정비(또는 조치) 사항		득점
	측정값	규정(정비한계)값	판 정 (□에"√"표시)	정비 및 조치할 사항	
컨트롤 밸브 릴리프 압력			☐ 양호 ☐ 불량		

※ 단위가 누락되거나 틀린 경우는 오답으로 채점함.

4) 주어진 조향 실린더를 분해하여 점검하고, 이상 부분이 있으면 기록표에 기록하고 조립하시오.

[차체 4 시험결과 기록표]
▲ 조향 실린더   작업대 번호 :   비 번호   감독위원 확인

① 점검(또는 측정)		② 정비(또는 조치) 사항	득점
이상부위(또는 부품)	내용 및 상태		

국가기술자격검정실기시험문제 ③

자격종목	건설기계정비기능사	작업명	건설기계정비작업

※ 시험시간 : 4시간
- 기관 : 1시간 20분   ● 전기 : 60분   ● 차체 : 1시간 40분
- 시험문제 ①~⑦항의 요구사항에서 [기관, 전기, 차체] 과제 중 세부항목을 조합하여 출제되며, 일부 내용이 변경될 수 있음

1 요구사항

가. 기 관

1) 주어진 디젤기관에서 피스톤을 탈거하여 기록표의 내용을 측정·판정한 후 조립하시오.
2) 주어진 기관에서 시험위원의 지시에 따라 연료필터를 교환한 후 에어빼기 작업을 하고 시동에 관련된 사항(밸브 간극 및 최초 분사시기 등)을 점검하여 이상이 있으면 조정하고, 시동하시오.
3) 주어진 건설기계에서 기관의 분사노즐을 점검하여 기록표에 기록 · 판정하시오.

나. 전 기

1) 주어진 건설기계에서 기동 및 예열장치 회로를 점검하여 고장부분이 있으면 내용을 기록표에 기록 · 판정하고, 정비하여 작동시험을 하시오.
2) 주어진 건설기계의 발전기에서 출력전압을 점검하여 기록표에 기록 · 판정하시오.

다. 차 체

1) 주어진 건설기계에서 브레이크 휠 실린더를 탈거하여 확인 받은 후 부착(조립)하여, 브레이크의 작동상태를 확인하시오.
2) 지게차에서 마스트 전 경사각을 측정하여 기록표에 기록 · 판정하시오.
3) 로더에서 틸트 회로의 안전밸브 압력을 측정하여 기록표에 기록 · 판정하시오.
4) 주어진 복동식 유압 실린더를 분해하여 점검하고, 이상 부분이 있으면 기록표에 기록하고 조립하시오.

국가기술자격검정실기시험 결과기록표 ③

자격종목	건설기계정비기능사	작업명	건설기계정비작업

※ 기록표는 문항별 구분 절단하여 배부하고, 각 문항별로 종료시 회수한다.

가. 기 관

1) 주어진 디젤기관에서 피스톤을 탈거하여 기록표의 내용을 측정·판정한 후 조립하시오.

[기관 1 시험결과 기록표]
기관 번호 :

비 번호		감독위원 확 인	

측정 항목	① 측정(또는 점검)		② 판정 및 정비(또는 조치) 사항		득점
	측 정 값	규정(정비한계)값	판 정 (□에 "√" 표시)	정비 및 조치할 사항	
링 끝 간극			□ 양호 □ 불량		

※ 시험위원이 지정하는 부위를 측정하고, 단위가 누락되거나 틀린 경우는 오답으로 채점함.

2) 주어진 기관에서 감독위원의 지시에 따라 연료필터를 교환한 후 에어빼기 작업을 하고 시동에 관련된 사항(밸브 간극 및 최초 분사시기 등)을 점검하여 이상이 있으면 조정하고, 시동하시오.

3) 주어진 건설기계에서 기관의 분사노즐을 점검하여 기록표에 기록·판정하시오.

[기관 3 시험결과 기록표]
건설기계 번호 :

비 번호		감독위원 확 인	

측정 항목	① 측정(또는 점검)		② 판정 및 정비(또는 조치) 사항		득점
	측 정 값	규정(정비한계)값	판 정 (□에 "√" 표시)	정비 및 조치할 사항	
분사개시압력			□ 양호 □ 불량		
후 적	□ 양호 □ 불량				

※ 단위가 누락되거나 틀린 경우는 오답으로 채점함.

나. 전 기

1) 주어진 건설기계에서 기동 및 예열장치 회로를 점검하여 고장부분이 있으면 내용을 기록표에 기록·판정하고, 정비하여 작동시험을 하시오.

[전기 1 시험결과 기록표]
건설기계 번호 :

비 번호		감독위원 확 인	

측정 항목	① 측정(또는 점검)		② 판정 및 정비(또는 조치) 사항		득점
	고장부분	내용 및 상태	판 정 (□에 "√" 표시)	정비 및 조치할 사항	
기동 및 예열장치 회로			□ 양호 □ 불량		

2) 주어진 건설기계의 발전기에서 출력전압을 점검하여 기록표에 기록·판정하시오.

[전기 2 시험결과 기록표]
건설기계 번호 :

비 번호		감독위원 확 인	

측정 항목	① 측정(또는 점검)		② 판정 및 정비(또는 조치) 사항		득점
	측정값	규정(정비한계)값	판 정 (□에 "√" 표시)	정비 및 조치할 사항	
발전기 출력전압			□ 양호 □ 불량		

※ 단위가 누락되거나 틀린 경우는 오답으로 채점함.

다. 차 체

1) 주어진 건설기계에서 브레이크 휠 실린더를 탈거하여 확인 받은 후 부착(조립)하여, 브레이크의 작동상태를 확인하시오.
2) 지게차에서 마스트 전 경사각을 측정하여 기록표에 기록 · 판정하시오.

[차체 2 시험결과 기록표]
건설기계 번호 :

측정 항목	① 측정(또는 점검)		② 판정 및 정비(또는 조치) 사항		득점
	측정값	규정(정비한계)값	판 정 (□에 "√" 표시)	정비 및 조치할 사항	
마스트 후 경사각			□ 양호 □ 불량		

※ 단위가 누락되거나 틀린 경우는 오답으로 채점함.

3) 로더에서 틸트 회로의 안전밸브 압력을 점검하여 기록 · 판정하시오.

[차체 3 시험결과 기록표]
로더 번호 :

측정 항목	① 측정(또는 점검)		② 판정 및 정비(또는 조치) 사항		득점
	측정값	규정(정비한계)값	판 정 (□에 "√" 표시)	정비 및 조치할 사항	
안전밸브 압력			□ 양호 □ 불량		

※ 단위가 누락되거나 틀린 경우는 오답으로 채점함.

4) 주어진 복동식 유압실린더를 분해하여 점검하고, 이상 부분이 있으면 기록표에 기록하고 조립하시오.

[차체 4 시험결과 기록표]
▲ 복동식 유압실린더   작업대 번호 :

① 점검(또는 측정)		② 정비(또는 조치) 사항	득점
이상부위(또는 부품)	내용 및 상태		

국가기술자격검정실기시험문제 ④

| 자격종목 | 건설기계정비기능사 | 작업명 | 건설기계정비작업 |

※ 시험시간 : 4시간
- 기관 : 1시간 20분   • 전기 : 60분   • 차체 : 1시간 40분
- 시험문제 ①~⑦항의 요구사항에서 [기관, 전기, 차체] 과제 중 세부항목을 조합하여 출제되며, 일부 내용이 변경될 수 있음

1 요구사항

가. 기 관

1) 주어진 디젤기관에서 피스톤을 탈거하여 기록표의 내용을 측정·판정한 후 조립하시오.
2) 주어진 기관에서 감독위원의 지시에 따라 연료필터를 교환한 후 에어빼기 작업을 하고 시동에 관련된 사항(밸브 간극 및 최초 분사시기 등)을 점검하여 이상이 있으면 조정하고, 시동하시오.
3) 주어진 기관에서 연료 분사펌프의 분사량을 측정하여 기록표에 기록 · 판정하시오.

나. 전 기

1) 주어진 건설기계에서 에어컨 회로를 점검하여 고장부분이 있으면 내용을 기록표에 기록 · 판정하고, 정비하여 작동시험을 하시오.
2) 주어진 건설기계의 기관에서 예열플러그 저항 및 릴레이의 상태를 점검하여 기록표에 기록 · 판정하시오.

다. 차 체

1) 주어진 건설기계 액슬 허브를 탈거하여 확인 받은 후, 부착(조립)하여 액슬 허브의 구동상태를 확인하시오.
2) 타이어식 건설기계에서 브레이크 페달의 유격과 작동거리를 측정하여 기록표에 기록 · 판정하시오.
3) 굴삭기에서 붐 상승 릴리프 압력을 측정하여 기록표에 기록 · 판정하시오.
4) 주어진 메인 컨트롤 밸브 어셈블리를 분해하여 점검하고, 이상 부분이 있으면 기록표에 기록하고 조립하시오.

국가기술자격검정실기시험 결과기록표 ④

자격종목	건설기계정비기능사	작업명	건설기계정비작업

※ 기록표는 문항별 구분 절단하여 배부하고, 각 문항별로 종료시 회수한다.

가. 기 관

1) 주어진 디젤기관에서 피스톤을 탈거하여 기록표의 내용을 측정·판정한 후 조립하시오.

[기관 1 시험결과 기록표]
기관 번호 :

비 번호		감독위원 확 인	

측정 항목	① 측정(또는 점검)		② 판정 및 정비(또는 조치) 사항		득점
	측 정 값	규정(정비한계)값	판 정 (□에 "√" 표시)	정비 및 조치할 사항	
피스톤 간극			□ 양호 □ 불량		

※ 시험위원이 지정하는 부위를 측정하고, 단위가 누락되거나 틀린 경우는 오답으로 채점함.

2) 주어진 기관에서 감독위원의 지시에 따라 연료필터를 교환한 후 에어빼기 작업을 하고 시동에 관련된 사항(밸브 간극 및 최초 분사시기 등)을 점검하여 이상이 있으면 조정하고, 시동하시오.

3) 주어진 기관에서 연료 분사펌프의 분사량을 측정하여 기록표에 기록·판정하시오.

[기관 3 시험결과 기록표]
건설기계 번호 :

비 번호		감독위원 확 인	

① 측정(또는 점검)						② 판정 및 정비(또는 조치) 사항			득점
측정값						평균 분사량	수정할 실린더	정비 및 조치할 사항	
1	2	3	4	5	6				
cc	cc	cc	cc	cc	cc				

※ 측정조건은 감독위원의 지시에 따릅니다.
  예) 1000rpm, 250스트로크(stroke)

나. 전 기

1) 주어진 건설기계에서 에어컨 회로를 점검하여 고장부분이 있으면 내용을 기록표에 기록 · 판정하고, 정비하여 작동시험을 하시오.

[전기 1 시험결과 기록표]
건설기계 번호 :　　　　비 번호　　　　감독위원 확 인

측정 항목	① 측정(또는 점검)		② 판정 및 정비(또는 조치) 사항		득점
	고장부분	내용 및 상태	판 정 (□에 "√"표시)	정비 및 조치할 사항	
에어컨 회로			□ 양호 □ 불량		

2) 주어진 건설기계의 기관에서 예열플러그 저항 및 릴레이의 상태를 점검하여 기록표에 기록 · 판정하시오.

[전기 2 시험결과 기록표]
건설기계 번호 :　　　　비 번호　　　　감독위원 확 인

측정 항목	① 측정(또는 점검)		② 판정 및 정비(또는 조치) 사항		득점
	측 정 값	규정(정비한계)값	판 정 (□에 "√"표시)	정비 및 조치할 사항	
예열플러그 저항			□ 양호 □ 불량		
릴레이	□ 양호 □ 불량				

※ 단위가 누락되거나 틀린 경우는 오답으로 채점함.

다. 차 체

1) 주어진 건설기계 액슬 허브를 탈거하여 확인 받은 후, 부착(조립)하여 액슬 허브의 구동상태를 확인하시오.
2) 타이어식 건설기계에서 브레이크 페달 유격과 작동 거리를 측정하여 기록표에 기록·판정하시오.

[차체 2 시험결과 기록표]
지게차 번호 :

측정 항목	① 측정(또는 점검)		② 판정 및 정비(또는 조치) 사항		득점
	측정값	규정(정비한계)값	판 정 (□에 "√" 표시)	정비 및 조치할 사항	
페달 유격			□ 양호 □ 불량		
작동 거리					

※ 단위가 누락되거나 틀린 경우는 오답으로 채점함.

3) 굴삭기에서 붐 상승 릴리프 압력을 측정하여 기록표에 기록·판정하시오.

[차체 3 시험결과 기록표]
굴삭기 번호 :

측정 항목	① 측정(또는 점검)		② 판정 및 정비(또는 조치) 사항		득점
	측정값	규정(정비한계)값	판 정 (□에 "√" 표시)	정비 및 조치할 사항	
붐 상승 릴레이 압력			□ 양호 □ 불량		

※ 단위가 누락되거나 틀린 경우는 오답으로 채점함.

4) 주어진 메인 컨트롤 밸브 어셈블리를 분해하여 점검하고, 이상 부분이 있으면 기록표에 기록하고 조립하시오.

[차체 4 시험결과 기록표]
▲ 피스톤 유압펌프   작업대 번호 :

① 점검(또는 측정)		② 정비(또는 조치) 사항	득점
이상부위(또는 부품)	내용 및 상태		

국가기술자격검정실기시험문제 ⑤

자격종목	건설기계정비기능사	작업명	건설기계정비작업

※ 시험시간 : 4시간
- 기관 : 1시간 20분 • 전기 : 60분 • 차체 : 1시간 40분
- 시험문제 ①~⑦항의 요구사항에서 [기관, 전기, 차체] 과제 중 세부항목을 조합하여 출제되며, 일부 내용이 변경될 수 있음

1 요구사항

가. 기 관

1) 주어진 디젤기관에서 크랭크축을 탈거하여 기록표의 내용을 측정·판정한 후 조립하시오.
2) 주어진 기관에서 감독위원의 지시에 따라 연료필터를 교환한 후 에어빼기 작업을 하고 시동에 관련된 사항(밸브 간극 및 최초 분사시기 등)을 점검하여 이상이 있으면 조정하고, 시동하시오.
3) 주어진 건설기계에서 기관의 오일압력을 점검하여 기록표에 기록 · 판정하시오.

나. 전 기

1) 주어진 건설기계에서 윈드 실드 와이퍼 회로를 점검하여 고장부분이 있으면 내용을 기록표에 기록 · 판정하고, 정비하여 작동시험을 하시오.
2) 주어진 건설기계 기동 전동기에서 전자석 스위치(마그네틱 스위치)의 풀인과 홀드인 시험을 하여 기록표에 기록 · 판정하시오.

다. 차 체

1) 주어진 건설기계에서 브레이크 휠 실린더를 탈거하여 확인 받은 후, 부착(조립)하여 브레이크의 작동상태를 확인하시오.
2) 주어진 건설기계의 종감속 기어 및 차동장치에서 구동 피니언 기어와 링 기어의 백래시 및 접촉면 상태를 점검하여 기록표에 기록 · 판정하시오.
3) 지게차에서 조향시 조향 밸브 압력을 측정하여 기록표에 기록 · 판정하시오.
4) 주어진 액시얼 피스톤 유압펌프를 분해하여 점검하고, 이상 부분이 있으면 기록표에 기록하고 조립하시오.

국가기술자격검정실기시험 결과기록표 ⑤

자격종목	건설기계정비기능사	작업명	건설기계정비작업

※ 기록표는 문항별 구분 절단하여 배부하고, 각 문항별로 종료시 회수한다.

가. 기 관

1) 주어진 디젤기관에서 크랭크축을 탈거하여 기록표의 내용을 측정·판정한 후 조립하시오.

[기관 1 시험결과 기록표]
기관 번호 :

비 번호		감독위원 확 인	

측정 항목	① 측정(또는 점검)		② 판정 및 정비(또는 조치) 사항		득점
	측정값	규정(정비한계)값	판 정 (□에"√"표시)	정비 및 조치할 사항	
크랭크축 마멸량			□ 양호 □ 불량		

※ 시험위원이 지정하는 부위를 측정하고, 단위가 누락되거나 틀린 경우는 오답으로 채점함.

2) 주어진 기관에서 감독위원의 지시에 따라 연료필터를 교환한 후 에어빼기 작업을 하고 시동에 관련된 사항(밸브 간극 및 최초 분사시기 등)을 점검하여 이상이 있으면 조정하고, 시동하시오.

3) 주어진 건설기계에서 기관의 오일압력을 점검하여 기록표에 기록·판정하시오.

[기관 2 시험결과 기록표]
건설기계 번호 :

비 번호		감독위원 확 인	

측정 항목	① 측정(또는 점검)		② 판정 및 정비(또는 조치) 사항		득점
	측정값	규정(정비한계)값	판 정 (□에"√"표시)	정비 및 조치할 사항	
오일 압력			□ 양호 □ 불량		

※ 단위가 누락되거나 틀린 경우는 오답으로 채점함.

나. 전 기

1) 주어진 건설기계에서 윈드 실드 와이퍼 회로를 점검하여 고장부분이 있으면 내용을 기록표에 기록 · 판정하고, 정비하여 작동시험을 하시오.

[전기 1 시험결과 기록표]
건설기계 번호 :

비 번호		감독위원 확 인	

측정 항목	① 측정(또는 점검)		② 판정 및 정비(또는 조치) 사항		득점
	고장부분	내용 및 상태	판 정 (□에"√"표시)	정비 및 조치할 사항	
윈드실드 와이퍼회로			□ 양호 □ 불량		

2) 주어진 건설기계 기동 전동기에서 전자석 스위치(마그네틱 스위치)의 풀인과 홀드인 시험을 하여 기록표에 기록 · 판정하시오.

[전기 2 시험결과 기록표]
건설기계 번호 :

비 번호		감독위원 확 인	

측정 항목	① 측정(또는 점검)		② 판정 및 정비(또는 조치) 사항		득점
	측 정 값	규정(정비한계)값	판 정 (□에"√"표시)	정비 및 조치할 사항	
풀인 시험	□ 양호 □ 불량		□ 양호 □ 불량		
홀드인 시험	□ 양호 □ 불량				

※ 단위가 누락되거나 틀린 경우는 오답으로 채점함.

다. 차 체

1) 주어진 건설기계에서 브레이크 휠 실린더를 탈거하여 확인 받은 후, 부착(조립)하여 브레이크의 작동상태를 확인하시오.
2) 주어진 건설기계의 종 감속기어 및 차동장치에서 구동 피니언 기어와 링 기어의 백래시 및 접촉면 상태를 점검하여 기록표에 기록·판정하시오.

[차체 2 시험결과 기록표]

지게차 번호 :　　　비 번호 :　　　감독위원 확 인 :

측정 항목	① 측정(또는 점검)		② 판정 및 정비(또는 조치) 사항		득점
	측 정 값	규정(정비한계)값	판 정 (□에 "√"표시)	정비 및 조치할 사항	
백래시			□ 양호 □ 불량		
접촉면		✕			

※ 단위가 누락되거나 틀린 경우는 오답으로 채점함.

3) 지게차에서 조향 시 조향밸브 압력을 점검하여 기록표에 기록·판정하시오.

[차체 3 시험결과 기록표]

건설기계 번호 :　　　비 번호 :　　　감독위원 확 인 :

측정 항목	① 측정(또는 점검)		② 판정 및 정비(또는 조치) 사항		득점
	측정값	규정(정비한계)값	판 정 (□에 "√"표시)	정비 및 조치할 사항	
조향밸브 압력			□ 양호 □ 불량		

※ 단위가 누락되거나 틀린 경우는 오답으로 채점함.

4) 주어진 액시얼 피스톤 유압펌프를 분해하여 점검하고, 이상 부분이 있으면 기록표에 기록하고 조립하시오.

[차체 4 시험결과 기록표]

▲ 기어형식 유압펌프　　작업대 번호 :　　비 번호 :　　감독위원 확 인 :

① 점검(또는 측정)		② 정비(또는 조치) 사항	득점
이상부위(또는 부품)	내용 및 상태		

국가기술자격검정실기시험문제 ⑥

자격종목	건설기계정비기능사	작업명	건설기계정비작업

※ 시험시간 : 4시간
- 기관 : 1시간 20분 • 전기 : 60분 • 차체 : 1시간 40분
- 시험문제 ①~⑦항의 요구사항에서 [기관, 전기, 차체] 과제 중 세부항목을 조합하여 출제되며, 일부 내용이 변경될 수 있음

1 요구사항

가. 기 관

1) 주어진 디젤기관에서 피스톤을 탈거하여 기록표의 내용을 측정·판정한 후 조립하시오.
2) 주어진 기관에서 감독위원의 지시에 따라 연료필터를 교환한 후 에어빼기 작업을 하고 시동에 관련된 사항(밸브 간극 및 최초 분사시기 등)을 점검하여 이상이 있으면 조정하고, 시동하시오.
3) 주어진 건설기계에서 기관의 rpm과 분사시기를 점검하여 기록표에 기록·판정하고 기준에 맞게 정비하시오.

나. 전 기

1) 주어진 건설기계에서 경음기 회로를 점검하여 고장부분이 있으면 내용을 기록표에 기록·판정하고, 정비하여 작동시험을 하시오.
2) 주어진 건설기계의 발전기에서 출력전류를 시험하여 기록표에 기록·판정하시오.

다. 차 체

1) 주어진 건설기계에서 브레이크 라이닝을 탈거하여 확인 받은 후, 부착(조립)하여 브레이크의 작동상태를 확인하시오.
2) 주어진 무한궤도식 건설기계에서 하부 구동체의 트랙 장력을 점검하여 기록표에 기록·판정하시오.
3) 로더(loader)에서 컨트롤 밸브 릴리프 압력을 점검하여 기록표에 기록·판정하시오.
4) 주어진 스윙모터를 분해하여 점검하고, 이상 부분이 있으면 기록표에 기록하고 조립하시오.

국가기술자격검정실기시험 결과기록표 ⑥

자격종목	건설기계정비기능사	작업명	건설기계정비작업

※ 기록표는 문항별 구분 절단하여 배부하고, 각 문항별로 종료시 회수한다.

가. 기 관

1) 주어진 기관에서 피스톤을 탈거하여 기록표의 내용을 측정·판정한 후 조립하시오.

[기관 1 시험결과 기록표]
　　　　　기관 번호 :

비 번호		감독위원 확 인	

측정 항목	① 측정(또는 점검)		② 판정 및 정비(또는 조치) 사항		득점
	측 정 값	규정(정비한계)값	판 정 (□에 "√" 표시)	정비 및 조치할 사항	
링 끝 간극			□ 양호 □ 불량		

※ 시험위원이 지정하는 부위를 측정하고, 단위가 누락되거나 틀린 경우는 오답으로 채점함.

2) 주어진 기관에서 감독위원의 지시에 따라 연료필터를 교환한 후 에어빼기 작업을 하고 시동에 관련된 사항(밸브 간극 및 최초 분사시기 등)을 점검하여 이상이 있으면 조정하고, 시동하시오.

3) 주어진 건설기계에서 기관의 rpm과 분사시기를 점검하여 기록표에 기록·판정하고 기준에 맞게 정비하시오.

[기관 3 시험결과 기록표]
　　　　　건설기계 번호 :

비 번호		감독위원 확 인	

측정 항목	① 측정(또는 점검)		② 판정 및 정비(또는 조치) 사항		득점
	측정값	규정(정비한계)값	판 정 (□에 "√" 표시)	정비 및 조치할 사항	
rpm			□ 양호 □ 불량		
분사시기					

※ 단위가 누락되거나 틀린 경우는 오답으로 채점함.

나. 전 기

1) 주어진 건설기계에서 경음기 회로를 점검하여 고장부분이 있으면 내용을 기록표에 기록·판정하고, 정비하여 작동시험을 하시오.

[전기 1 시험결과 기록표]
　　　　　　건설기계 번호 :

비 번호		감독위원 확 인	

측정 항목	① 측정(또는 점검)		② 판정 및 정비(또는 조치) 사항		득점
	고장부분	내용 및 상태	판 정 (□에 "√" 표시)	정비 및 조치할 사항	
경음기 회로			□ 양호 □ 불량		

2) 주어진 건설기계의 발전기에서 출력전류를 점검하여 기록표에 기록·판정하시오.

[전기 2 시험결과 기록표]
　　　　　　건설기계 번호 :

비 번호		감독위원 확 인	

측정 항목	① 측정(또는 점검)		② 판정 및 정비(또는 조치) 사항		득점
	측정값	규정(정비한계)값	판 정 (□에 "√" 표시)	정비 및 조치할 사항	
발전기 출력전류			□ 양호 □ 불량		

※ 단위가 누락되거나 틀린 경우는 오답으로 채점함.

다. 차 체

1) 주어진 건설기계에서 브레이크 라이닝을 탈거하여 확인 받은 후, 부착(조립)하여 브레이크의 작동상태를 확인하시오.
2) 주어진 무한궤도형식 건설기계에서 하부 구동체의 트랙 장력을 점검하여 기록표에 기록·판정하시오.

[차체 2 시험결과 기록표]

지게차 번호 :

비 번호		감독위원 확 인	

측정 항목	① 측정(또는 점검)		② 판정 및 정비(또는 조치) 사항		득점
	측정값	규정(정비한계)값	판 정 (□에 "√"표시)	정비 및 조치할 사항	
트랙 장력			□ 양호 □ 불량		

※ 단위가 누락되거나 틀린 경우는 오답으로 채점함.

3) 로더(loader)에서 컨트롤 밸브 릴리프 압력을 점검하여 기록표에 기록·판정하시오.

[차체 3 시험결과 기록표]

로더 번호 :

비 번호		감독위원 확 인	

측정 항목	① 측정(또는 점검)		② 판정 및 정비(또는 조치) 사항		득점
	측정값	규정(정비한계)값	판 정 (□에 "√"표시)	정비 및 조치할 사항	
컨트롤 밸브 릴리프 압력			□ 양호 □ 불량		

※ 단위가 누락되거나 틀린 경우는 오답으로 채점함.

4) 주어진 스윙 모터를 분해하여 점검하고, 이상 부분이 있으면 기록표에 기록하고 조립하시오.

[차체 4 시험결과 기록표]

▲ 스윙 모터   작업대 번호 :

비 번호		감독위원 확 인	

① 점검(또는 측정)		② 정비(또는 조치) 사항	득점
이상부위(또는 부품)	내용 및 상태		

국가기술자격검정실기시험문제 ⑦

자격종목	건설기계정비기능사	작업명	건설기계정비작업

※ 시험시간 : 4시간
- 기관 : 1시간 20분 • 전기 : 60분 • 차체 : 1시간 40분
- 시험문제 ①~⑦항의 요구사항에서 [기관, 전기, 차체] 과제 중 세부항목을 조합하여 출제되며, 일부 내용이 변경될 수 있음

1 요구사항

가. 기 관
1) 주어진 기관에서 크랭크축을 탈거하여 기록표의 내용을 측정·판정한 후 조립하시오.
2) 주어진 기관에서 감독위원의 지시에 따라 연료필터를 교환한 후 에어빼기 작업을 하고 시동에 관련된 사항(밸브 간극 및 최초 분사시기 등)을 점검하여 이상이 있으면 조정하고, 시동하시오.
3) 주어진 건설기계에서 기관의 매연을 측정하여 기록표에 기록하시오.

나. 전 기
1) 주어진 건설기계에서 전조등 회로를 점검하여 고장부분이 있으면 내용을 기록표에 기록·판정하고, 정비하여 작동시험을 하시오.
2) 주어진 건설기계의 기동 전동기에서 전압강하 시험을 하여 기록표에 기록·판정하시오.

다. 차 체
1) 무한궤도형식 건설기계의 하부 구동체에서 캐리어 롤러(상부 롤러)를 탈거하여 확인받은 후, 부착(조립)하여 롤러의 상태를 확인하시오.
2) 주어진 건설기계의 종 감속기어 및 차동장치에서 구동 피니언 기어와 링 기어의 백래시 및 접촉면 상태를 점검하여 기록표에 기록·판정하시오.
3) 굴삭기에서 버킷 IN(오므림) 압력을 측정하여 기록표에 기록·판정하시오.
4) 주어진 조향 펌프를 분해하여 점검하고, 이상 부분이 있으면 기록표에 기록하고 조립하시오.

국가기술자격검정실기시험 결과기록표 ⑦

자격종목	건설기계정비기능사	작업명	건설기계정비작업

※ 기록표는 문항별 구분 절단하여 배부하고, 각 문항별로 종료시 회수한다.

가. 기 관

1) 주어진 디젤기관에서 크랭크축을 탈거하여 기록표의 내용을 측정·판정한 후 조립하시오.

[기관 1 시험결과 기록표]
기관 번호 :   비 번호 :   감독위원 확인 :

측정 항목	① 측정(또는 점검)		② 판정 및 정비(또는 조치) 사항		득점
	측정값	규정(정비한계)값	판 정 (□에 "√" 표시)	정비 및 조치할 사항	
크랭크축 유격			□ 양호 □ 불량		

※ 시험위원이 지정하는 부위를 측정하고, 단위가 누락되거나 틀린 경우는 오답으로 채점함.

2) 주어진 기관에서 감독위원의 지시에 따라 연료필터를 교환한 후 에어빼기 작업을 하고 시동에 관련된 사항(밸브 간극 및 최초 분사시기 등)을 점검하여 이상이 있으면 조정하고, 시동하시오.
3) 주어진 건설기계에서 기관의 매연을 측정하여 기록표에 기록·판정하시오.

[기관 3 시험결과 기록표]
건설기계 번호 :   비 번호 :   감독위원 확인 :

① 측정(또는 점검)			② 판정 및 정비(또는 조치) 사항			득점
연식	기준값	측정값	측정	산출근거(계산)기록	판 정 (□에 "√" 표시)	
			1회: 2회: 3회:		□ 양호 □ 불량	

※ 시험위원이 제시한 등록증(또는 차대번호)을 활용하여 차종 및 연식을 적용합니다.
※ 매연 농도를 산술 평균하여 소수점 이하는 버린 값으로 기입합니다.
※ 대기환경보존법의 정기검사 방법 및 기준에 따라 기록·판정합니다.
※ 측정 및 판정은 무부하 조건으로 합니다.

나. 전 기

1) 주어진 건설기계에서 전조등 회로를 점검하여 고장부분이 있으면 내용을 기록표에 기록·판정하고, 정비하여 작동시험을 하시오.

[전기 1 시험결과 기록표]
　　　　　　건설기계 번호 :　　　　　　　비 번호　　　　감독위원 확인

측정 항목	① 측정(또는 점검)		② 판정 및 정비(또는 조치) 사항		득점
	고장부분	내용 및 상태	판 정 (□에 "√" 표시)	정비 및 조치할 사항	
전조등 회로			□ 양호 □ 불량		

2) 주어진 건설기계의 기동전동기에서 전압강하 시험을 하여 기록표에 기록하시오.

[전기 2 시험결과 기록표]
　　　　　　건설기계 번호 :　　　　　　　비 번호　　　　감독위원 확인

측정 항목	① 측정(또는 점검)		② 판정 및 정비(또는 조치) 사항		득점
	측 정 값	규정(정비한계)값	판 정 (□에 "√" 표시)	정비 및 조치할 사항	
전압강하 시험			□ 양호 □ 불량		

※ 단위가 누락되거나 틀린 경우는 오답으로 채점함.

다. 차 체

1) 무한궤도형식 건설기계의 하부 구동체에서 캐리어 롤러(상부 롤러)를 탈거하여 확인 받은 후, 부착(조립)하여 롤러의 상태를 확인하시오.
2) 주어진 건설기계의 종 감속기어 및 차동장치에서 구동 피니언 기어와 링 기어의 백래시 및 접촉면 상태를 점검하여 기록표에 기록·판정하시오.

[차체 2 시험결과 기록표] 지게차 번호 :   비 번호 :   감독위원 확인 :

| 측정 항목 | ① 측정(또는 점검) | | ② 판정 및 정비(또는 조치) 사항 | | 득점 |
	측 정 값	규정(정비한계)값	판 정 (□에 "√"표시)	정비 및 조치할 사항	
백래시			□ 양호 □ 불량		
접촉면					

※ 단위가 누락되거나 틀린 경우는 오답으로 채점함.

3) 굴삭기에서 버킷 실린더의 IN(오므림) 압력을 측정하여 기록표에 기록·판정하시오.

[차체 3 시험결과 기록표] 굴삭기 번호 :   비 번호 :   감독위원 확인 :

| 측정 항목 | ① 측정(또는 점검) | | ② 판정 및 정비(또는 조치) 사항 | | 득점 |
	측정값	규정(정비한계)값	판 정 (□에 "√"표시)	정비 및 조치할 사항	
버킷 실린더 오므림(IN)압력			□ 양호 □ 불량		

※ 단위가 누락되거나 틀린 경우는 오답으로 채점함.

4) 주어진 조향 펌프를 분해하여 점검하고, 이상 부분이 있으면 기록표에 기록하고 조립하시오.

[차체 4 시험결과 기록표] ▲ 조향 펌프   작업대 번호 :   비 번호 :   감독위원 확인 :

| ① 점검(또는 측정) | | ② 정비(또는 조치) 사항 | 득점 |
이상부위(또는 부품)	내용 및 상태		

저자약력

김인호(金仁鎬)
- 금오공과대학교 대학원 공학석사
- 창원기능대학 차량과(기능장과정) 졸업 – 건설기계정비 기능장
- 육군 공병 준위 전역(예비역)
- 前) 육군종합군수학교 건설중기정비 교관
- 現) 구미대학교 특수건설기계과 교수
- 現) 건설기계정비분야 NCS 자격설계 자문위원 (한국산업인력공단)
- 現) 건설기계정비분야 국가기술자격 출제 및 검토위원 (한국산업인력공단)

김기홍(金基弘)
- 경남대학교 기계공학과 공학박사
- 前) 두산모토롤[동명중공업(주)] 기술연구소 책임연구원
- 前) 구미대학교 특수건설기계과 학과장
- 現) 구미대학교 교무처장 겸 취업지원처장
- 現) 산업기술개발사업 평가위원 (한국산업기술평가원)
- 現) 중소기업 기술 지도위원 (중소기업청)
- 現) 국가기술자격검정시험 출제 및 검토위원 (한국산업인력공단)

박홍순(朴弘淳)
- 금오공과대학교 전자공학과 공학박사 수료
- 육군 병기장교 예비역 소령
- 現) 구미대학교 특수건설기계과 학과장
- 現) 건설기계정비기능경기대회 용접부문 출제 및 심사위원(한국건설기계정비협회)
- 現) 국가기술자격검정 시험위원(한국산업인력공단)

박재순(朴材淳)
- 공주대학교 환경공학전공
- 육군 공병장교 예비역 대위
- 前) 육군공병학교 건설장비운용교관
- 現) 건설기계정비 기능경기대회 지게차 부문 출제 및 심사위원(건설기계정비협회)
- 現) 구미대학교 특수건설기계과 교수

패스 건설기계정비기능사 실기

초판 발행 | 2019년 3월 18일
제3판4쇄 발행 | 2026년 1월 10일

지 은 이 | 김인호·김기홍·박홍순·박재순
발 행 인 | 김길현
발 행 처 | (주)골든벨
등   록 | 제 1987-000018 호   ⓒ 2019 Golden Bell
I S B N | 979-11-5806-380-1
가   격 | 20,000원

㉾04316 서울특별시 용산구 원효로 245(원효로1가 53-1) 골든벨빌딩 6F
• TEL : 도서 주문 및 발송 02-713-4135 / 회계 경리 02-713-4137
       내용 관련 문의 02-713-7452 / 해외 오퍼 및 광고 02-713-7453
• FAX : 02-718-5510   • http : // www.gbbook.co.kr   • E-mail : 7134135@naver.com

본 도서의 내용(텍스트, 도해, 도표, 이미지 등)은 저작권자의 사전 서면 승인 없이 아래와 같은 행위는 금지되며,
위반 시 「저작권법」 제125조(손해배상의 청구) 및 관련 조항에 따라 민·형사상 책임을 질 수 있습니다.
① 개인 학습 목적을 넘어 도서의 전부 또는 일부를 무단 복제·배포하는 행위
② 학교·학원·공공기관·기업·단체 등에서 영리 또는 비영리 목적을 불문하고 허락 없이 복제·전송·배포하는 행위
③ 전자책, PDF, 스캔본, 사진 촬영본, 클라우드 공유, 온라인 커뮤니티 게시, SNS 업로드, 파일 공유 서비스 등
   을 통한 무단 이용
④ 기타 디지털 복제·전송 수단(USB, 디스크, 서버 저장, 스트리밍 등)을 이용한 무단 사용

※ 파본은 구입하신 서점에서 교환해 드립니다.